ABITUR

Prüfungsaufgaben mit Lösungen 2007

Chemie

Grundkurs
3. Prüfungsfach und Colloquium
Gymnasium
Bayern
1998 – 2006

STARK

ISBN-13: 978-3-89449-098-0
ISBN-10: 3-89449-098-5

D-85318 Freising · Postfach 1852 · Tel. (0 81 61) 1790
27. neu bearbeitete Auflage 2006

Inhalt

Fortsetzung nächste Seite

Abiturprüfung 2005

Abiturprüfung 2006

Jeweils im Herbst erscheinen die neuen Abiturprüfungsaufgaben mit Lösungen.

Lösungen der Aufgaben:

StD Michael Hünten

Vorwort

Liebe Schülerinnen und Schüler,

das vorliegende Buch bietet Ihnen die Möglichkeit, sich optimal auf die schriftliche Abiturprüfung im Fach Chemie als 3. Prüfungsfach und die Colloquiumsprüfung vorzubereiten.

Im Abschnitt „**Hinweise und Tipps für die Abitur-Prüfung im Fach Chemie als 3. Prüfungsfach und Colloquium**" bieten wir Ihnen zunächst eine Übersicht über die Abiturprüfungsaufgaben in diesem Buch mit Hinweisen zu den 2004 geänderten Prüfungsanforderungen. Die folgenden Hinweise zum **Ablauf und den Anforderungen der schriftlichen Prüfung** in Bayern und zu den Anforderungsbereichen der Abiturprüfung erläutern die Unterteilung der Prüfungsaufgaben in Reproduktions-, Transfer- und problemlösende Aufgaben. Der Abschnitt „Tipps zum Ablauf der Colloquiumsprüfung" befasst sich nicht nur mit ihrem Ablauf, sondern gibt wertvolle Ratschläge zur Vorbereitung und der Prüfung selbst.

Der Hauptteil dieses Buches enthält die **originalen Prüfungsaufgaben** aus dem **Abitur 1998 bis 2006**. Zu allen Abitur- und Übungsaufgaben bieten wir Ihnen **ausführliche, kommentierte Lösungsvorschläge, z. T. mit Tipps und Hinweisen zur Lösungsstrategie**, die eine effektive Vorbereitung auf die Prüfung ermöglichen.

Wir wünschen Ihnen viel Erfolg bei den Prüfungen im Fach Chemie!

Ihr
Stark Verlag

Stichwortverzeichnis

Hinweise und Tipps für die Abitur-Prüfung im Fach Chemie als 3. Prüfungsfach und Colloquium

1 Hinweise zur Nutzung dieses Buches

Der vorliegende Band bietet Ihnen wertvolle Unterstützung bei der effektiven Vorbereitung auf die schriftliche Abiturprüfung im Fach Chemie. Er enthält die **originalen Abitur-Prüfungsaufgaben der Jahrgänge 1998 bis 2006** und zusätzlich zwei Übungsaufgaben.

Im ersten Abschnitt dieses Buches finden Sie zwei **Übungsaufgaben** zu den Themen Honig und Erdöl. Da sich seit 2004 die Aufgabenstruktur geändert hat, verdeutlichen diese Übungsaufgaben die neuen Anforderungen der Prüfung. In Anlehnung an den Lehrplan soll die Einordnung des Gelernten in die Erfahrungswelt des Schülers stärker berücksichtigt werden. Einige Aufgaben fordern Fähigkeiten wie die Deutung von Versuchsergebnissen, den Umgang mit Texten und die Auswertung von Diagrammen.

Die im Jahr 2004 veröffentlichten **einheitlichen Prüfungsanforderungen** sehen für die Prüfung vor allem anwendungsbezogene Aufgaben und Vernetzungen zwischen verschiedenen Lernbereichen vor. Daneben sind bewährte Aufgabenstellungen aus früheren Jahrgängen auch zukünftig Bestandteil der Prüfung (siehe auch Abschnitt 2.3 „Aufgabenstruktur" und Abschnitt 3 „Anforderungsbereiche").

Zu einigen Aufgaben sind **mehrere Lösungsvorschläge** denkbar. Die hier formulierten Antworten orientieren sich an den durch den Lehrplan vorgegebenen Erwartungshorizonten. Die Darstellung des Lösungswegs ist an manchen Stellen jedoch ausführlicher. Außerdem werden in einigen Fällen alternative Antworten formuliert. Dadurch erhalten Sie weitere nützliche Informationen.

2 Tipps zum Ablauf der schriftlichen Prüfung

2.1 Allgemeines

Jedes Jahr werden vom Bayerischen Kultusministerium vier Aufgaben zentral gestellt. Aus diesen Aufgaben wählt an den jeweiligen Schulen der zuständige Fachausschuss zwei Aufgaben aus, die in der Prüfung bearbeitet werden müssen. Für Prüflinge aus verschiedenen Kursen können verschiedene Aufgaben ausgewählt werden. Die Bearbeitungszeit beträgt 180 Minuten. Jede Aufgabe ergibt bei vollständiger Lösung 50 Bewertungseinheiten (BE). Als erlaubte Hilfsmittel sind eine genehmigte physikalische Formelsammlung, ein Periodensystem und ein nicht programmierbarer Taschenrechner zugelassen.

2.2 Bearbeitung der Aufgaben

Reinschrift, Konzept, Aufgabenblatt, Rechtschreibung
Bewertet wird nur, was in der Reinschrift steht! Alle Notizen, die Sie auf dem Aufgabenblatt oder dem Konzeptpapier (eigene Schmierzettel sind nicht erlaubt!) hinterlassen, werden zwar eingesammelt, aber nicht gewertet. So wird vermieden, dass man nicht weiß, welche Antwort gelten soll: die richtige im Konzept oder die falsche in der Reinschrift. Nur bei offensichtlichen Übertragungsfehlern in die Reinschrift wird der Entwurf gewertet. Dies gilt auch für den Fall, dass jemand aus Zeitgründen den letzten Teil der Antwort nur auf dem Konzept hat. Die meisten Schüler benützen deshalb die Konzeptblätter nur als Schmierzettel und schreiben gleich in die Reinschrift. Dies führt jedoch manchmal auch dazu, dass die Reinschrift wie ein Schmierzettel aussieht! Schwere Mängel in der sprachlichen Form (Rechtschreibung und Grammatik) und/oder der Darstellungsform führen zu Punktabzügen. Machen Sie also eine Stichwortliste, eine grobe Gliederung oder Skizzenentwürfe erst einmal im Konzept.

Fachsprache, Skizzen
Achten Sie darauf, dass Sie alle Fachbegriffe in Ihre Antworten einbauen, die zur vollständigen Beantwortung einer Aufgabenstellung notwendig sind. Kurze Definitionen der Fachbegriffe unterstreichen Ihre Fachkompetenz. Häufig kann man Formulierungshilfen aus den Vortexten übernehmen. Schematische Skizzen müssen in der Regel mindestens eine halbe Seite groß sein! „Miniskizzen" mit unklarer Beschriftung und mehrfach mit Kugelschreiber oder Filzstift korrigierte Strukturen führen zu Punktabzügen. Also: Tinte/Tintenkiller und für Skizzen Bleistift, Radiergummi, und Lineal benutzen! Ebenfalls sollen Strukturformeln und Reaktionsgleichungen in Größe und Darstellung übersichtlich sein.

Zeitmanagement, Vollständigkeit
Planen Sie grob mit ca. 75 Minuten pro Aufgabenblock. Dann bleibt auch genügend Zeit für eine abschließende Kontrolle der Vollständigkeit und der Rechtschreibung.
Nicht selten werden zurückgestellte Teilaufgaben vergessen. Deshalb ist es sinnvoll, für den zweiten Aufgabenblock einen neuen vierseitigen Papierbogen zu beginnen. Damit entfällt die Suche nach Teilaufgaben, die als Nachtrag irgendwo zwischen anderen Aufgabenblöcken versteckt sind. Auf diesem Bogen kann man jederzeit eine Transfer-Frage nachtragen, die man erst bearbeiten will, wenn die leichteren Aufgaben erledigt sind. Haken Sie deshalb alle erledigten Teilfragen auf dem Aufgabenblatt deutlich sichtbar ab!

Aufgabenstruktur
Nach den Zielsetzungen des neuen Bildungsplans sollten in jeder Aufgabe auch Teilaufgaben vorkommen, bei denen z. B. selbst gewählte Beispiele oder Experimente verwendet oder Informationen dazu aus mitgelieferten Texten, Diagrammen o. Ä. entnommen werden müssen. Dadurch soll das Verständnis für chemische Zusammenhänge und deren Bedeutung verstärkt dokumentiert werden. Großer Wert wird neben fachlichem Wissen und der Beherrschung der Fachsprache also auf die Fähigkeit gelegt, allgemeine Prinzipien in einem neuen Problem wiederzuerkennen.

Seit der Prüfung im Jahr **2004** änderte sich dementsprechend auch die Art der Fragestellungen. Diese sind nun in manchen Abschnitten „offener" formuliert. Außerdem werden, mehr als dies zuvor üblich war, folgende Fähigkeiten und Fertigkeiten geprüft:
- Auswertung von Diagrammen, Tabellen und Experimenten,
- Deutung von Graphen und Versuchsergebnissen,
- Entwicklung von Hypothesen und
- Einordnung von Sachverhalten in größere Zusammenhänge.

Bewertung der Aufgaben
Die Bewertung in der Abiturprüfung erfolgt im Hinblick auf die von Ihnen erwartete Gesamtleistung. Dabei werden sowohl Fachwissen als auch fachliche Qualifikationen und methodische Kompetenzen, d. h. die angemessene Anwendung von Arbeitsschritten und Lösungsstrategien überprüft. In der Bewertung wird der Umfang der Kenntnisse und Einsichten ebenso einbezogen wie die logische und überzeugende Argumentation und die Berücksichtigung der Vielfalt der Aspekte bei den einzelnen Aufgaben.
Bei der Beantwortung komplexer Aufgabenstellungen, die mehr oder weniger offen formuliert sind, können unterschiedliche Lösungswege beschritten werden, wenn sie inhaltlich und formal der Aufgabenstellung entsprechen und schlüssig zum richtigen Ergebnis führen.

3 Die Anforderungsbereiche in den Prüfungsaufgaben

Die Prüfungsaufgaben im Fach Chemie kann man drei **Anforderungsbereichen** zuordnen, die ein unterschiedliches Maß an Selbstständigkeit und Abstraktionsvermögen bei der Bearbeitung erfordern. Alle drei Bereiche werden in Abfragen, Tests und Klausuren sowie den Abituraufgaben berücksichtigt. Bei diesen Anforderungsbereichen handelt es sich um

- die reine Wiedergabe erlernten Unterrichtsstoffes („Reproduktion").
- die Übertragung des Gelernten auf vergleichbare, aber neue Zusammenhänge („Reorganisation" und „Transfer").
- „problemlösendes Denken" mit Beurteilung und Bewertung eines unbekannten Sachverhaltes.

Nicht immer lassen sich die drei Anforderungsbereiche scharf gegeneinander abgrenzen. Auch kann die zur Beantwortung einer Prüfungsaufgabe erforderliche Leistung nicht in jedem Fall eindeutig einem bestimmten Bereich zugeordnet werden. Trotzdem ist es für Sie hilfreich, diese Anforderungsbereiche zu kennen, da Sie hierdurch leichter nachvollziehen können, wie die Verteilung der Verrechnungspunkte und die unterschiedliche Gewichtung der (Teil-)Aufgaben zustande kommt.
Vor jeder Prüfung sollten Sie sich Gedanken über die in Fragen immer wieder gebrauchten Formulierungen („Schlüsselbegriffe", „Signalwörter") machen. Diese Begriffe haben auffordernden Charakter. Im Folgenden wird erläutert, welche Begriffe dies sind und welche Erwartungen damit verbunden sind.

3.1 Anforderungsbereich I: Inhalte und Fakten reproduzieren

Von **Reproduktion** spricht man, wenn erlerntes Wissen wiedergegeben oder eine erworbene Fertigkeit in einem bekannten Zusammenhang gezeigt werden soll.
Schätzen Sie die Bedeutung des „nur" Gelernten nicht gering ein. Dieses Grundlagenwissen ist die Basis für die Lösung von Aufgaben, die den beiden im Folgenden dargestellten Anforderungsbereichen zuzuordnen sind.
Die Formulierung einer (Teil-)Aufgabe mit dem Begriff „nennen" kann Ihnen zeigen, dass eine Aufzählung der Fakten ohne weitere Erläuterungen verlangt ist. Auch der Begriff „beschreiben" verlangt die Reproduktion des Erlernten, allerdings mit einer detaillierteren Darstellung von Zusammenhängen und Prinzipien.
Die folgende Tabelle fasst Schlüsselbegriffe zusammen, die häufig verwendet werden, wenn die Reproduktion erlernten Wissens verlangt ist:

Schlüsselbegriff	Bedeutung	Beispiel
nennen, aufzählen	Fakten, Begriffe, Namen ohne Erläuterung wiedergeben	*Nennen Sie drei Beispiele für Säure-Base-Indikatoren.*
angeben, formulieren	bekannte Inhalte wiederholen bzw. zusammenfassen	*Formulieren Sie eine Strukturformel des Moleküls.*
bezeichnen, benennen, beschriften	Bestandteile chemischer Apparaturen, Gleichungen oder Reaktionsmechanismen angeben und durch Zeichen kenntlich machen	*Benennen Sie die an der Reaktion beteiligten organischen Verbindungen.*
beschreiben	Merkmale, Eigenschaften, Vorgänge oder Zusammenhänge durch umfassende Angaben zusammenhängend und geordnet darstellen	*Beschreiben Sie Ihr experimentelles Vorgehen.*
darstellen, zeichnen	Sachverhalte beschreiben und durch eine vorgegebene Darstellungsform veranschaulichen	*Stellen Sie anhand einer beschrifteten Skizze dar, wie sich der pH-Wert in Abhängigkeit von der zugetropften Lösung ändert.*
definieren	einen Begriff durch Angabe seiner wesentlichen Merkmale eindeutig bestimmen	*Definieren Sie die Begriffe „pH-Wert" und „pK_S-Wert".*

Tab. 1: Häufig verwendete Schlüsselbegriffe des Anforderungsbereiches I „Reproduktion"

3.2 Anforderungsbereich II: Zusammenhänge und Strukturen erkennen und darstellen

Höhere Anforderungen als die der reinen Reproduktion stellt eine Prüfungsaufgabe, die **Reorganisation** bzw. eine **Transferleistung** von Ihnen verlangt. In der Regel geht damit auch eine höhere Bewertung einher. Eine Prüfungsaufgabe ist dieser zweiten Anforderungsebene zuzuordnen, wenn ein bekannter Sachverhalt, etwa das typische Reaktionsverhalten einer Verbindungsklasse, auf andere chemische Verbindungen übertragen („transferiert"), richtig benannt und in diesen neuen Zusammenhang ein- und zugeordnet („reorganisiert") werden soll. Auch die selbstständige Übertragung („Verbalisierung") von Grafiken oder Versuchsaufbauten in die korrekte Fachsprache gehört zu diesem Anforderungsbereich.

Begriffe wie „erklären" oder „erläutern" können Aufgabenstellungen signalisieren, die von Ihnen dieses höhere Maß an Abstraktionsfähigkeit und Selbstständigkeit bei der Beantwortung der Frage verlangen. Weitere Signalwörter hierfür sind in der folgenden Tabelle zusammengefasst:

Schlüsselbegriff	Bedeutung	Beispiel
erklären, begründen	eine bestimmte Erscheinung zusammenhängend und geordnet darstellen und angeben, warum diese beobachtet wird. Dazu sind Gesetzesaussagen und Kenntnis der Bedingungen für das Gesetz notwendig	*Erklären Sie an diesem Beispiel die Wirkungsweise eines Katalysators.*
erläutern	Sachverhalte (Vorgänge, Begriffe, Arbeitsweisen) unter Angabe zusätzlicher Informationen (Beispiele, Fakten) anschaulich und verständlich darstellen	*Erläutern Sie die Funktionsweise eines Polarimeters.*
vergleichen	Gemeinsamkeiten und/oder Unterschiede feststellen und eventuell Schlussfolgerungen ableiten	*Vergleichen Sie den berechneten mit dem von Ihnen experimentell bestimmten pH-Wert.*
interpretieren	mögliche Ursachen und Bedingungen für bestimmte Erscheinungen oder Entwicklungen darstellen und Zusammenhänge des Sachverhalts verdeutlichen	*Interpretieren Sie die aufgenommene Titrationskurve.*
ordnen, zuordnen, einordnen	Fakten, Begriffe und Systeme zueinander in Beziehung setzen, Zusammenhänge herstellen und nach bestimmten Gesichtspunkten bewerten	*Ordnen Sie den gegebenen Verbindungen die Siede- und Schmelztemperaturen zu.*
kennzeichnen, charakterisieren, identifizieren	Typisches, Wesentliches eines Sachverhalts nach bestimmten Gesichtspunkten benennen und beschreiben	*Charakterisieren Sie das Verhalten der Reaktionsprodukte gegenüber sauren Lösungen.*
auswerten	Ergebnisse von Versuchen mit vorgegebener Fragestellung festhalten	*Werten Sie die von Ihnen gemachten Beobachtungen aus.*
anwenden	Modellvorstellungen, Gesetze und elementare mathematische Beziehungen, die an ähnlichen Beispielen behandelt wurden, auf neue Sachverhalte übertragen	*Wenden Sie das Prinzip von Le Chatelier auf diese Gleichgewichtsreaktion an.*
analysieren	gegebene Informationsquellen auf ihren möglichen Nutzen bei der Lösung eines Problems hin untersuchen	*Analysieren Sie die in der Tabelle gegebenen Werte auf ihre Glaubwürdigkeit hin.*
auswählen, verknüpfen	bekannte Daten, Fakten und Methoden auf ihre Eignung hin untersuchen und in neue Zusammenhänge stellen	*Wählen Sie zum Nachweis der Ionen ein Ihnen bekanntes Verfahren aus.*
planen, entwickeln	Überlegungen zur Durchführung von Experimenten zu vorgegebenen Fragestellungen anstellen	*Planen Sie für den Nachweis dieser Ionen ein geeignetes Experiment.*

Tab. 2: Häufig verwendete Schlüsselbegriffe des Anforderungsbereiches II „Reorganisation“

3.3 Anforderungsbereich III: Probleme lösen und Meinungen vertreten

Am anspruchsvollsten sind Fragen, die problemlösendes Denken verlangen. Häufig erfordern solche Aufgaben, dass Sie Kenntnisse aus mehreren Themengebieten auswählen, anwenden und abwandeln können. Oft gibt es verschiedene Lösungsmöglichkeiten. Kreativität ist bei der Auswahl der geeigneten Lösungswege verlangt, das „Abarbeiten" der Aufgabenstellung nach einem vorgefertigten Schema reicht nicht aus.
Zu diesem Anforderungsbereich zählen z. B. der planmäßige Vergleich der Ergebnisse mehrerer Untersuchungsmethoden bei der Identifizierung einer chemischen Verbindung und eine selbstständige Beurteilung der Eignung des jeweiligen Vorgehens zur Lösung des Problems. Auch die Darstellung eines alternativen, selbst gewählten Lösungsvorschlags kann verlangt sein.
Prüfungsaufgaben, die Arbeitsanweisungen wie „entwickeln", „bewerten" oder „erörtern" enthalten, sind oft diesem anspruchsvollsten Teil einer Prüfung zuzuordnen. Problemlösendes Denken, Kreativität und die Verknüpfung und Anwendung bekannter Sachverhalte auf bislang unbekannte Situationen werden verlangt. Oft wird auch eine Abwägung von Argumenten, die Bewertung einer Situation, etwa in Fragen des Umweltschutzes oder die Darstellung eines begründeten, persönlichen Standpunktes erwartet.

Schlüsselbegriff	**Bedeutung**	**Beispiel**
entwickeln	durch Abwägung von Argumenten und Ursachen zu begründeten, persönlichen Aussagen gelangen	*Entwickeln Sie einen sachlich begründeten Standpunkt zu den Zukunftsperspektiven der Nutzung nachwachsender Rohstoffe.*
werten, bewerten, beurteilen, entscheiden	die Bedeutung von Prozessen, Aussagen, Handlungen und Themen für den Menschen aus aktueller oder historischer Sicht benennen und ein persönliches, begründetes Urteil abgeben	*Bewerten Sie den Vorschlag, alle Kunststoffabfälle zum Heizen von Häusern durch Verbrennung in einfachen Heizungsanlagen wie Kaminöfen zuzulassen.*
nachweisen, belegen	Argumente anführen oder experimentell erfassen, die aufzeigen, dass eine Aussage richtig ist.	*Weisen Sie experimentell nach, in welchem Reagenzglas sich die unbekannte Lösung befindet.*
erörtern, diskutieren	eigene Gedanken zu einer Problemstellung entwickeln und zu einem begründeten Urteil kommen	*Diskutieren Sie Vor- und Nachteile des Einsatzes von Düngemitteln.*
experimentieren	planmäßige, zielgerichtete Veränderungen der Bedingungen herbeiführen, unter denen chemische Verbindungen vorliegen	*Führen Sie ein geeignetes, frei gewähltes Experiment durch, um Ihre Aussagen zu belegen.*

Tab. 3: Häufig verwendete Schlüsselbegriffe des Anforderungsbereiches III „Problemlösendes Denken"

4 Tipps zum Ablauf der Colloquiumsprüfung

In diesem Abschnitt erhalten Sie wichtige Hinweise zur Vorbereitung auf die mündliche Prüfung und ihren Ablauf.

4.1 Amtliche Bestimmungen

Die Colloquiumsprüfung ist eine für alle Abiturienten verpflichtende mündliche Prüfung. Sie wird in einem von Ihnen innerhalb der Kollegstufenbestimmungen gewählten Grundkursfach abgelegt. Im Colloquium soll der Abiturient vertiefte Kenntnisse in den Themenbereichen, in die er sich besonders eingearbeitet hat, und die Fähigkeit zum partnerbezogenen Fachgespräch nachweisen.

Vorbereitung der Colloquiumsprüfung
In jedem Kurshalbjahr benennt der Kursleiter vorläufige, für das Colloquium in Betracht kommende Themenbereiche und gibt für jeden Themenbereich Begleitlektüre an. Der Umfang der Begleitlektüre hängt von Druckformat und Schwierigkeitsgrad ab; er sollte 30 Seiten nicht überschreiten. Der Schüler soll sich mit allen Themenbereichen befassen, um entscheiden zu können, wo er im Colloquium seinen Schwerpunkt setzen möchte.
Der Kursleiter legt dem Prüfungsausschuss eine Liste der Themenbereiche und Begleitlektüren vor. Nach Bestätigung der Liste durch den Vorsitzenden des Prüfungsausschusses werden den Schülern die für die Prüfung wählbaren Themenbereiche benannt.

Beschränkung des Prüfungsstoffs
Die Lerninhalte der Ausbildungsabschnitte 12/1 oder 12/2 können ausgeschlossen werden. Der Prüfungsstoff für das Colloquium beschränkt sich also auf Lerninhalte von drei Ausbildungsabschnitten.
Aus einem dieser drei Ausbildungsabschnitte wählt der Schüler einen Themenbereich, den er zu seinem Prüfungsschwerpunkt für Teil 1 der Colloquiumsprüfung (s. u.) erklärt.
Lerninhalte aus den verbleibenden gewählten Ausbildungsabschnitten werden Teil 2 der Prüfung zugrunde gelegt; aus jedem dieser Ausbildungsabschnitte wählt der Schüler eine der angegebenen Begleitlektüren, die er selbstständig durcharbeitet.

Ablauf der Colloquiumsprüfung
Die Colloquiumsprüfung gliedert sich in zwei ca. 15-minütige Abschnitte.

Im **1. Teil** der Prüfung wird ein Kurzreferat (ca. 10 Min.) gehalten, dessen Thema dem gewählten Schwerpunktbereich entnommen ist.
Das Referatthema wird Ihnen ca. 30 Minuten vor Beginn der Prüfung schriftlich vorgelegt. In der Vorbereitungszeit ist es erlaubt, stichwortartige Notizen anzufertigen.
Dem Kurzreferat schließt sich ein Prüfungsgespräch über das Referat an, wobei auch Inhalte des gesamten Schwerpunktbereichs mit einbezogen werden können.

Der **2. Teil** der Prüfung umfasst ein Prüfungsgespräch, dem Lerninhalte der beiden gewählten Ausbildungsabschnitte zugrunde gelegt sind. Hier werden auch Problemstellungen, die sich aus der, diesen Themenbereichen zugeordneten Begleitlektüre ergeben, einbezogen.

Somit ergibt sich folgender Ablauf:

Vorbereitungszeit (ca. 30 min.)	– Erarbeitung eines Kurzreferats, dessen Thema dem Schwerpunktbereich entnommen ist – Anfertigung stichpunktartiger Notizen
Prüfung: 1. Teil: (ca. 15 min.)	Kurzreferat (ca. 10 min.) und Gespräch über das Referat, wobei auch Inhalte aus dem gesamten Schwerpunktbereich angesprochen werden können
2. Teil: (ca. 15 min.)	Prüfungsgespräch über Lerninhalte aus den beiden gewählten Ausbildungsabschnitten unter Einbeziehung der Begleitlektüren

Bewertung der Prüfungsleistungen
Bei der Bewertung der Prüfungsleistungen werden *sowohl* die gezeigten fachlichen Kenntnisse *als auch* die Fähigkeit zur Gesprächsführung berücksichtigt.

Unter dem Aspekt „fachliche Kenntnisse" wird z. B. bewertet, ob
- das Referatthema und gestellte Fragen richtig und umfassend erfasst werden;
- bei der Darstellung Fachbegriffe korrekt verwendet werden;
- zwischen Einzelfakten sinnvolle Verknüpfungen und evtl. fächerübergreifende Zusammenhänge hergestellt werden können.

Kriterien bei der Beurteilung „Gesprächsfähigkeit" sind z. B., ob
- die Ausführungen klar und logisch gegliedert sind und auch komplexe Zusammenhänge klar dargestellt werden;
- Sie sich von seinen während der Vorbereitungszeit angefertigten Aufzeichnungen lösen können und weitgehend frei sprechen, wobei die Fachsprache angemessen angewandt werden soll;
- Wichtiges hervorgehoben und von Unwichtigem unterschieden wird;
- ob Sie in der Lage sind, ein Prüfungsgespräch zu führen, wobei Sie auf Fragen, Einwände oder Anregungen des Prüfers eingehen.

Für **Prüfungsteil 1** werden „Gesprächsfähigkeit" und „Fachliche Kenntnisse" getrennt voneinander beurteilt. In jedem der beiden Beurteilungsbereiche können maximal 15 Punkte erreicht werden.

Für **Prüfungsteil 2** wird ebenso verfahren.
In der gesamten Colloquiumsprüfung können somit maximal 4 x 15 Punkte = 60 Punkte erreicht werden.

	Gesprächsfähigkeit	**Fachliche Kenntnisse**
Prüfungsteil 1	max. 15 Punkte	max. 15 Punkte
Prüfungsteil 2	max. 15 Punkte	max. 15 Punkte
maximal erreichbare Gesamtpunktzahl in der Colloquiumsprüfung:		60 Punkte

Anteil der Colloquiumsprüfung an der Gesamtqualifikation:
Zu der in der Colloquiumsprüfung erreichten Gesamtpunktzahl (max. 60 Punkte) wird die Endpunktzahl der Halbjahresleistung im Ausbildungsabschnitt 13/2 hinzugezählt (max. 15 Punkte). Somit können vom Colloquium, ebenso wie von den anderen Abiturprüfungsfächern, max. 75 Punkte in die Gesamtqualifikation eingehen.

4.2 Skizze eines möglichen Prüfungsverlaufs

Es wurde der Themenbereich „Farbstoffe“ aus dem 4. Ausbildungsabschnitt zum Prüfungsschwerpunkt erklärt. Die Lerninhalte aus Ausbildungsabschnitt 12/2 wurden ausgeschlossen.

Als **Begleitlektüre** wurde gewählt
aus Ausbildungsabschnitt 12/1:
Gesättigte und ungesättigte Kohlenwasserstoffe nach Organische Chemie, Schrödel-Verlag, Hannover 2003, S. 62–74.
aus Ausbildungsabschnitt 13/1:
Fotosynthese nach Elemente Chemie, Bayern 13, Ernst-Klett-Verlag 1998, S. 29–40.
(Die zu den jeweiligen Themenbereichen benannte Begleitlektüre wird im Unterricht nicht besprochen. Der Schüler soll sie selbstständig durcharbeiten, um bei entsprechenden Prüfungsfragen seine Vertrautheit mit den dort angesprochenen Lerninhalten zeigen zu können.)

Referatthema:
p-Dimethylaminoazobenzol und Phenolphthalein (in alkalischer Lösung) sind farbige Verbindungen.
Wie lassen sich beide Farbstoffe herstellen? Beantworten Sie diese Frage in Bezug auf das Phenolphthalein auf der Basis der nachfolgenden Reaktionsgleichungen.

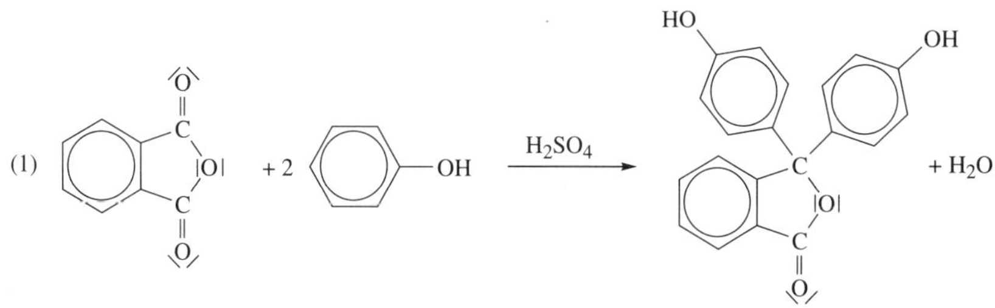

Phthalsäureanhydrid

farbloses Phenolphthalein
(in saurer Lösung)

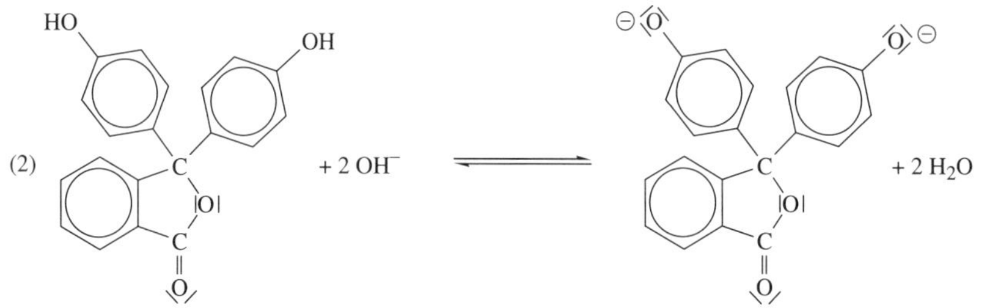

(3) 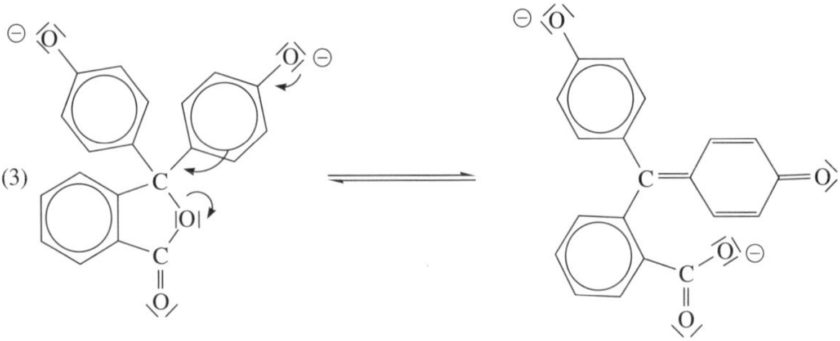

rotes Phenolphthalein
(in alkalischer Lösung)

Erläutern Sie an diesen Farbstoffen das Phänomen der Farbigkeit!

Erwartungshorizont:

- **Herstellung von p-Dimethylaminoazobenzol:**
  - Diazotierung von Anilin/Reaktionsbedingungen
  - Azokupplung; Kupplungskomponente Dimethylanilin
    (Entwicklung von Reaktionsgleichungen an der Tafel, erklärende Erläuterungen)
- **Herstellung von Phenolphthalein**:
  - Kondensation von Phthalsäureanhydrid mit Phenol in Gegenwart konzentrierter Schwefelsäure
  - Bildung des roten Farbstoffs in alkalischer Lösung in einer Säure-Base-Reaktion mit anschließender intramolekularer Verschiebung von Elektronenpaaren
    (Entwicklung von Reaktionsgleichungen an der Tafel, erklärende Erläuterungen)
  - Ursache für die Farbigkeit:
    Chromophores System; Vergleich Phenolphthalein in saurer und basischer Lösung;
    Absorption von Wellenlängenbereichen aus dem sichtbaren kontinuierlichen Spektrum;
    Auxochrom

Werden im Referat nicht alle Aspekte des Themas angesprochen, so wird im nachfolgenden Gespräch danach gefragt. Ansonsten können zum Referatthema vertiefende Fragen gestellt werden, oder es werden andere Sachverhalte des gewählten Schwerpunktthemas angesprochen.

Folgende Fragen könnten sich z. B. aus den Begleitlektüren ergeben (2. Prüfungsteil):

- Wie lässt sich die Summenformel des Methans experimentell ermitteln?
- Beschreiben Sie den Mechanismus der Reaktion von Ethen mit Brom! Nennen Sie experimentelle Befunde, die die Annahme eines ionischen Mechanismus bei dieser Reaktion stützen. Warum ist die Reaktionsgeschwindigkeit bei der Reaktion von Propen mit Brom größer als die bei der Reaktion von Ethen mit Brom?
- Nennen Sie mindestens drei Formen von Isomerie, die bei Alkanen oder Alkenen auftreten können. Erläutern Sie an je einem selbstgewählten Beispiel!
- Beschreiben Sie die Vorgänge, die bei der Lichtreaktion der Photosynthese ablaufen!
- Für die Anordnung der Pigmente in den Photosystemen wird angenommen, dass sie eine Lichtsammelfalle bilden. Was versteht man darunter?
- Was versteht man unter der Hill-Reaktion?
- Beschreiben Sie das experimentelle Vorgehen Calvins zu Aufklärung der Dunkelreaktionen!
- Was versteht man unter C_4-Pflanzen?

4.3 Allgemeine Hinweise für den Schüler zur Gestaltung des Prüfungsablaufs

- Machen Sie sich in der Vorbereitungszeit stichpunktartige Notizen. Gliedern Sie das Referat logisch. Strukturieren Sie Ihre Aufzeichnungen (z. B. Unterstreichungen, Spiegelstriche, farbliche Hervorhebungen), damit Sie sich während des Referats mit einem Blick orientieren können.
- Wollen Sie Ihre Ausführungen an Skizzen erläutern, überlegen Sie sich deren Aufbau.
- Machen Sie sich Gedanken, wie Sie sich den Platz an der Tafel einteilen wollen (falls ein umfangreicher Tafelanschrieb nötig ist). Nach Ablauf der Vorbereitungszeit werden Sie in das Prüfungszimmer gerufen. Der Prüfungsausschuss besteht aus dem Vorsitzenden, dem Prüfer und dem Schriftführer. Der Prüfer, der das Prüfungsgespräch führt, ist in der Regel der Kursleiter.
- Versuchen Sie mit einer gewissen Gelassenheit in die Prüfung zu gehen. Nach gewissenhafter Vorbereitung sollten Sie auf Ihre Fähigkeiten vertrauen.
- Angemessenes Äußeres kann sich positiv auf Ihr Selbstvertrauen auswirken.
  Meist wird der Kursleiter mit der Aufforderung, mit dem Referat zu beginnen, die Prüfung einleiten.
- Sprechen Sie langsam und gut verständlich, nicht monoton.
- Bedienen Sie sich, wo immer möglich, der Fachsprache. (Die sichere Verwendung der Fachsprache sollten Sie durch rege Beteiligung am Unterricht während der vier Kurshalbjahre trainiert haben.)
- Versuchen Sie frei zu sprechen; entwickeln Sie einen logischen Gedankengang ohne Gedankensprünge und unnötige Abschweifungen. Klammern Sie sich nicht zu eng an Ihre während der Vorbereitungszeit gemachten Aufzeichnungen.
- Suchen Sie Blickkontakt zum Prüfer, aus der Mimik des Prüfers können Sie u. U. ablesen, ob Sie auf dem richtigen Weg sind oder nicht.
  Formelgleichungen sind meist an der Tafel zu entwickeln; schreiben Sie sauber, teilen sie sich den Platz an der Tafel ein und achten Sie darauf, dass ein möglichst übersichtliches Tafelbild entsteht; erläutern Sie den Tafelanschrieb.
- Machen Sie, nachdem Sie einen Gesichtspunkt zusammenhängend abgehandelt haben, eine kleine Pause.
- Achten Sie darauf, dass das Referat nicht länger als 10 Minuten dauert; der Prüfer könnte sonst unterbrechen.
- Besonders im 2. Teil der Prüfung ist es u. U. möglich, den Prüfungsverlauf für Sie positiv zu beeinflussen. Natürlich muss eine gestellte Frage zunächst umfassend beantwortet werden. Wenn Sie auf dem angesprochenen Gebiet fit sind, kann ein kurzer Hinweis auf ein angrenzendes Problem oder ein Vergleich mit einem ähnlichen Sachverhalt den Gesprächsverlauf beeinflussen.
- Gehen Sie auf Fragen und Einwände des Prüfers ein.
- Haben Sie eine Frage nicht richtig verstanden, scheuen Sie sich nicht, zurückzufragen.

Grundkurs Chemie (Bayern)
Übungsaufgabe 1: Honig

Die deutsche Honigverordnung charakterisiert **Honig** wie folgt: „Flüssiges, dickflüssiges oder kristallines Lebensmittel, das von Bienen erzeugt wird, indem sie Blütennektar, andere Sekrete von lebenden Pflanzenteilen oder auf lebenden Pflanzen befindliche Sekrete von Insekten aufnehmen, durch körpereigene Sekrete bereichern und verändern, in Waben speichern und dort reifen lassen."
Die Analyse der chemischen Zusammensetzung einer Honigprobe ergibt folgendes Ergebnis:

Wasser	17,2 %
Zucker (gesamt)	80 %
Glucose	37 %
Fructose	33 %
Disaccharide	8 %
Oligosaccharide	2 %
Enzyme, u. a. Invertase, Vitamine, Aromastoffe	2 %
Carbonsäuren	0,5 %
Mineralstoffe, u. a. Kaliumsalze	0,3 %

Besuche von etwa drei bis fünf Millionen Blüten sind nötig, um den Nektar für ein Kilogramm Honig zu sammeln. Der gesammelte Nektar wird eingesaugt und im Honigmagen, wo er mit Enzymen versetzt wird, zum Stock transportiert. Im Stock wird der Inhalt des Honigmagens wieder abgegeben.

1.1 Die Untersuchung des Saccharosegehalts zeigt, dass dieser im Nektar höher ist als im gereiften Honig. An dieser Veränderung ist die Invertase beteiligt. Beschreiben Sie die diesbezüglichen Veränderungen bei der Reifung des Honigs und erklären Sie den Namen des Enzyms.

1.2 Warum bewirkt der Invertasegehalt während der Reifung des Honigs keine Veränderungen der Konzentrationen anderer, im Nektar enthaltener Disaccharide?

2 Mit Saccharose und Glucose wird die Fehling-Probe durchgeführt.

2.1 Wie geht man bei der Durchführung der Fehling-Probe vor und welche Beobachtungen kann man bei den Experimenten machen? Formulieren Sie die ablaufende Reaktion!

2.2 Erklären Sie die Versuchsergebnisse.

3 Melezitose ist ein nichtreduzierendes Trisaccharid, das im Waldhonig nachgewiesen werden kann. Waldhonig stellen die Bienen aus zuckerhaltigen Ausscheidungen von Blatt- oder Schildläusen her.

3.1 In der Melezitose ist Saccharose über das C^3-Atom des Fructosebausteins mit α-D-Glucopyranose verknüpft ist. Geben Sie die Strukturformel der Melezitose an.

3.2 Melezitose wird durch saure Hydrolyse in die Monosaccharidbausteine zerlegt. Welche Hydrolyseprodukte erhält man?

Lösungsvorschläge

1.1 Bei der Reifung des Honigs wird Saccharose hydrolytisch gespalten, wobei die Spaltprodukte D-Glucose und D-Fructose im Verhältnis 1 : 1 entstehen. (In der wässrigen Lösung stellen sich Gleichgewichte zwischen α-, β- und offenkettiger Form der Monosaccharide ein.) Dieses Gemisch wird **Invertzucker** genannt.
Invertzucker dreht die Schwingungsebene linear polarisierten Lichts nach links, während Saccharose rechtsdrehend ist. Diese Umkehrung des Drehsinns wird als Inversion bezeichnet. Das Enzym, das die Spaltung der Saccharose katalysiert, heißt daher Invertase.

1.2 Invertase zeigt **Substratspezifität**.
Unter Substratspezifität versteht man das Phänomen, dass ein Enzym nur bei der Umsetzung einer bestimmten Substanz katalytisch wirksam ist.
Die Substratspezifität lässt sich mit dem Schlüssel-Schloss-Prinzip erklären.
Nach dieser Modellvorstellung kann Invertase nur Saccharosemoleküle binden und umsetzen, die wie ein Schlüssel in die Substratbindungsregion des Enzyms (= Schloss) passen.

2.1 Man gibt Fehling'sche Lösung I (Kupfersulfatlösung) und II (Lösung von Natriumhydroxid und des organischen Salzes Natriumkaliumtartrat, dessen Anionen die Kupfer-Ionen komplex binden können) zusammen.
Es entsteht ein tiefblauer Kupferkomplex.
Setzt man Glucoselösung zu und erhitzt, so bildet sich braunrot gefärbtes Kupfer-I-oxid. Mit Saccharose verläuft die Probe negativ.

2.2 In einer wässrigen Glucoselösung liegt ein Gleichgewicht aus α-D-Glucose, β-D-Glucose und der offenkettigen Aldehydform vor. Die Aldehydgruppe lässt sich zur Carboxylgruppe oxidieren, wobei die Kupfer(II)-Ionen zu Kupfer(I)-oxid reduziert werden.
In der Saccharose sind beide anomere Kohlenstoffatome der Monosaccharidbausteine miteinander verbunden, wodurch bei keinem Baustein eine Ringöffnung möglich ist. Es können sich daher in wässriger Lösung keine Moleküle mit oxidierbarer Aldehydgruppe bilden. Saccharose hat somit keine reduzierende Eigenschaften.

3.1 Da das Trisaccharid keine reduzierenden Eigenschaften besitzt, muss vom C^3-Atom der Fructoseeinheit der Saccharose mit dem C^1-Atom der α-Glucopyranose über eine glykosidische Bindung verknüpft werden.

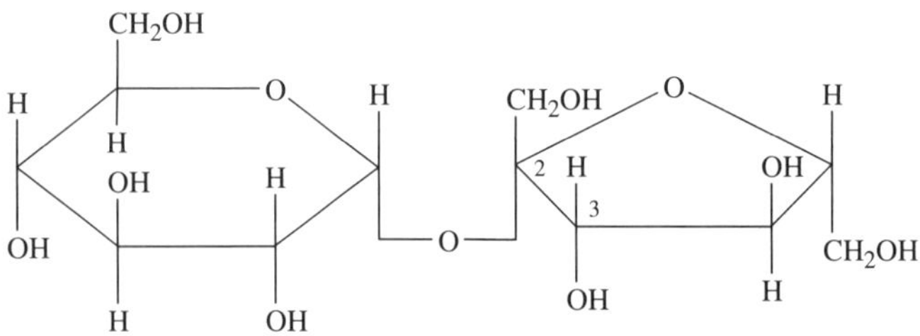

Saccharose

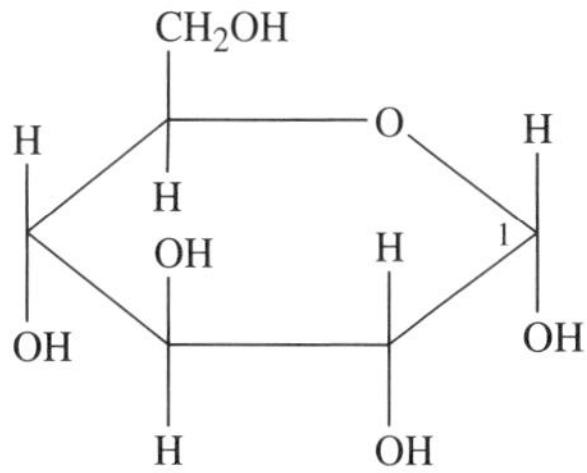

α-D-Glucopyranose

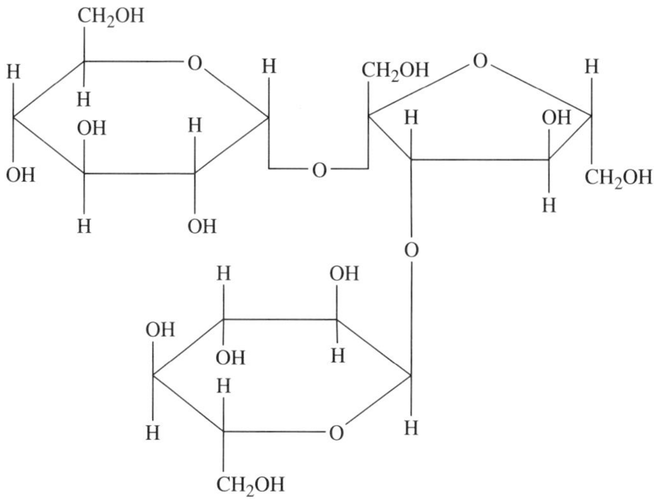

Melizitose

3.2 Durch saure Hydrolyse erhält man zwei mol D-Glucose und ein mol D-Fructose; in wässriger Lösung liegen von den Monosacchariden jeweils Gleichgewichtsgemische vor.

Grundkurs Chemie (Bayern)
Übungsaufgabe 2: Erdöl

Erdöl ist neben Erdgas nicht nur die wichtigste Rohstoffquelle für die chemische Industrie, sondern auch derzeit der wichtigste fossile Energieträger. Zurzeit werden jährlich ca. 3,5 Mrd. Tonnen Erdöl gefördert. Die gegenwärtigen Erdölreserven betragen ca. 150 Mrd. Tonnen und ca. 80 Mrd. Tonnen vermutet man in bisher noch nicht gefundenen Lagerstätten.
Über 50% der Förderung werden zur Herstellung von Treibstoffen, wie z. B. Benzin, Kerosin oder Diesel verbraucht.
Durch Destillation wird das Erdöl in verschiedene Fraktionen getrennt. Jede Fraktion, die durch einen bestimmten Siedebereich charakterisiert ist, enthält neben aromatischen Verbindungen vor allem Alkane verschiedener Kohlenstoffzahl und von jedem Alkan verschiedene Isomere.

1.1 Beschreiben Sie das Prinzip der Gewinnung von Benzin aus Erdöl.

1.2 Erklären Sie den Anstieg der Siedetemperaturen der n-Alkane bei zunehmender Kettenlänge.

1.3 Geben Sie die Strukturformeln für drei Isomere des Oktans an, die zwei tertiäre Kohlenstoffatome besitzen und benennen Sie sie.

1.4 Wie ist zu erklären, dass die unverzweigten Alkane stets einen höheren Siedepunkt haben als die verzweigten Isomeren?

2 Moderne Verbrennungsmotoren mit einem hohen Verdichtungsverhältnis erfordern Benzin hoher Klopffestigkeit.

2.1 Formulieren Sie die Reaktionsgleichung für die vollständige Verbrennung von 2-Methylheptan.

2.2 Was versteht man unter Klopffestigkeit? Wie wird die Klopffestigkeit eines Benzins charakterisiert?

2.3 Beschreiben Sie ein Verfahren, mit dem die Klopffestigkeit von Benzin gesteigert werden kann.

2.4 Nach EU-Richtlinien darf Benzin zur Erhöhung der Klopffestigkeit bis zu 5 % Benzol enthalten. Welche Problematik ist damit verbunden?

3 Nehmen Sie begründet Stellung zu der Aussage, der Energieträger Erdöl sei „gespeicherte Sonnenenergie“.

4 Diesel lässt sich auch aus „nachwachsenden Rohstoffen“ herstellen. Bei der Herstellung von Biodiesel lässt man Rapsöl an einem Katalysator mit einem Alkohol reagieren, wobei es zu einer Umesterung kommt und Rapsölmethylester und ein Nebenprodukt entstehen.
Formulieren Sie die ablaufende Reaktion. Für Rapsöl kann von der allgemeinen Formel für ein Fett ausgegangen werden. Benennen Sie das gebildete Nebenprodukt.

5.1 Wie lange würden die Erdölvorräte reichen, wenn auch die vermuteten Erdölreserven gefunden und ausgebeutet werden können und keine neuen entdeckt werden?
Gehen Sie bei Ihrer Antwort von einer durchschnittlichen jährlichen Fördermenge von 4 Mrd. Tonnen Erdöl aus.

5.2 Welche Energieträger könnten die durch die Verknappung des Erdöls entstehende Versorgungslücke schließen?

Lösungsvorschläge

1.1 Erdöl lässt sich durch fraktionierte Destillation in verschiedene Fraktionen trennen. Dazu wird das Erdöl auf etwa 400 °C erhitzt und das entstehende Dampf- Flüssigkeitsgemisch in einen gekühlten Fraktionierturm geleitet. Die Dämpfe steigen in dem Turm nach oben, kühlen sich dabei ab und kondensieren. Das Kondensat sammelt sich auf den als Glockenböden konstruierten Zwischenböden.

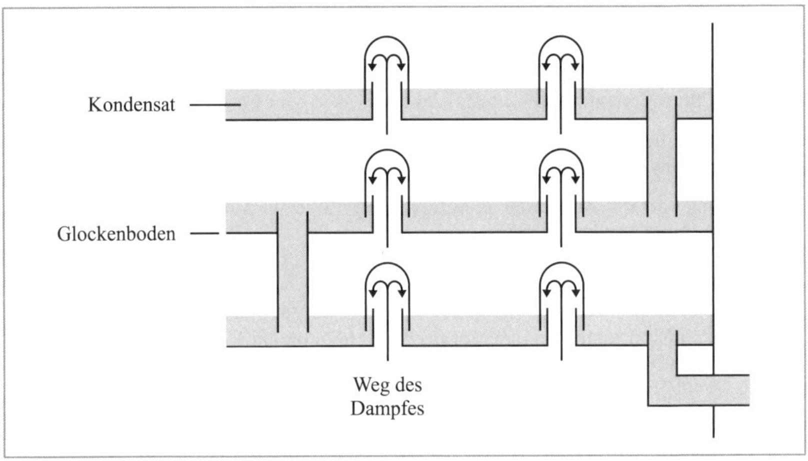

Durch die Konstruktion der Zwischenböden müssen die aufsteigenden Dämpfe das auf dem Glockenboden angesammelte Kondensat durchströmen, wodurch die Trennung zwischen leicht- und schwerflüchtigen Stoffen verbessert wird. Je niedriger die Siedetemperatur der einzelnen Dampfbestandteile ist, umso höher können sie bis zur Kondensation in dem Fraktionierturm nach oben steigen.
Die nach Siedebereichen getrennten Fraktionen werden schließlich aus dem Turm abgezogen. Die Fraktion mit einem Siedebereich zwischen 40 und 200 °C wird als „Rohbenzin“ bezeichnet.

1.2 Die Höhe der Siedetemperatur eines Alkans ist von der Stärke der intermolekularen van-der-Waals-Kräfte abhängig. Mit zunehmender Molekülmasse bzw. Moleküloberfläche werden die van-der-Waals-Kräfte stärker, damit steigen auch die Siedetemperaturen an.

1.3 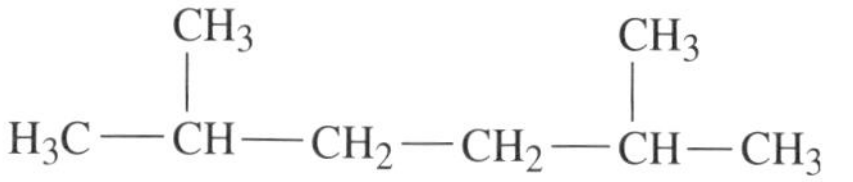 2,5-Dimethylhexan

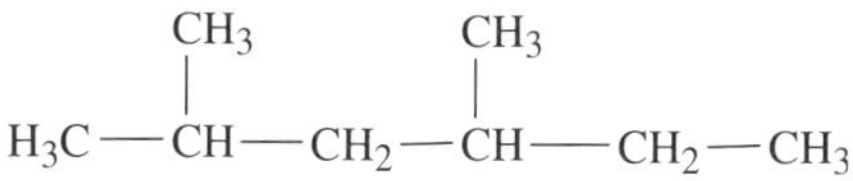 2,4-Dimethylhexan

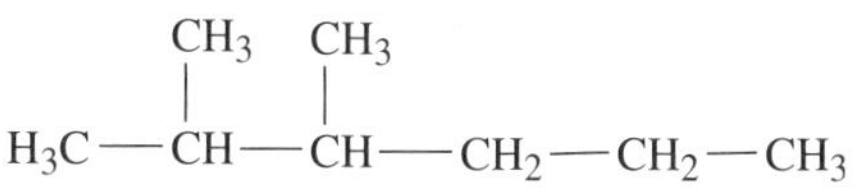 2,3-Dimethylhexan

1.4 Durch die Verzweigung wird die Moleküloberfläche verkleinert und somit werden die intermolekularen van der Waals-Kräfte schwächer.

2.1 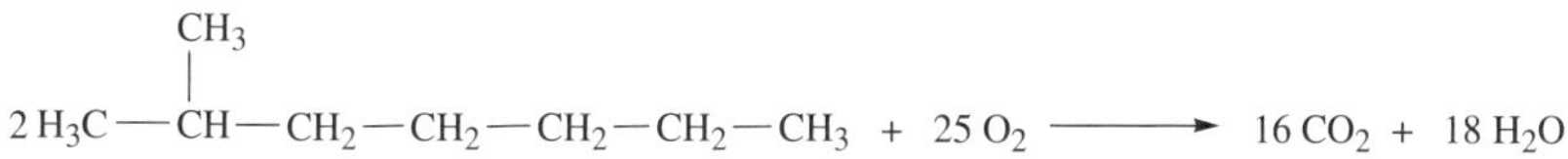

2.2 Die Klopffestigkeit, ist ein Maß dafür, wie hoch sich ein Benzin-Luftgemisch im Zylinder eines Motors verdichten lässt, ohne dass es zu einer vorzeitigen Selbstentzündung kommt.
Zur Charakterisierung der Klopffestigkeit dient die Oktanzahl. Die Oktanzahl des klopfanfälligen n-Heptans wurde mit 0, die des klopffesten i-Octans (2,2,4-Trimethylpentan) mit 100 festgesetzt. Ein Kraftstoff hat z. B. die Oktanzahl 90, wenn er sich in einem Testmotor als genauso klopffest erweist wie ein Gemisch aus 90% i-Octan und 10% n-Heptan.

2.3 Beim Reformieren an einem Platinkatalysator (Platinum-Reforming-Verfahren = Platforming) werden aus klopfanfälligen n-Alkanen und Cycloalkanen klopffeste i-Alkane (verzweigte Alkane) und Aromaten erzeugt.
Dabei können z. B. folgende Reaktionen ablaufen:

- **Isomerisierung** (Umwandlung in ein Molekül gleicher Summenformel, aber anderer Strukturformel), etwa:

  $H_3C-(CH_2)_5-CH_3 \longrightarrow H_3C-CH(CH_3)-CH(CH_3)-CH_2-CH_3$

  n-Heptan — 2,3-Dimethylpentan

- **Dehydrocyclisierung** (Bildung eines ringförmigen [aromatischen] Moleküls unter Wasserstoffabspaltung), etwa:.

  $H_3C-(CH_2)_5-CH_3 \longrightarrow C_6H_5-CH_3 + 4\,H_2$

  n-Heptan — Toluol

- **Dehydrierung** (Wasserstoffabspaltung), etwa:

$$\underset{\text{Cyclohexan}}{C_6H_{12}} \longrightarrow \underset{\text{Benzol}}{C_6H_6} + 3\,H_2$$

2.4 Benzol kann Krebs verursachen. Benzindämpfe sollten daher nicht eingeatmet werden. Auch Hautkontakt sollte vermieden werden, weil Benzol über die Haut resorbiert werden kann.

3 Erdöl ist biogenen Ursprungs. Aus abgestorbenen tierischem und pflanzlichem Meeresplankton dürfte sich durch anaeroben (unter Sauerstoffausschluss stattfindenden) bakteriellen Abbau und unter Einwirkung von Druck und Wärme im Laufe von Jahrmillionen Erdöl gebildet haben.
In der Biologie werden grüne Pflanzen als Primärproduzenten bezeichnet, weil es nur ihnen möglich ist, aus anorganischen Stoffen organisches Material herzustellen. Dies gelingt den Pflanzen durch Fotosynthese. Grüne Pflanzen besitzen Pigmente, mithilfe derer sie bestimmte Wellenlängenbereiche des sichtbaren Lichts absorbieren können. Einen Teil der absorbierten Energie können sie in Form von energiereichem ATP festlegen. Mit den ebenfalls in der Lichtreaktion gebildeten Reduktionsäquivalenten und dem ATP können die Pflanzen dann energiereiche organische Stoffe aufbauen.
Da die energiereichen organischen Substanzen, die im Laufe von Jahrmillionen in Kohlenwasserstoffe umgewandelt wurden, direkt von Pflanzen oder von tierischen Organismen, die sich von Pflanzen ernähren und somit Körpersubstanz aufbauen können, stammen, ist im Erdöl letztlich ein Teil der Energie der Sonne gespeichert.

4

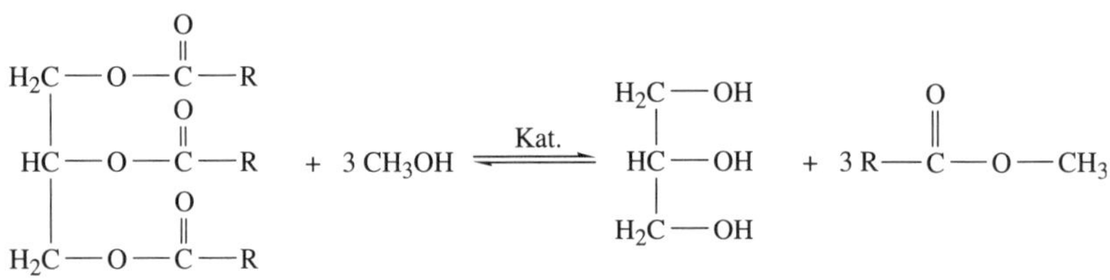

R: Fettsäurerest

Das entstehende Nebenprodukt ist Propan-1,2,3-triol (Glycerin).

5.1 Die Erdölreserven würden noch ca. 57 Jahre reichen.

5.2 Die durch die Verknappung des Erdöls entstehende Versorgungslücke kann z. B. geschlossen werden durch:
- Kernenergie (Kernspaltung, Kernfusion)
- Kohle
- Wind-, Sonnen-, Wasserenergie
- Erdwärme
- Biogas

Abiturprüfungs-
aufgaben

Grundkurs Chemie: Abiturprüfung 1998
Aufgabe I

		BE
1	Isomere Butanole unterscheiden sich in der Konstitution oder in der Konfiguration ihrer Moleküle.	
1.1	Erstellen Sie die Strukturformel aller Isomeren!	5
1.2	Butan-2-ol (2-Butanol) und 2-Methylpropan-2-ol (2-Methyl-2-propanol) werden in getrennten Versuchen mit einer Lösung von Kaliumdichromat, die mit Schwefelsäure versetzt wurde, erhitzt.	
1.2.1	Vergleichen Sie die Beobachtungen bei beiden Versuchen und begründen Sie den unterschiedlichen Versuchsverlauf!	5
1.2.2	Formulieren Sie für die beschriebene Reaktion die Teilgleichungen für Oxidation und Reduktion und fassen Sie beide zur Redoxgleichung zusammen!	4
1.3	An das unter Nr. 1.2 gewonnene Oxidationsprodukt wird Ethanol addiert. Erläutern Sie unter Mitverwendung von Strukturformeln den Ablauf dieser Reaktion!	5
1.4	Zwei der unter Nr. 1.1 formulierten Isomeren sind optisch aktiv.	
1.4.1	Erläutern Sie eine experimentelle Anordnung zur Feststellung der optischen Aktivität!	4
1.4.2	Zeigen Sie an diesem Beispiel den Zusammenhang zwischen Molekülbau und optischer Aktivität auf!	4
2	Ethan und Ethen sind wichtige Ausgangsstoffe großtechnischer Verfahren.	
2.1	Beschreiben Sie die Molekülgeometrie des Ethens und erläutern Sie, ausgehend vom Hybridisierungszustand der Kohlenstoff-Atome, die Bindungsverhältnisse im Ethen-Molekül! Skizzen sind mitzuverwenden.	8
2.2	Beschreiben Sie zwei Experimente zur Unterscheidung von Ethen und Ethan!	4
2.3	Aus Ethen kann Polyethen (Polyethylen, PE) hergestellt werden.	
2.3.1	Erläutern Sie unter Mitverwendung von Strukturformeln den Ablauf der Polymerisation von Ethen!	6
2.3.2	Zeigen Sie den Zusammenhang zwischen der Molekülstruktur des Polyethens und dem Verhalten dieses Kunststoffs beim Erwärmen auf!	5
		50

Lösung

1.1 Unterscheiden sich die Isomeren in der Verknüpfung der Atome im Molekül, so rechnet man sie zu den Konstitutionsisomeren.

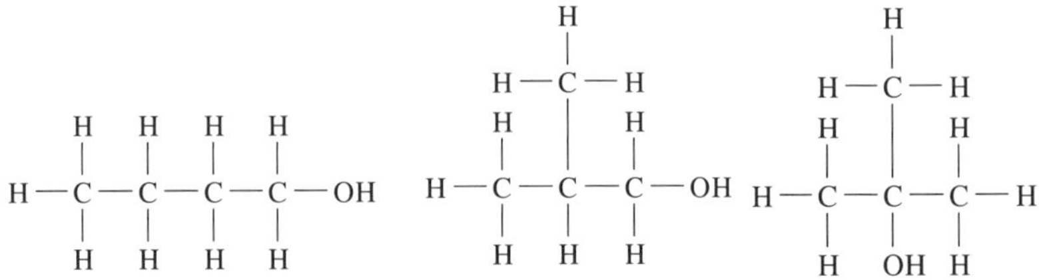

1-Butanol — 2-Methylpropan-1-ol — 2-Methylpropan-2-ol

Vom Butan-2-ol gibt es 2 Isomere, die sich im räumlichen Bau der Moleküle und somit in ihrer Konfiguration unterscheiden. Im vorliegenden Beispiel handelt es sich um Spiegelbildisomere.

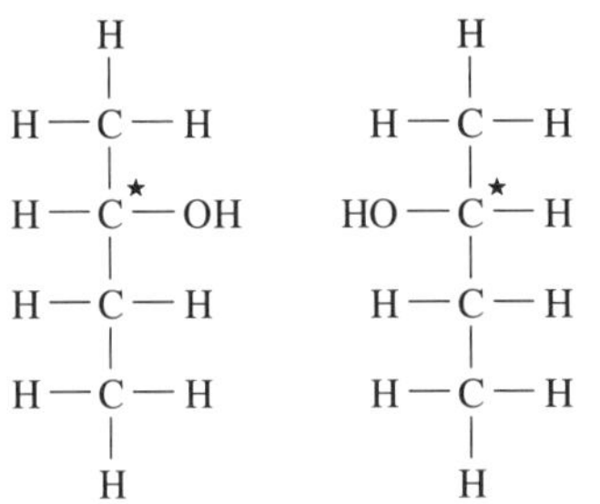

C* = asymmetrisches C-Atom

Spiegelbildisomere (Enantiomere) des Butan-2-ol

1.2.1 Erhitzt man Butan-2-ol (2-Butanol) mit orangefarbener schwefelsaurer Kaliumdichromatlösung, so ist eine Verfärbung nach grün zu beobachten. Führt man den gleichen Versuch mit 2-Methylpropan-2-ol (2-Methyl-2-propanol) durch, ist keine Verfärbung zu beobachten.
Butan-2-ol ist ein sekundärer Alkohol, der mit schwefelsaurer Kaliumdichromatlösung zu Butanon oxidiert werden kann. Die Dichromationen werden dabei zu Chromionen Cr^{3+} reduziert, die die Grünfärbung verursachen.
2-Methylpropan-2-ol ist ein tertiärer Alkohol. Er trägt an C-Atom 2 kein Wasserstoffatom und lässt sich daher bei den geschilderten Bedingungen nicht oxidieren.

1.2.2 Ox.:

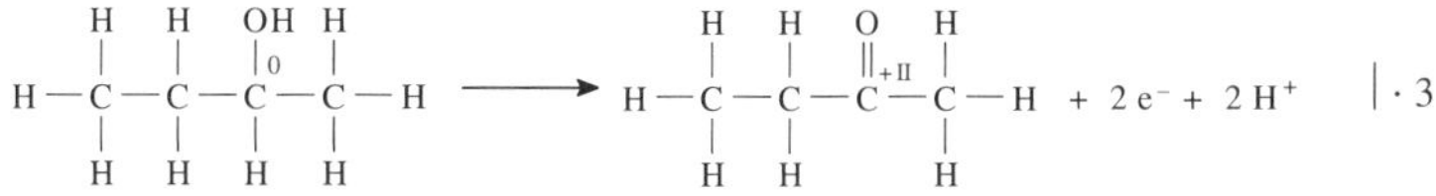

Red.: $Cr_2O_7^{2-} + 6\,e^- + 14\,H^+ \longrightarrow 2\,Cr^{3+} + 7\,H_2O$

Redox.: $3\,H_3C{-}CH_2{-}CHOH{-}CH_3 +$

$Cr_2O_7^{2-} + 8\,H^+ \longrightarrow 3\,H_3C{-}CH_2{-}CO{-}CH_3 + 2\,Cr^{3+} + 7\,H_2O$

1.3 Ethanol wird in einer nucleophilen Addition an Butanon addiert.

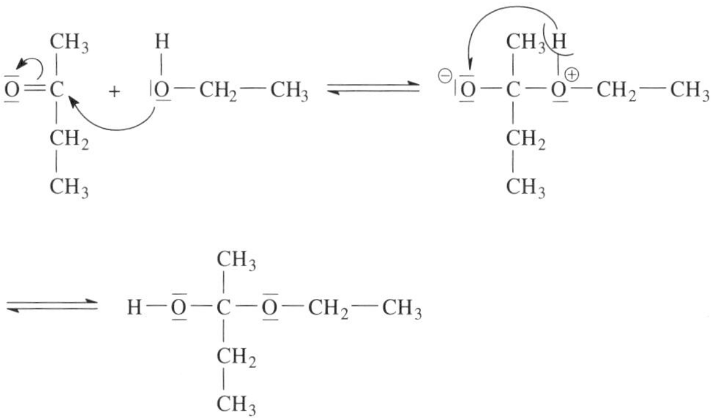

Über ein freies Elektronenpaar des Sauerstoffs der OH-Gruppe wird das Ethanolmolekül an das Carbonylkohlenstoffatom gebunden. Nach intramolekularer Protonenumlagerung entsteht das Endprodukt.

1.4.1 Optisch aktive Substanzen sind in der Lage, die Ebene linear polarisierten Lichts zu drehen.
Dieses Verhalten kann in folgender Versuchsanordnung nachgewiesen werden: Licht wird durch einen Polarisationsfilter geschickt, der nur Licht einer Schwingungsebene hindurchlässt. Dieses linear polarisierte Licht gelangt durch eine zunächst mit einem Lösungsmittel (meist destilliertes Wasser) gefüllte Küvette auf einen zweiten Polarisationsfilter, den Analysator, der so eingestellt wird, dass das auftreffende Licht nicht hindurch treten kann und ein in den Filter schauender Beobachter vollständige Auslöschung feststellt.
Anschließend wird in die Küvette die Lösung der optisch aktiven Substanz eingefüllt. Da diese die Schwingungsebene des Lichts dreht, kann nun erneut Licht durch den Analysator durchtreten.
Der Winkel, um den der Analysator gedreht werden muss, um wieder völlige Auslöschung zu erreichen, stellt den Drehwinkel dar.

1.4.2 Die optische Aktivität der beiden Butan-2-ole ist auf den chiralen Bau der Moleküle zurückzuführen, der gegeben ist, da Kohlenstoffatom 2 ein asymmetrisches Kohlenstoffatom ist. Ein asymmetrisches Kohlenstoffatom ist ein C-Atom, das mit 4 ver-

schiedenen Atomen oder Atomgruppen verknüpft ist (hier: CH_3-, CH_3-CH_2-, OH-Gruppe und H-Atom).
Von chiral gebauten Molekülen gibt es 2 Isomere, die sich wie Bild und Spiegelbild verhalten (Spiegelbildisomere, Enantiomere).

2.1 Ethen: Planar gebaut, Bindungswinkel 120°

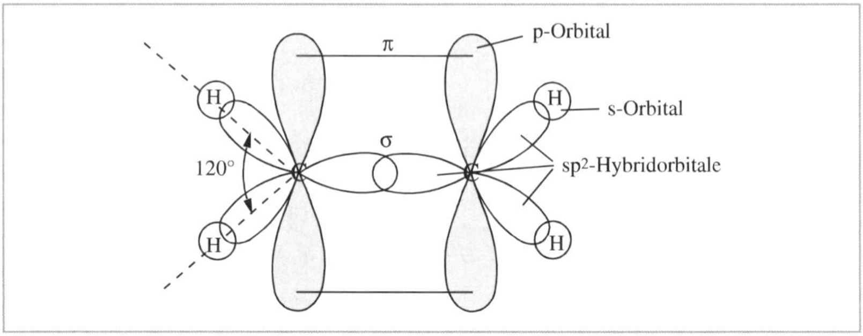

Die Kohlenstoffatome des Ethens sind sp^2-hybridisiert. Die sp^2-Hybridorbitale sind in die Ecken eines gleichseitigen Dreiecks gerichtet.
Die C–H-Bindungen kommen durch Überlappung je eines sp^2-Hybridorbitals mit einem s-Orbital des Wasserstoffs, die C–C-Bindung durch Überlappung zweier sp^2-Hybridorbitale zustande.
Durch Überlappung zweier an der Hybridisierung nicht beteiligter, einfach besetzter p-Orbitale wird eine spiegelsymmetrische π-Bindung gebildet.

2.2 Ethen entfärbt bei Raumtemperatur und im Dunkeln gelbbraunes Bromwasser. In einer elektrophilen Addition entsteht 1,2-Dibromethan. Unter den genannten Reaktionsbedingungen kommt es mit Ethan zu keiner Entfärbung.
Ethen entfärbt schwach alkalische, violett gefärbte Kaliumpermanganatlösung (baeyersche Probe). Dabei wird das Ethen oxidiert und die Permanganationen werden zu Braunstein (MnO_2) reduziert. Mit Ethan fällt die baeyersche Probe negativ aus, d. h. es kommt zu keiner Entfärbung.

2.3.1 Aus Ethen kann in einer radikalischen Polymerisation Polyethen (Polyethylen) hergestellt werden.

Die Radikalkettenpolymerisation verläuft in folgenden Schritten:

- Beim Zerfall eines Initiators (z. B. Peroxid) entstehen Radikale.

$$R-R \longrightarrow 2\,R\cdot$$

- Die Radikale greifen Ethenmoleküle an der Doppelbindung an (Kettenstart), wodurch neue Radikale gebildet werden, die für Kettenwachstumsreaktionen zur Verfügung stehen.

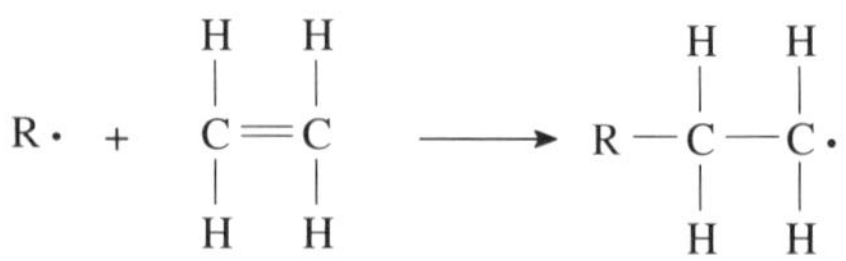

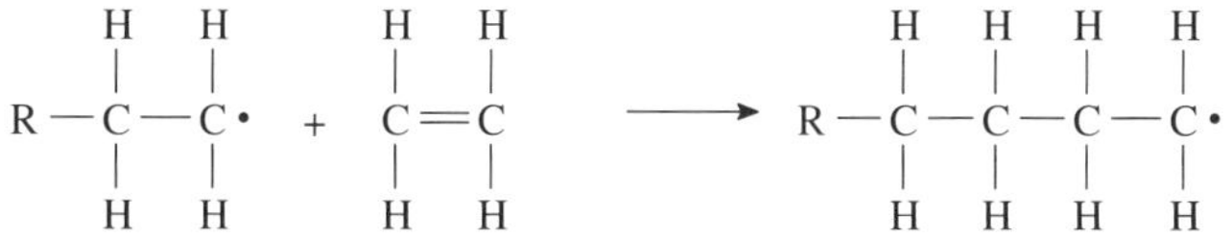

- Die Reaktionskette wird unterbrochen durch
  Rekombination zweier Radikale

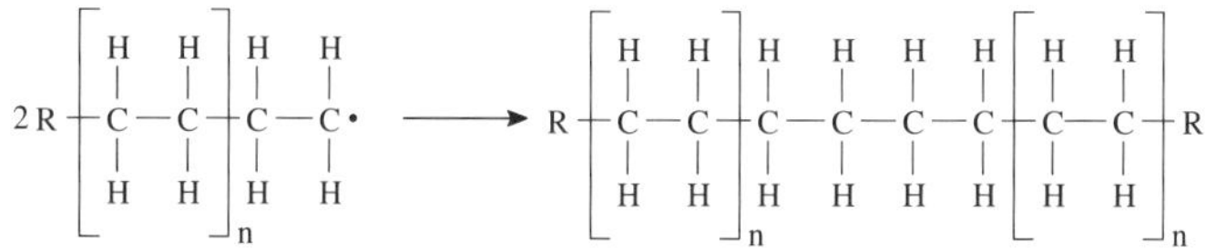

oder durch Disproportionierung.

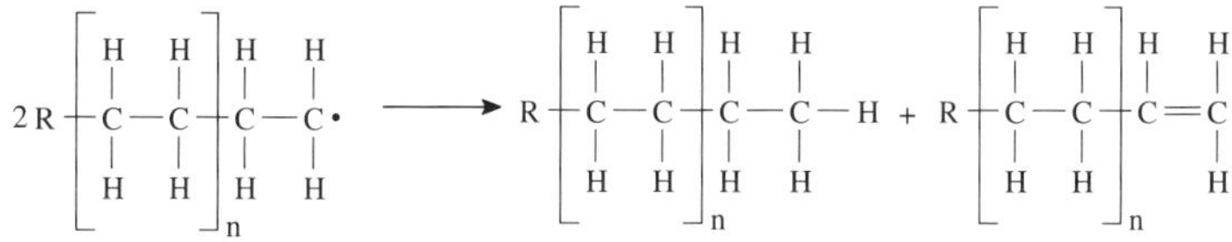

2.3.2 Polyethen gehört seinem thermischen Verhalten nach zu den Thermoplasten.
Erhitzt man den Kunststoff, so wird er mit zunehmender Temperatur weich, bis schließlich Schwärzung eintritt.
In dem Kunststoff werden die kettenförmigen Makromoleküle durch VAN-DER-WAALS-Kräfte zusammengehalten. Beim Erwärmen werden diese Sekundärbindungskräfte teilweise überwunden; die Moleküle können aneinander vorbeigleiten, der Kunststoff erweicht.
Bei Erreichen der Zersetzungstemperatur werden Atombindungen innerhalb der Makromoleküle gespalten, sodass infolge Freisetzung von Kohlenstoff Schwarzfärbung auftritt.

Grundkurs Chemie: Abiturprüfung 1998
Aufgabe II

BE

1 Kohlenhydrate sind wichtige Nährstoffe und spielen im Stoffwechsel eine zentrale Rolle.

1.1 Das Molekül der Mannose unterscheidet sich vom Glucose-Molekül nur in der Konfiguration am C-2-Atom.
Zeichnen Sie die FISCHER-Projektionsformel der Kettenstruktur und die HAWORTH-Projektionsformeln der Ringstrukturen von Mannose! 4

1.2 An einer frisch bereiteten Mannose-Lösung lässt sich Mutarotation beobachten.
Beschreiben und erklären Sie diese Erscheinung! 4

1.3 Zeichnen Sie die Strukturformel des Saccharose-Moleküls! 3

1.4 Saccharose kann hydrolysiert werden. Sowohl mit der Saccharose-Lösung als auch mit dem neutralisierten Hydrolysat wird die FEHLING-Probe durchgeführt. Beschreiben Sie die Durchführung dieser Probe! Vergleichen Sie die Ergebnisse und erklären Sie das unterschiedliche Verhalten der beiden Lösungen! 8

2 Ethanol wird schon seit langem biotechnisch aus zuckerhaltigen Lösungen hergestellt.

2.1 Erstellen Sie die Bruttogleichung der alkoholischen Gärung! 2

2.2 Beschreiben Sie unter Mitverwendung von Strukturformeln die wesentlichen Schritte der Glykolyse! Für die beteiligten Coenzyme ist die übliche Kurzschreibweise zu verwenden. 7

2.3 Erstellen Sie die Strukturformelgleichungen für die beiden Reaktionsschritte, die vom Endprodukt der Glykolyse zum Ethanol führen und begründen Sie, warum die Gärung nicht mit der Bildung der Brenztraubensäure (Ketopropansäure, 2-Oxopropansäure) beendet wird! 5

2.4 Unter aeroben Bedingungen unterbleibt die Bildung von Ethanol. Begründen Sie diese Erscheinung und geben Sie – unter Verzicht auf Strukturformeln – einen Überblick über den aeroben Abbau der Brenztraubensäure! 6

3 Die Verfügbarkeit von Anilin (Aminobenzol) ist die Grundlage für die Entwicklung vieler „Anilinfarben“.

3.1 Erläutern Sie unter Mitverwendung von Strukturformeln die Hauptschritte einer Farbstoffsynthese, bei der Anilin einen Ausgangsstoff bildet! 5

3.2 Gleichkonzentrierte Lösungen von 2,4-Dinitronanilin zeigen in alkalischem bzw. stark saurem Milieu unterschiedliche Farbe.
Begründen Sie den Unterschied unter Mitverwendung von Strukturformeln und Fachbegriffen! 6

50

Lösung

1.1

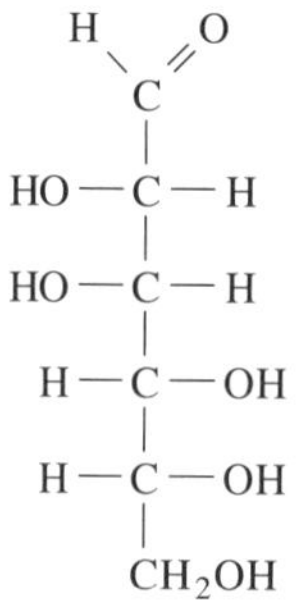

D-Mannose

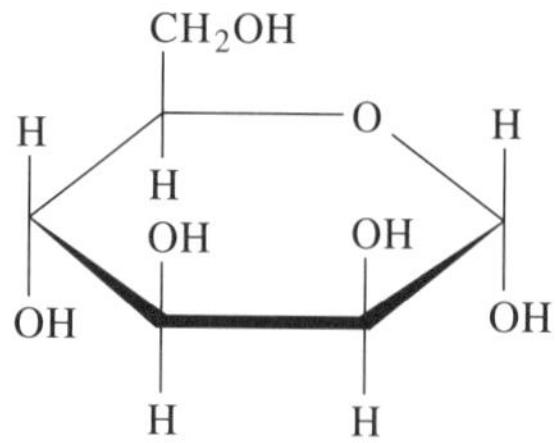

α-D-Mannose

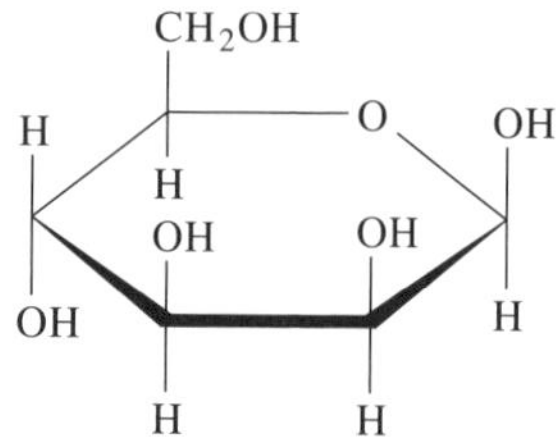

β-D-Mannose

1.2 Mutarotation ist die Erscheinung, dass frisch hergestellte Lösungen bestimmter Zucker eine kontinuierliche Änderung ihres optischen Drehvermögens zeigen, bis sich ein konstanter Endwert einstellt. Mannose zeigt Mutarotation.
Frisch bereitete Lösungen von α- bzw. β-D-Mannose haben verschiedene spezifische Drehwinkel. Untersucht man die Lösungen im Polarimeter, zeigt sich, dass sich die Drehwinkel kontinuierlich ändern, bis sich in beiden Fällen der gleiche konstante Endwert einstellt.
Die Mutarotation ist darauf zurückzuführen, dass sich in beiden Lösungen ein Gleichgewichtsgemisch gleicher Zusammensetzung bildet, das α-D-Mannose, β-D-Mannose und eine geringe Menge offenkettiger Aldehydform enthält. Über die Aldehydform erfolgt die Umwandlung der Anomeren ineinander. Das Gleichgewichtsgemisch hat eine spezifische Drehung, die dem konstanten Endwert entspricht.

1.3 In der Saccharose sind 1 Molekül α-D-Glucose und 1 Molekül β-D-Fructofuranose 1,2-glykosidisch miteinander verknüpft.

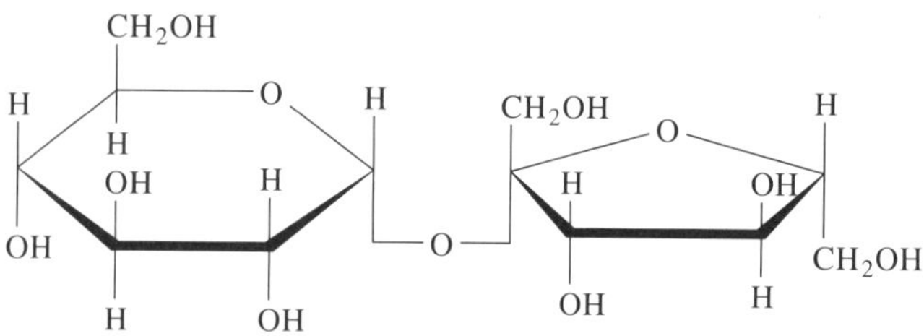

1.4 Bei der FEHLING-Probe gibt man die fehlingschen Lösungen I (Kupfer-II-sulfatlösung) und II (Lösung von Natriumhydroxid und des organischen Salzes Natriumkaliumtartrat, dessen Anionen Cu^{2+}-Ionen komplex binden können) zusammen. Es entsteht ein tiefblauer Kupferkomplex.
Setzt man nun in getrennten Versuchen Saccharose bzw. das neutralisierte Hydrolysat zu und erhitzt, so kommt es nur mit dem Hydrolysat zu einer Rotbraunfärbung durch ausfallendes Kupfer-I-oxid.

In der Saccharose sind beide anomere Kohlenstoffatome miteinander verbunden, wodurch bei keinem Baustein eine Ringöffnung möglich ist. Es können sich daher in wässriger Lösung keine Moleküle mit oxidierbarer Aldehydgruppe bilden. Saccharose hat somit keine reduzierende Eigenschaften.
In dem Hydrolysat liegen offenkettige Glucosemoleküle mit oxidierbarer Aldehydgruppe vor. Diese entstehen entweder direkt als Hydrolyseprodukt oder durch Umlagerung hydrolytisch gebildeten Fructose in Glucose (im basischen Medium).
Bei der positiven FEHLING-Probe werden die Cu^{2+}-Ionen der fehlingschen Lösung zu Kupfer der Oxidationszahl +I im Kupfer-I-oxid reduziert und dabei die Aldehydgruppe der Glucose zur Carboxylgruppe oxidiert.

2.1 $C_6H_{12}O_6 + 2\,ADP + 2\,Ⓟ \longrightarrow 2\,H_3C-CH_2OH + 2\,CO_2 + 2\,ATP$

2.2 Glykolyse:
Glucose wird unter ATP-Verbrauch in Glucose-6-phosphat übergeführt, das zu Fructose-6-phosphat isomerisiert wird. Dieses reagiert unter erneutem ATP-Verbrauch zu Fructose-1,6-diphosphat, welches in einer Gleichgewichtsreaktion in Dihydroxyacetonphosphat und Glycerinaldehyd-3-phosphat gespalten wird.
Zwischen diesen beiden C_3-Körpern stellt sich ebenfalls ein Gleichgewicht ein. Da jedoch nur Glycerinaldehyd-3-phosphat in die nachfolgenden Reaktionen eingeht, wird es ständig aus Dihydroxyacetonphosphat nachgebildet. Vereinfacht lassen sich die Reaktionsschritte bis dahin folgendermaßen darstellen:

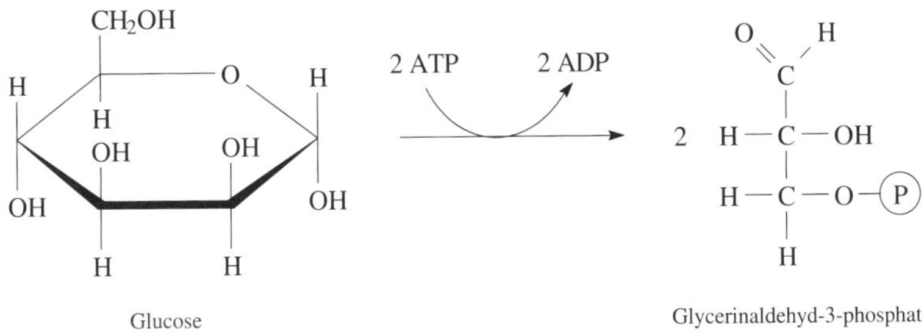

Glycerinaldehyd-3-phosphat wird anschließend unter Bildung von ATP und NADH/H^+ zu Glycerinsäure-3-phosphat oxidiert.

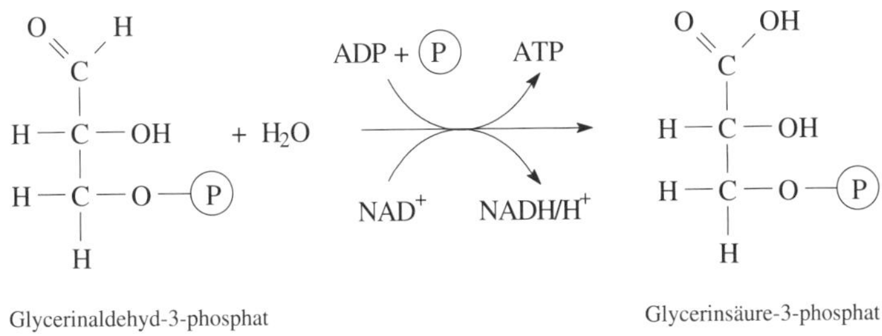

Nach einer Isomerisierung und nachfolgender Wasserabspaltung entsteht Phosphoenolbrenztraubensäure, die unter nochmaligem ATP-Gewinn über Enolbrenztraubensäure zu Brenztraubensäure reagiert.

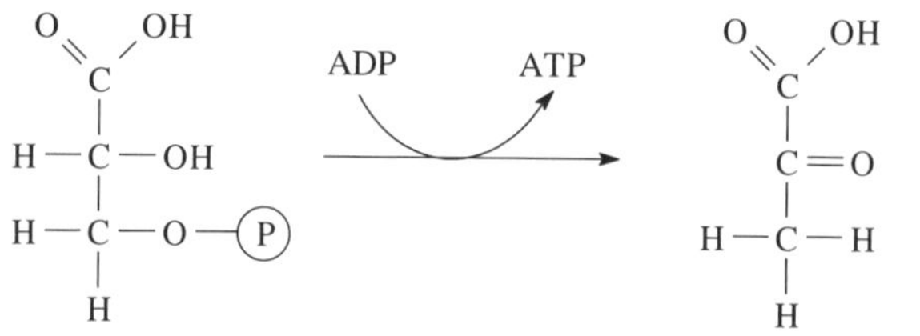

Glycerinsäure-3-phosphat Brenztraubensäure

2.3

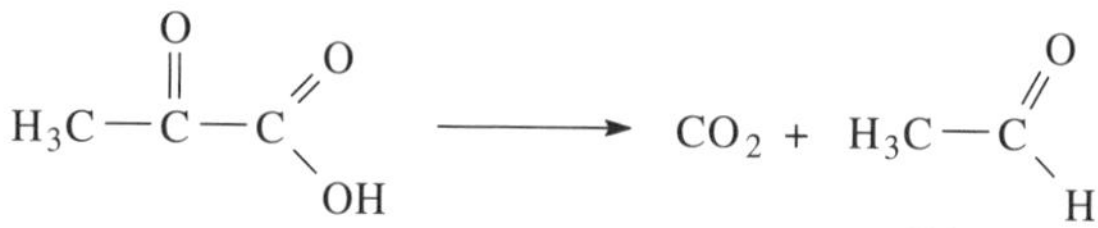

Ethanal

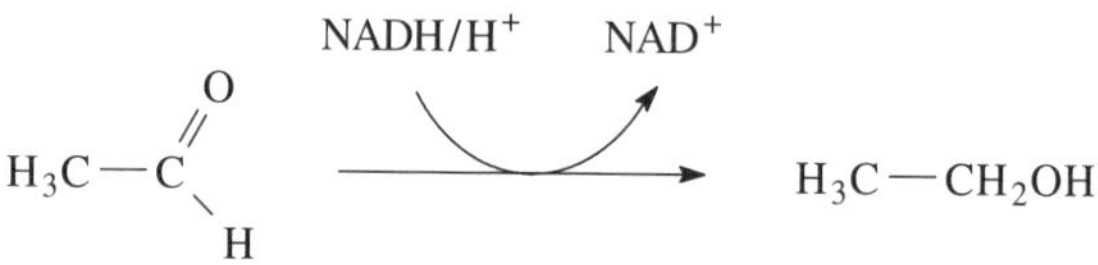

Ethanol

NAD^+ dient in der Glykolyse bei der Oxidation des Phosphoglycerinaldehyds als Wasserstoffakzeptor; dabei wird es zu $NADH/H^+$ reduziert. Da der Zelle nicht unbegrenzte Mengen an NAD^+ zur Verfügung stehen, muss dieses in einem nachfolgenden Stoffwechselschritt wieder zurückgebildet werden. Bei der alkoholischen Gärung wird der Wasserstoff des $NADH/H^+$ enzymatisch katalysiert auf Ethanal übertragen, wobei dieses zu Ethanol reduziert wird.

2.4 Der aerobe Abbau der Brenztraubensäure erfolgt in folgenden Schritten:

a) oxidative Decarboxylierung der Brenztraubensäure und Bildung von Acetyl-CoA
Unter Bildung von $NADH/H^+$ und Abspaltung von Kohlenstoffdioxid wird Brenztraubensäure in einen Acetylrest (C_2-Körper) übergeführt, der, an Coenzym A gebunden, in den Citronensäurezyklus eingeschleust wird.

b) Citronensäurezyklus
Unter Bildung von Citronensäure wird der Acetylrest an Oxalessigsäure gebunden. In einem Kreisprozess
   - wird das Kohlenstoffgerüst des eingeschleusten C_2-Körpers in 2 Decarboxylierungsschritten abgebaut
   - werden pro mol C_2-Körper 3 mol $NADH/H^+$ und 1 mol $FADH_2$ und 1 mol GTP gebildet
   - wird Oxalessigsäure zurückgebildet.

c) Atmungskette

In der Atmungskette wird der in im $NADH/H^+$ bzw. $FADH_2$ gebundene Wasserstoff auf Sauerstoff übertragen, wobei Wasser entsteht. Die Coenzyme werden dabei oxidiert und stehen zur erneuten Wasserstoffaufnahme zur Verfügung.
Die Atmungskette besteht aus einer Reihe hintereinander geschalteter Redoxsysteme. Während über die ersten Redoxsysteme Wasserstoff transportiert wird, sind die nachgeschalteten Systeme nur zu einem Elektronentransport in der Lage. Es kommt zu einer Aufspaltung der Wasserstoffatome in Protonen und Elektronen, wobei letztere über die Redoxkette weitergeleitet werden. Schließlich gelangen die Elektronen zum Sauerstoff, der sie aufnimmt. Die entstehenden Oxidionen vereinigen sich mit den Protonen zu Wasser.
Sowohl der Wasserstoff-, als auch der Elektronentransport erfolgt in einer „Bergabreaktion“ von einem hohen Energieniveau auf ein niedrigeres Energieniveau. Diese schrittweise Freisetzung von Energie ist mit der endergonischen Bildung von ATP gekoppelt (Atmungskettenphosphorylierung). Bei der Oxidation von 1 mol $NADH/H^+$ werden 3 mol ATP, und von 1 mol $FADH_2$ 2 mol ATP gebildet.

3.1 Vom Anilin ausgehend lässt sich ein Azofarbstoff in 2 Reaktionsschritten herstellen. Als Reaktionspartner, der als Kupplungskomponente bezeichnet wird, kann z. B. Dimethylanilin eingesetzt werden.
Im 1. Reaktionsschritt reagiert Anilin mit salpetriger Säure, die während der Umsetzung aus Natriumnitrit und Salzsäure freigesetzt wird, zum entsprechenden Diazoniumsalz (Diazotierung).

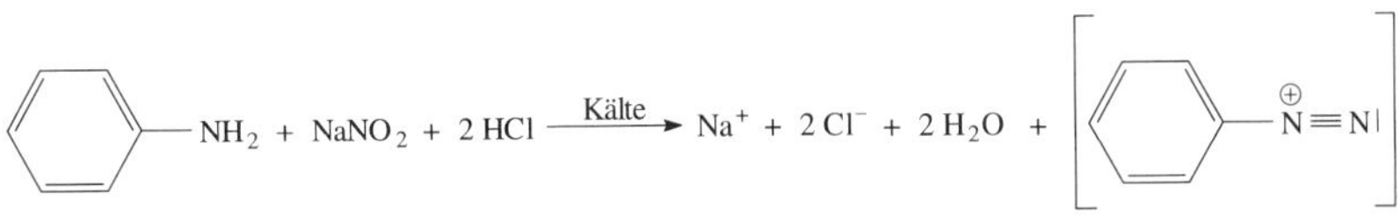

In eisgekühlter Lösung (Zurückdrängung der Zersetzung des Diazoniumsalzes unter Stickstoffabspaltung) wird das Diazoniumsalz mit der Kupplungskomponente Dimethylanilin zur Reaktion gebracht (Azokupplung).

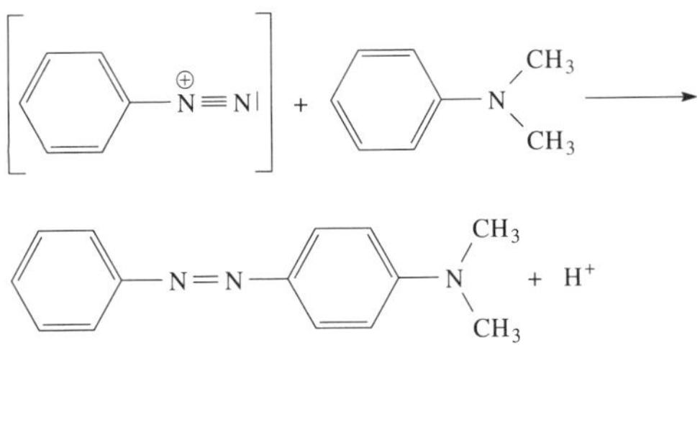

3.2 Im Dinitroanilin sind an das mesomere System des Benzolkerns 2 antiauxochrome Nitrogruppen und die auxochrome Aminogruppe gebunden. Auxochrome haben eine farbvertiefende Wirkung.

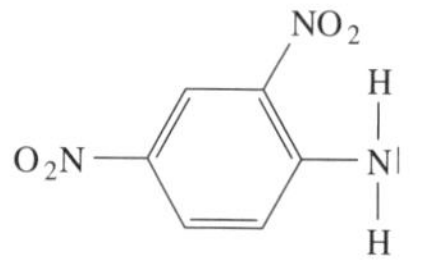

Wird die alkalische Lösung stark angesäuert, so wird die Aminogruppe protoniert.

Die entstehende NH_3^+-Gruppe kann nicht mehr als Auxochrom fungieren, weil das Stickstoffatom kein freies Elektronenpaar mehr besitzt, das sich an der Mesomerie des Chromophors beteiligen könnte. Infolge dessen kommt es zu einer Aufhellung der Lösung.

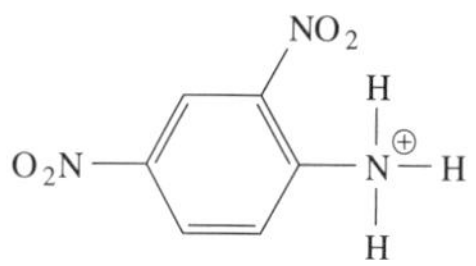

Grundkurs Chemie: Abiturprüfung 1998
Aufgabe III

		BE
1	Die Moleküle von Ethanol und Phenol besitzen je eine Hydroxy-Gruppe; beide Stoffe unterscheiden sich aber in ihrer Acidität.	
1.1	Beschreiben Sie je ein Experiment zur Gewinnung eines Ethanolats bzw. eines Phenolats und formulieren Sie die Reaktionsgleichungen!	5
1.2	Vergleichen Sie die Basizität von Ethanolat- und Phenolat-Ionen und erklären Sie den Unterschied unter Mitverwendung von Strukturformeln!	8
1.3	Beim Ansäuern einer konzentrierten Lösung von Natriumphenolat beobachtet man eine milchige Trübung. Erklären Sie diesen Befund!	3
2	Der Chemiker Mège-Mouriès entwickelte 1869 erstmals ein Verfahren zur Herstellung eines streichfähigen Buttersatzes. Heute ist vor allem die Härtung pflanzlicher Öle die Grundlage der Herstellung von Margarine.	
2.1	Erstellen Sie die Strukturformel eines charakteristischen Bestandteils eines flüssigen Fetts und formulieren Sie, von diesem Edukt ausgehend, den Vorgang der Fetthärtung!	4
2.2	Begründen Sie, warum sich der Ausgangsstoff und das Produkt dieser Fetthärtung bei Raumtemperatur in der Konsistenz unterscheiden!	4
2.3	Erhitzt man das unter Nr. 2.1 erhaltene Produkt längere Zeit mit Natronlauge, dann erhält man ein Tensid.	
2.3.1	Erstellen Sie die Strukturformelgleichung für diesen Vorgang!	2
2.3.2	Erklären sie unter Mitverwendung beschrifteter Skizzen die Waschwirkung des Tensids!	6
3	Zur Stoffklasse der Ester zählen wichtige Lösemittel, Aromastoffe, Kunststoffe und Medikamente.	
3.1	Erstellen Sie die Strukturformelgleichung für die Veresterung von Ethansäure mit Ethanol und zeigen Sie Möglichkeiten zur Erhöhung der Esterausbeute auf!	4
3.2	Salicylsäure (2-Hydroxybenzolcarbonsäure) lässt sich sowohl mit Ethansäure als auch mit Ethanol verestern. Geben Sie die Strukturformelgleichungen für beide Reaktionen an!	3
3.3	Aus Hexandisäure (Adipinsäure) und Propan-1,2,3-triol (Glycerin) lässt sich ein Kunststoff herstellen. Leiten Sie aus der Molekülstruktur das Verhalten dieses Kunststoffs beim Erwärmen ab!	5
4	Zeigen Sie drei Möglichkeiten auf, Kohle als Kohlenstoffquelle für chemisch-technische Verfahren zu nutzen!	6
		50

Lösung

1.1 Natriumphenolat bildet sich bei der Neutralisation einer wässrigen Phenollösung („Carbolsäure“) mit Natronlauge:

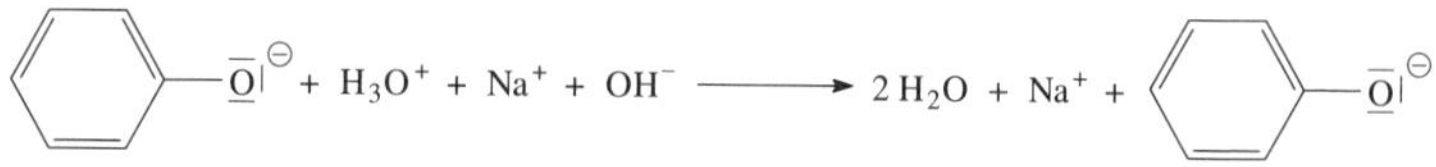

Das feste Salz erhält man nach Eindampfen der Lösung.

Natriumethanolat entsteht bei der Reaktion von Natrium mit Ethanol.

$$2\ H_3C-CH_2-\overline{\underline{O}}-H\ +2\,Na \longrightarrow 2\ H_3C-CH_2-\overline{\underline{O}}|^{\ominus}\ +2\,Na^+ + H_2$$

Da die O–H-Bindung im Ethanol stark polar ist, kann ein Proton abgespalten werden. Die Protonen werden von Natrium zu Wasserstoff reduziert. Die entstehenden Ethanolationen treten beim Eindampfen mit den Natriumionen zu Natriumethanolat zusammen.

1.2 Die Basizität des Phenolations ist deutlich geringer als die des Ethanolations.
Die geringe Basizität des Phenolations (d. h. seine geringe Bereitschaft ein Proton aufzunehmen) ist darauf zurückzuführen, dass

- durch den –I-Effekt („Elektronenzug“) der Phenylgruppe die Bindung eines Protons an das Phenolation erschwert wird.
- das Phenolation besser mesomeriestabilisiert ist, als das durch Protonenaufname gebildete Phenol.

Mesomere Grenzstrukturen:

Phenolation:

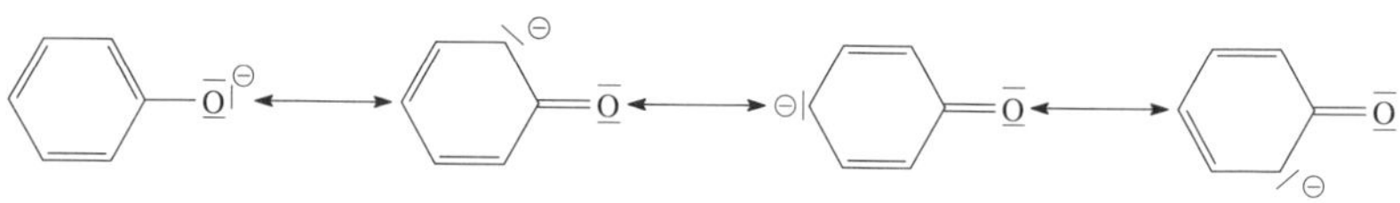

Phenol:

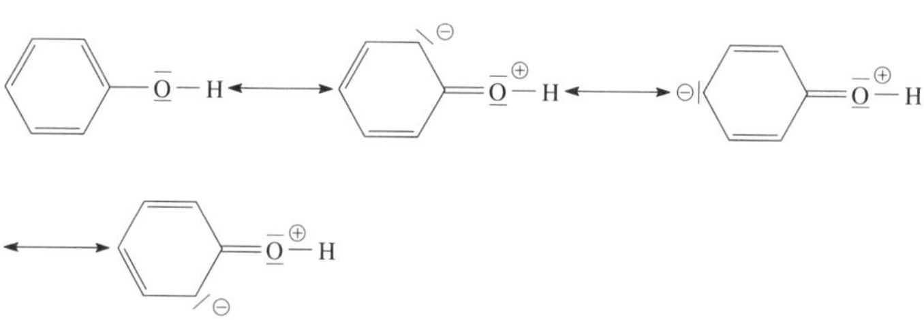

Das Ethanolation ist nicht mesomeriestabilisiert. Auch übt die Ethylgruppe keinen Elektronenzug aus. So wird verständlich, dass es dem Ethanolation leichter möglich ist, über ein freies Elektronenpaar des Sauerstoffs ein Proton zu binden; es hat somit eine höhere Basizität als das Phenolation.

1.3 Phenolationen tragen eine negative Ladung am Sauerstoff, über die sie gut mit den Wasserdipolen in Wechselwirkung treten können.
Gibt man zu der Phenolatlösung eine Säure, so wird das Gleichgewicht folgender Reaktion nach rechts, also auf die Seite des Phenols, verschoben.

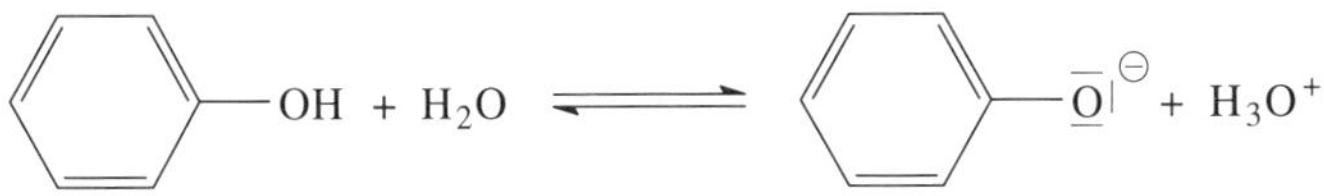

Phenol ist gering wasserlöslich, da das Molekül neben der kleinen hydrophilen Hydroxylgruppe (die mit Wassermolekülen Wasserstoffbrückenbindungen eingehen kann) den großen hydrophoben Phenylrest enthält (der mit Wassermolekülen nicht in Wechselwirkungen treten kann). Ausfallendes Phenol bildet die milchige Trübung.

2.1 Fette sind Glycerinester langkettiger Monocarbonsäuren (Triacylglyceride). Moleküle eines flüssigen Fettes enthalten ungesättigte Fettsäurereste.
Durch katalytische Hydrierung, bei der Wasserstoff an die Doppelbindungen angelagert wird, kann das flüssige in ein streichfähiges Fett übergeführt werden.

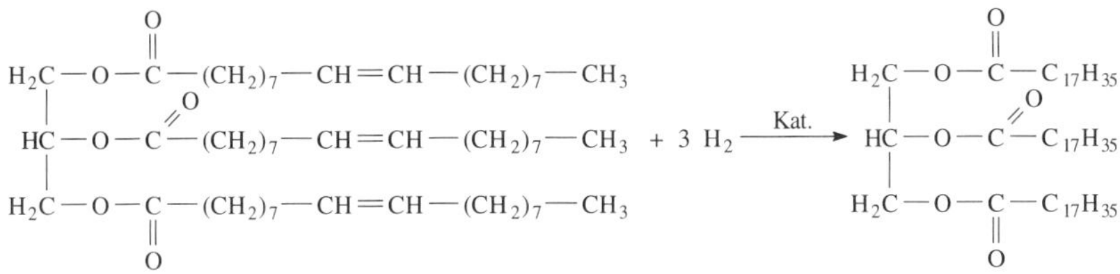

2.2 Die natürlich vorkommenden, ungesättigten Fettsäuren besitzen an der Doppelbindung stets cis-Konfiguration, was eine Krümmung des Moleküls an dieser Stelle und damit einen sperrigen Bau zur Folge hat.
Fettmoleküle, die ungesättigte Fettsäurereste besitzen, ordnen sich daher nicht gut zu einem Kristallgitter zusammen. Da die Moleküle nicht eng beieinander liegen, sind die gegenseitigen Anziehungskräfte gering und die Moleküle bereits bei Raumtemperatur leicht gegeneinander verschiebbar.
Nach der Hydrierung liegen die Fettsäurereste als gestreckte Zick-Zack-Ketten (sp^3-Hybridisierung der C-Atome) vor, die sich gut parallel zueinander lagern können. Fettmoleküle, die gesättigte Fettsäurereste enthalten, ordnen sich daher gut zu einem Kristallgitter an. Die zwischen den stark angenäherten Molekülen auftretenden Anziehungskräfte reichen aus, um die Moleküle auf ihren Plätzen im Gitter festzuhalten. Das Fett ist daher bei Raumtemperatur fest.

2.3.1 Erhitzt man ein Fett mit Natronlauge, so kommt es zur Spaltung der Esterbindungen im Fettmolekül, wobei Glycerin und das Natriumsalz der Fettsäure entstehen.

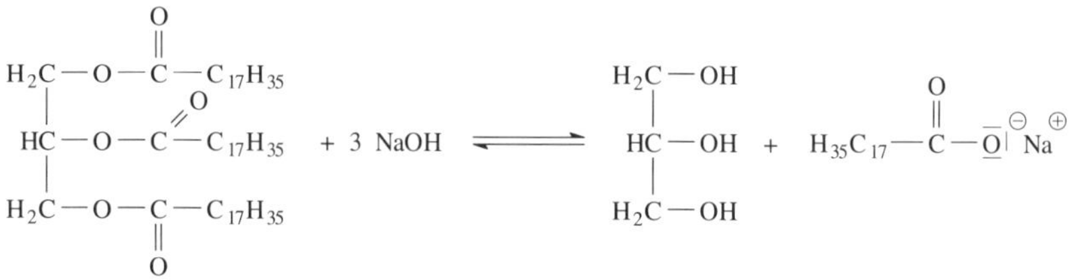

2.3.2 Ein Fettsäureanion besitzt eine hydrophile, geladene Carboxylatgruppe und einen langen Alkylrest, der hydrophoben Charakter hat.

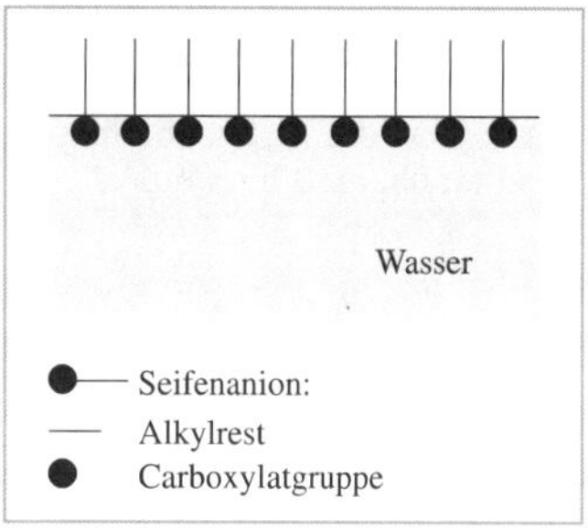

Grenzfläche Wasser-Luft

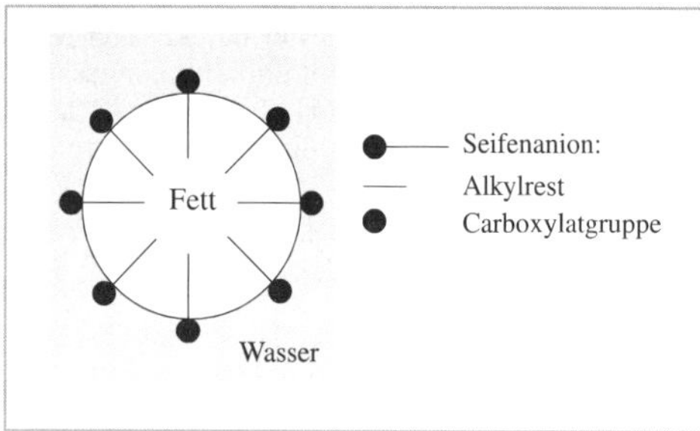

Grenzfläche Wasser-Fett

An der Grenzfläche Wasser-Luft werden die Carboxylatenden der Seifenanionen in das Wasser hineingezogen, während die Alkylreste aus dem Wasser herausgedrängt werden. Die sich im Oberflächenbereich anreichernden, derart orientierten Seifenanionen bilden an der Grenzfläche eine „monomolekulare" Schicht. Dies führt zu einer Herabsetzung der Oberflächenspannung des Wassers.
An der Grenzfläche Wasser-Fett lösen sich die hydrophoben Alkylreste der Seifenanionen in dem gleichfalls hydrophoben Fett, während die Carboxylatgruppen aus dem Fetttröpfchen/Fettschmutzteilchen herausragen und mit den Dipolmolekülen des Wassers in Wechselwirkung treten. Die Tröpfchenoberfläche wird somit hydratisiert.
Da sich an der Tröpfchen-/Schmutzteilchenoberfläche die negativ geladenen Carboxylatgruppen befinden, können sich die Tröpfchen infolge Abstoßung gleichnamiger Ladungen nicht miteinander vereinigen und können fein emulgiert/suspendiert mit der Waschlauge abtransportiert werden.

3.1 Ethansäure reagiert mit Ethanol in säurekatalysierter Reaktion zu Ethansäureethylester.

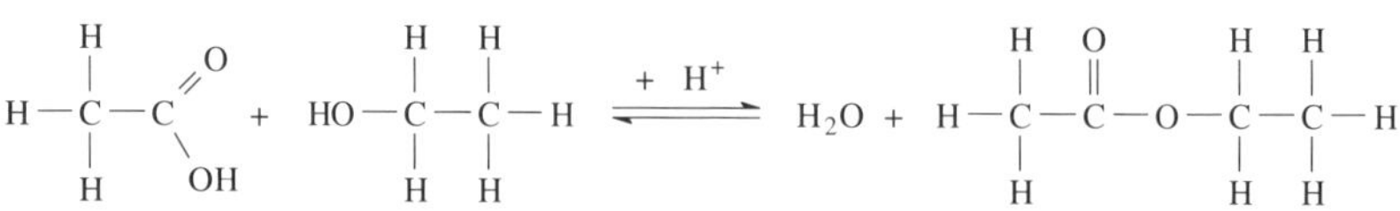

Nach dem Prinzip vom kleinsten Zwang gibt es folgende Möglichkeiten, die Lage des Gleichgewichts nach rechts zu verschieben:

- Erhöhung der Konzentration eines Ausgangsstoffs
- Erniedrigung der Konzentration eines Endprodukts
  z. B. durch Abdestillieren des Esters oder Bindung des Wassers durch Schwefelsäurezusatz.

3.2

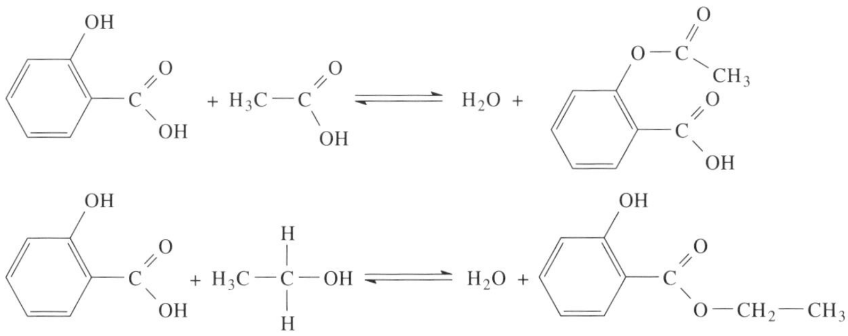

3.3 Da der Reaktionspartner der bifunktionellen Hexandisäure das trifunktionelle Propan-1,2,3-triol ist, entsteht ein dreidimensionales Polykondensationsprodukt mit duroplastischen Eigenschaften.

Ausschnitt aus dem Kunststoffmakromolekül:

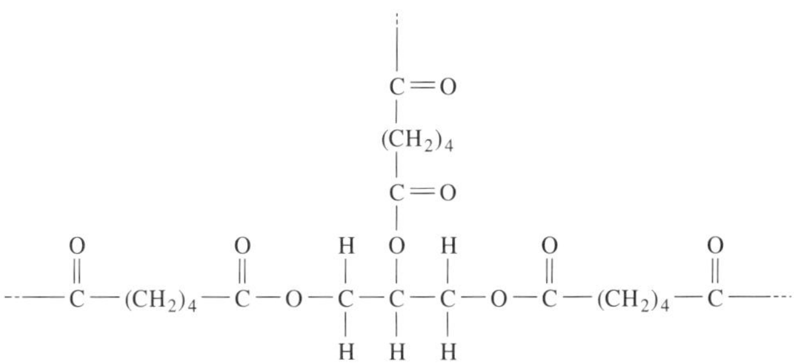

Ein duroplastischer Kunststoff bleibt bis zum Erreichen der Zersetzungstemperatur hart; eintretende Zersetzung macht sich durch Schwarzfärbung bemerkbar.
Im Duroplasten sind die Makromoleküle über Atombindungen miteinander vernetzt; die ganze Kunststoffprobe bildet somit quasi ein einziges, riesiges Molekül. Bei Temperaturen unterhalb des Zersetzungsbereichs können diese Atombindungen nicht gelöst werden, der Kunststoff bleibt hart.
Bei der Zersetzung werden die Atombindungen teilweise gesprengt, sodass infolge Freisetzung von Kohlenstoff Schwärzung auftritt.

4 Verkokung (Entgasung) von Steinkohle

Bei der Verkokung wird Kohle unter Luftabschluss auf 1 200 – 1 300 °C erhitzt (Pyrolyse). Dabei fallen folgende Pyrolyseprodukte an:

- Koks; Kohlenstoffgehalt bis zu 98 %
  Verwendung als Brennmaterial, zur Reduktion von Eisenerzen im Hochofen, zur Reduktion von Wasser bei der Wassergasherstellung (s. u.).
- Teer; Gemisch aus einer Vielzahl organischer Verbindungen
- Gas; zur Hauptsache aus Methan und Wasserstoff; daneben Kohlenmonoxid, Kohlendioxid und andere Gase (z. B. Ammoniak, Schwefelwasserstoff, Cyanwasserstoff), die durch Reinigungsprozesse entfernt werden.
  Verwendung als Heizgas

Vergasung von Kohle

Lässt man überhitzten Wasserdampf über glühende Kohle streichen (bei ca. 1 300 °C), so erhält man Wassergas, ein Gasgemisch, das hauptsächlich aus Kohlenmonoxid und Wasserstoff besteht.

$$H_2O + C \longrightarrow \text{€€}CO + H_2$$

Da die Bildung von Wassergas ein endothermer Prozess ist, wird er mit der exothermen Herstellung von Generatorgas gekoppelt, bei der Luft durch eine Koksschicht geleitet wird.

$$2\,C + \underbrace{O_2 + 4\,N_2}_{\text{Luft}} \longrightarrow \underset{\text{Geneneratorgas}}{2\,CO + 4\,N_2}$$

Wasser- und Generatorgas können entweder als Heizgase oder als Synthesegas zur Herstellung von Ausgangsstoffen für Großsynthesen (z. B. Ammoniak, Methan, Methanol) verwendet werden.

Kohlehydrierung – Fischer-Tropsch-Verfahren

Aus Kohle und Wasserdampf gewonnenes Wassergas (s. o.) wird mit Wasserstoff angereichert ($CO : H_2 = 1 : 2$). An einem Kobaltkatalysator bei ca. 170 °C und Normaldruck entsteht ein Gemisch aus Kohlenwasserstoffen und Wasserdampf.
Von den Kohlenwasserstoffen liegen über 50 % im Siedebereich des Benzins. Da das Benzin vorwiegend geradkettige Alkane enthält, muss es anschließend reformiert werden. Höher siedende Fraktionen eignen sich gut als Dieselkraftstoff.

Grundkurs Chemie: Abiturprüfung 1998
Aufgabe IV

		BE
1	Halogenkohlenwasserstoffe bilden eine technisch wichtige Stoffklasse.	
1.1	Ethen wird mit Brom umgesetzt. Benennen Sie den Reaktionsmechanismus! Erläutern Sie unter Mitverwendung von Strukturformeln den Ablauf der Reaktion und geben Sie den Namen des Produkts an!	8
1.2	Nennen Sie zwei praktisch bedeutsame Halogenkohlenwasserstoffe und geben Sie den jeweiligen Verwendungsbereich an!	3
1.3	Begründen Sie unter Mitverwendung von Strukturformeln, weshalb zwei isomere 1,2-Dichlorethene existieren und benennen Sie diese Verbindungen!	4
1.4	Vergleichen Sie unter Mitverwendung von Strukturformeln den unter Nr. 1.1 beschriebenen Mechanismus mit dem der Bromierung von Benzol und erklären Sie die Unterschiede!	8
2	Aminocarbonsäuren und Proteine sind wichtige Bau- und Betriebsstoffe der lebenden Zelle.	
2.1	Im Gegensatz zu Monocarbonsäuren sind Aminocarbonsäuren vergleichbarer Molekülmasse nichtflüchtige, kristalline Stoffe mit relativ hoher Schmelztemperatur. Erklären sie diese Feststellung am Beispiel des Alanins (2-Aminopropansäure) unter Mitverwendung der Strukturformel!	6
2.2	Eine wässrige Lösung mit dem pH-Wert 7 enthält die Aminosäuren Lysin (2,6-Diaminohexansäure) und Asparaginsäure (2-Aminobutandisäure). Erläutern Sie das Verhalten der beiden Aminosäuren bei der Elektrophorese!	6
2.3	In dem Gemisch von Lysin und Asparaginsäure können sich unterschiedliche Dipeptide bilden. Geben Sie deren Strukturformeln an!	6
2.4	Beschreiben Sie ein Experiment, mit dem die Proteinnatur eines Enzyms nachgewiesen werden kann!	3
2.5	Erläutern Sie unter Mitverwendung eines beschrifteten Diagramms den Einfluss der Temperatur auf die Enzymaktivität!	4
2.6	Nennen Sie Beispiele für den praktischen Einsatz von Enzymen!	2
		50

Lösung

1.1 Ethen reagiert mit Brom nach dem Mechanismus einer elektrophilen Addition.

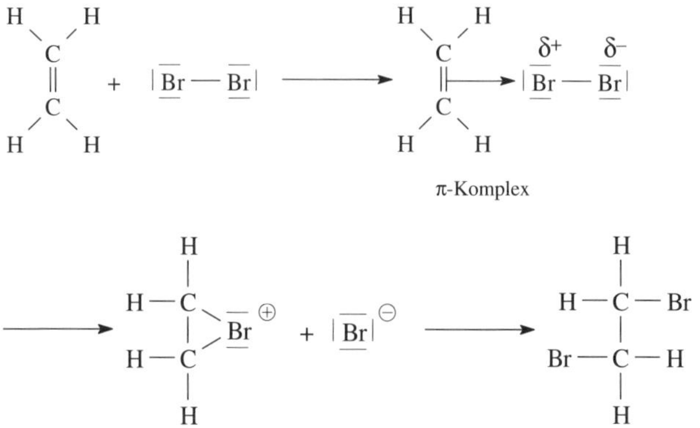

π-Komplex

σ-Komplex 1,2-Dibromethan

Zunächst tritt die π-Elektronenwolke des Ethens in lose Wechselwirkungen mit dem Brommolekül, wodurch es zur Polarisierung des Brommoleküls kommt.
Nach heterolytischer Spaltung des Brommoleküls (das bindende Elektronenpaar wird vom negativ polarisierten Bromatom übernommen) wird das elektrophile Bromkation Br^+ zum zyklischen σ-Komplex gebunden. Im abschließenden Reaktionsschritt wird in einem „Rückseitenangriff" das Bromidion an den σ-Komplex gebunden; die Bindung wird über ein Elektronenpaar des Bromidions hergestellt.

1.2 Monochlorethen (Vinylchlorid)
Ausgangsstoff zur Herstellung von PVC

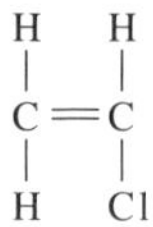

Tetrachlorethen
Lösungsmittel z. B. für Fette

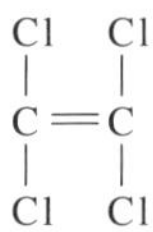

1.3

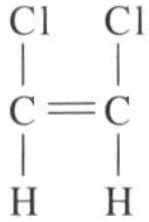

cis-1,2-Dichlorethen

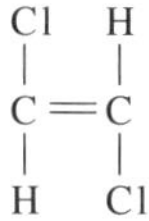

trans-1,2-Dichlorethen

Da in den 1,2-Dichlorethenen durch die π-Bindung die freie Drehbarkeit um die C – C-Verbindungsachse blockiert ist, existieren 2 Isomere (cis-trans-Isomerie).

1.4 Die Reaktion von Benzol mit Brom verläuft in Anwesenheit eines Katalysators nach dem Mechanismus der elektrophilen Substitution, während Ethen mit Brom in einer elektrophilen Addition reagiert.

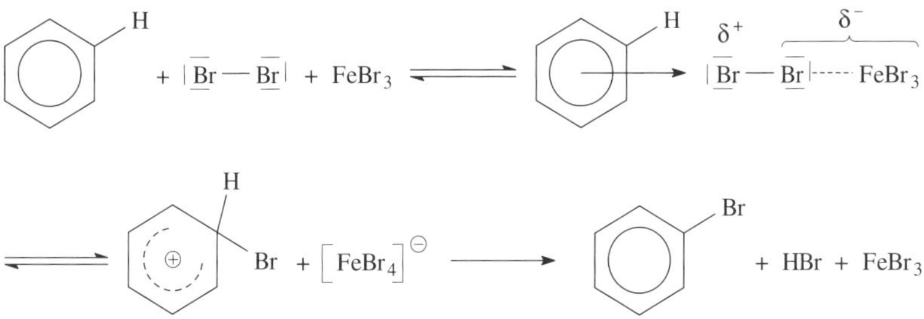

Zunächst bildet sich ein π-Komplex. Unter dem katalytischen Einfluss des Eisen-III-bromids kommt es zur heterolytischen Spaltung des Brommoleküls. Das stark elektrophile Bromkation Br^+ wird über ein π-Elektronenpaar an das Benzol gebunden und es entsteht der mesomeriestabilisierte σ-Komplex. Im abschließenden Reaktionsschritt wird vom σ-Komplex ein Proton abgespalten und es entsteht Monobrombenzol.
Dass es am Benzol zu einer Substitution und nicht zu einer Addition kommt, liegt daran, dass die Substitution zu einem energieärmeren, stabileren Endprodukt mit aromatischem π-Elektronensextett führt.

Im Dibromcyclohexadien, das durch Addition entstehen würde, würde sich die π-Elektronendelokalisation nur über 4 Kohlenstoffatome erstrecken; die Mesomeriestabilisierung wäre geringer.

2.1 Im Unterschied zu den Monocarbonsäuren liegt die Aminosäure Alanin als Zwitterion vor. Die Zwitterionen bilden ein Kristallgitter; zwischen ihnen wirken recht starke elektrostatische Anziehungskräfte, die die Zwitterionen bei Raumtemperatur auf ihren Gitterplätzen halten. Erst bei relativ hohen Temperaturen werden diese Anziehungskräfte soweit überwunden, dass die Zwitterionen gegeneinander verschiebbar werden und somit das Ionengitter zusammenbricht.

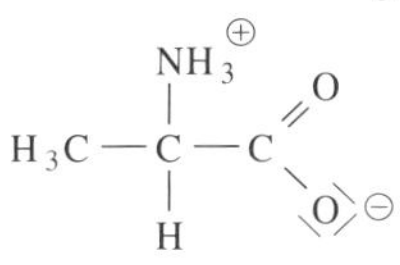

zwitterionische Form des Alanins

2.2 Die basische Aminosäure Lysin hat ihren isoelektrischen Punkt im Basischen, d. h. bei einem pH-Wert über 7.
Wird die Lösung stärker sauer gemacht, so nimmt die zweite Aminogruppe ein Proton auf. Im elektrischen Gleichspannungsfeld wandern die entstehenden Ionen zur Kathode.

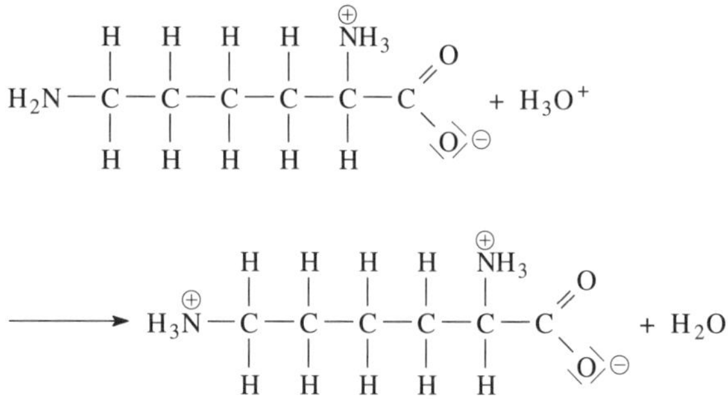

Die saure Aminosäure Asparaginsäure hat ihren isoelektrischen Punkt im Sauren, d. h. bei einem pH-Wert unter 7. Wird die Lösung basischer gemacht, so gibt auch die zweite Carboxylgruppe ein Proton ab. Die entstehenden Ionen wandern im Gleichspannungsfeld zur Anode.

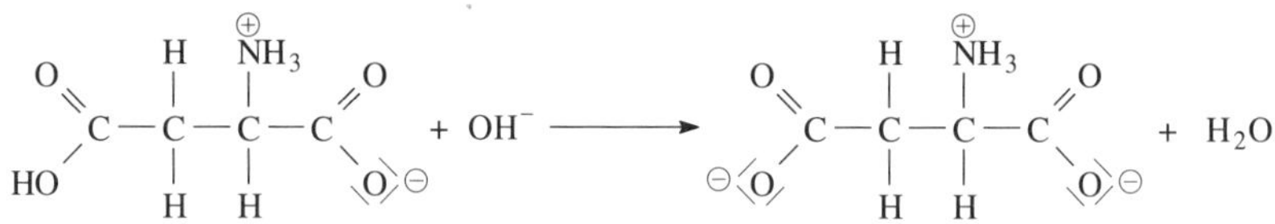

2.3 In dem Gemisch können sowohl gleichartige als auch ungleichartige Aminosäuremoleküle zu Dipeptiden zusammentreten.

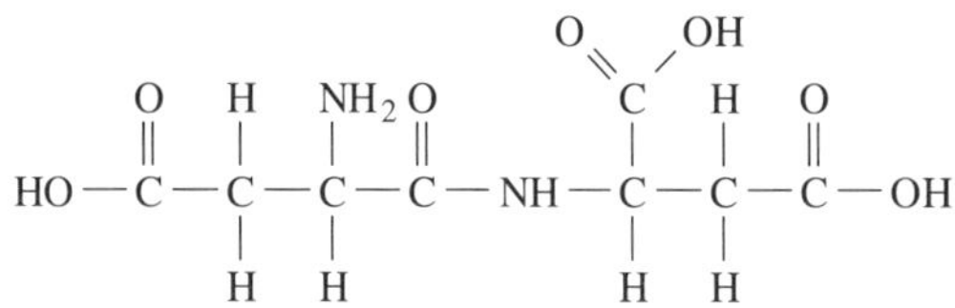

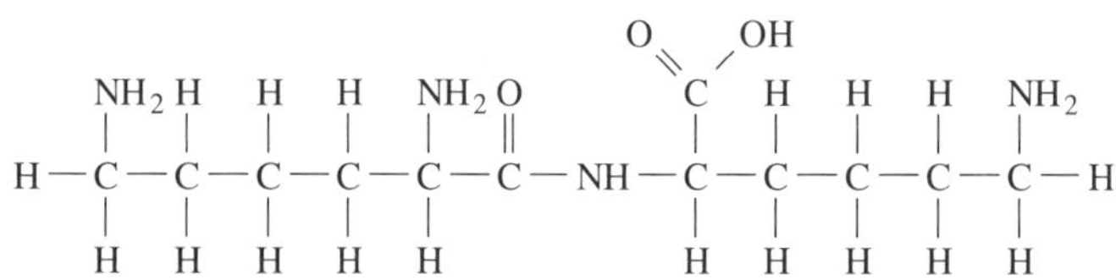

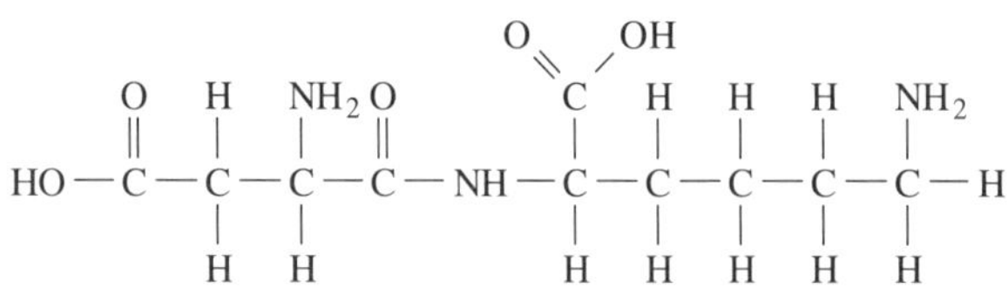

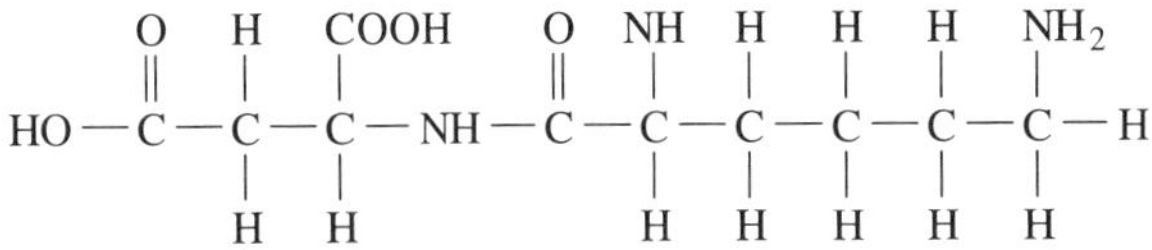

2.4 Setzt man einer basischen Lösung eines Proteinenzyms verdünnte Kupfer-II-sulfatlösung zu und erwärmt, so entsteht, wie für ein Protein zu erwarten, eine rotviolette Komplexverbindung (Biuretreaktion).

2.5

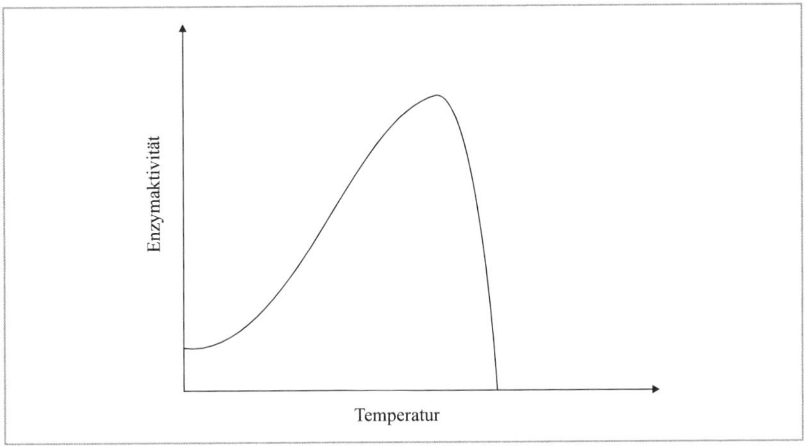

Im unteren Temperaturbereich nimmt die Enzymaktivität bei steigender Temperatur zu. Sie folgt hier der Reaktionsgeschwindigkeits-Temperatur(RGT)-Regel, die als Faustregel besagt, dass eine Temperaturerhöhung von 10 °C die Reaktionsgeschwindigkeit etwa verdoppelt. Mit steigender Temperatur nimmt die Wärmebewegung der Enzym- und Substratmoleküle zu, sodass die Wahrscheinlichkeit für wirksame Zusammenstöße der Reaktionspartner steigt. Das Temperaturoptimum vieler Enzyme liegt bei ca. 40 °C. Wird die Temperatur weiter erhöht, vermindert sich die Enzymaktivität und sinkt schließlich auf Null ab. Dies ist auf zunehmende Hitzedenaturierung, die mit einer irreversiblen Zerstörung der Konformation des Enzyms verbunden ist, zurückzuführen. Das denaturierte Enzym kann mit dem Substrat keinen Enzym-Substratkomplex mehr bilden.

2.6
- Zusatz von Proteasen zu Waschmitteln zur Entfernung eiweißhaltiger Verunreinigungen
- Herausschneiden von DNS-Stücken im Rahmen gentechnischer Experimente
- Anwendung von Lipasen (Fettverdauung), Amylasen (Stärkeverdauung) oder Proteasen (Eiweißverdauung) in verdauungsunterstützenden Medikamenten

Grundkurs Chemie (Bayern): Abiturprüfung 1999
Aufgabe I

BE

1 Methan, Ethen und Benzol werden in getrennten Versuchen mit Brom unter den angegebenen Bedingungen zur Reaktion gebracht:
a) Methan unter Belichtung
b) Ethen bei Raumtemperatur
c) Benzol bei Raumtemperatur und unter Einsatz eines Katalysators.

1.1 Formulieren Sie die Strukturformelgleichungen für die drei Reaktionen jeweils bis zum ersten stabilen organischen Produkt und benennen Sie dieses! Geben Sie den jeweiligen Reaktionsmechanismus an! 6

1.2 Beschreiben Sie unter Mitverwendung von Strukturformeln den Mechanismus der Bromierung von Ethen! 6

1.3 Erklären Sie, ausgehend von den Bindungsverhältnissen im Benzolmolekül, weshalb die Bromierung von Benzol zu dem in Ihrer Antwort zu 1.1 formulierten Produkt führt! 8

2 Das Makromolekül eines häufig verwendeten Kunststoffs wird durch folgenden Strukturformelausschnitt beschrieben:

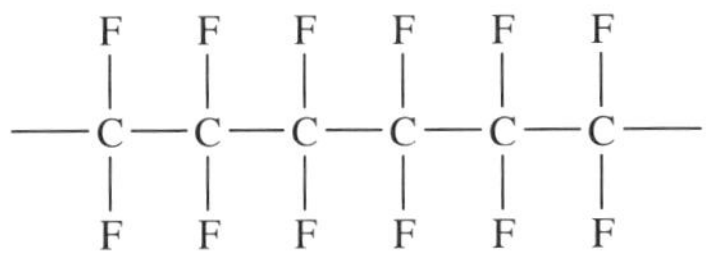

2.1 Geben Sie die Strukturformel und den Namen des Monomers an! 3

2.2 Der unter 2 beschriebene Kunststoff kann durch radikalische Polymerisation gewonnen werden. Beschreiben Sie unter Mitverwendung von Strukturformeln den Mechanismus dieser Reaktion! 7

3 Der Stoffwechsel der Organismen wird durch eine Vielzahl unterschiedlicher Enzyme ermöglicht.

3.1 Beschreiben Sie einen experimentellen Nachweis der Proteinnatur von Enzymen! 3

3.2 Erläutern Sie, ausgehend von selbst gewählten Versuchen, die unterschiedlichen Enzymspezifitäten! 6

3.3 Erläutern Sie eine Modellvorstellung zur Wirkungsweise von Enzymen! 3

3.4 Zeigen Sie an einem von Ihnen gewählten Beispiel die Abhängigkeit der Enzymaktivität von einem Hemmstoff auf! 4

3.5 Bestimmte enzymhaltige Waschmittel sind für Kochwäsche ungeeignet. Erklären Sie diese Erscheinung unter Mitverwendung einer grafischen Darstellung! 4

50

Lösung

1.1 a) Methan reagiert mit Brom in einer radikalischen Substitution zu Monobrommethan.

b) Ethen reagiert mit Brom in einer elektrophilen Addition zu 1,2-Dibromethan.

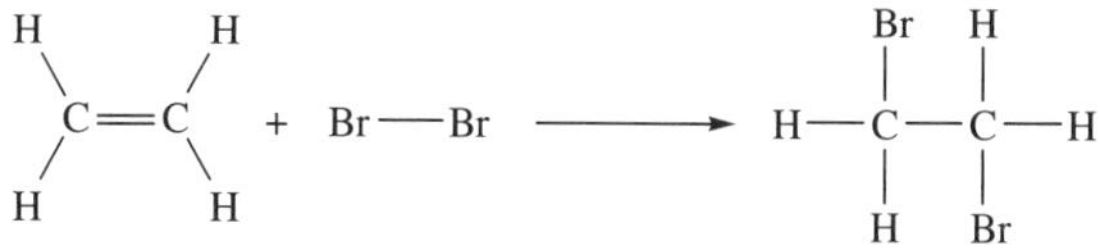

c) Benzol reagiert mit Brom in einer elektrophilen Substitution zu Monobrombenzol.

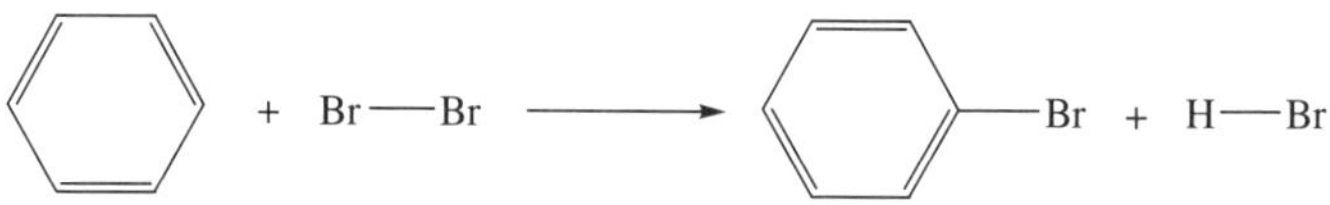

1.2 Zunächst tritt die π-Elektronenwolke des Ethens in lose Wechselwirkungen mit dem Brommolekül, wodurch es zur Polarisierung des Brommoleküls kommt.
Nach heterolytischer Spaltung des Brommoleküls (das bindende Elektronenpaar wird vom negativ polarisierten Bromatom übernommen) wird das elektrophile Bromkation Br^+ zum zyklischen σ-Komplex (Carbeniumion) gebunden. Im abschließenden Reaktionsschritt wird in einem „Rückseitenangriff" das Bromidion an den σ-Komplex addiert; die Bindung wird über ein Elektronenpaar des Bromidions hergestellt.

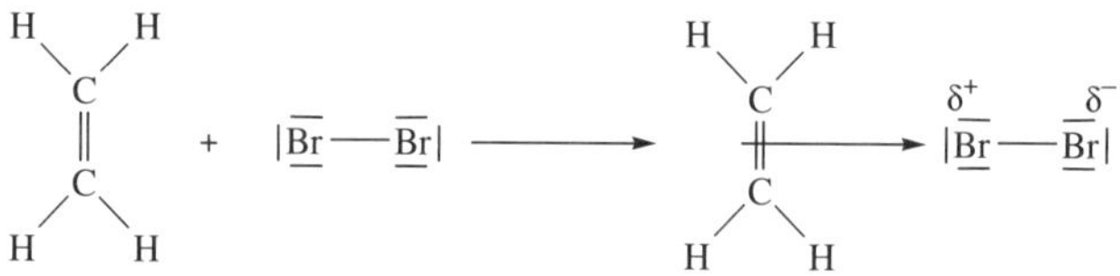

π-Komplex

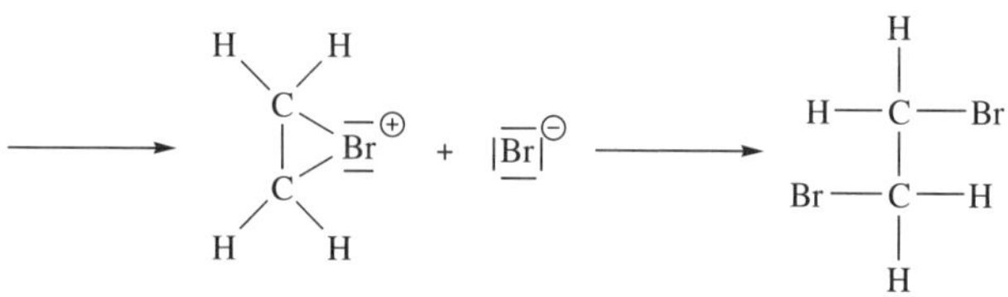

σ-Komplex

1.3 Benzol besitzt ein ideal delokalisiertes (aromatisches), zyklisches π-Elektronensextett, was seine hohe Mesomeriestabilisierung bedingt.
Bei der Reaktion mit Brom wird zunächst ein Bromkation (das bei der heterolytischen Spaltung des Brommoleküls entsteht) über ein π-Elektronenpaar an das Benzol angelagert, wobei als Zwischenprodukt ein σ-Komplex (Carbeniumion) entsteht.
Im abschließenden Reaktionsschritt wird vom σ-Komplex ein Proton abgespalten und es bildet sich ein Reaktionsprodukt, das wieder das aromatische π-Elektronensextett besitzt und somit in starkem Maße mesomeriestabilisiert ist.

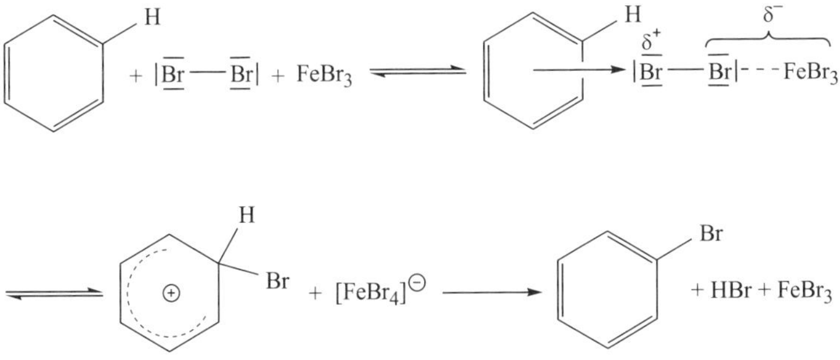

σ-Komplex

Würde sich ein Bromidion an den σ-Komplex addieren,

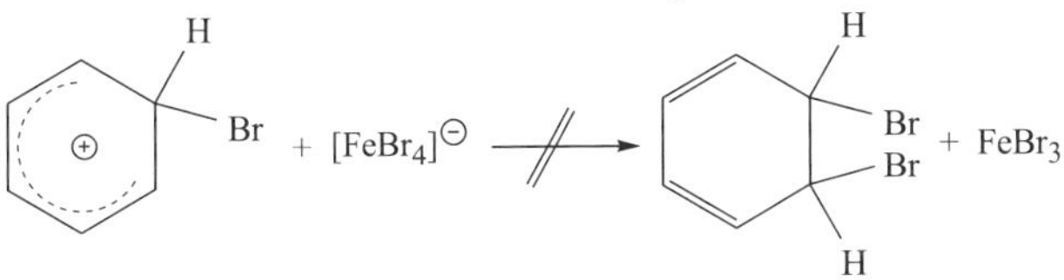

so würde sich im entstehenden Dibromcyclohexadien die π-Elektronendelokalisation nur über 4 Kohlenstoffatome erstrecken; die Mesomeriestabilisierung wäre geringer. Da das entstehende Additionsprodukt energiereicher wäre als das Substitutionsprodukt, wird es nicht gebildet.

2.1 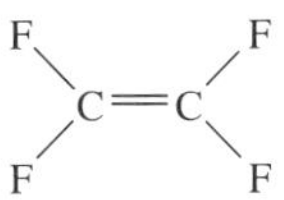

Tetrafluorethen

2.2 Die radikalische Polymerisation verläuft in folgenden Schritten:

- Beim Zerfall eines Initiators (z. B. Peroxid) entstehen Radikale.

$$R{-}R \longrightarrow 2\,R\bullet$$

- Die Radikale greifen Tetrafluorethenmoleküle an der Doppelbindung an (Kettenstart), wodurch neue Radikale gebildet werden, die für Kettenwachstumsreaktionen zur Verfügung stehen.

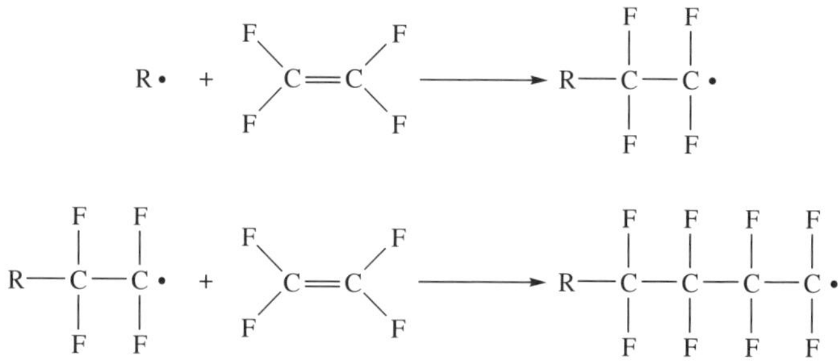

- Die Reaktionskette wird unterbrochen
  - durch Rekombination zweier Radikale

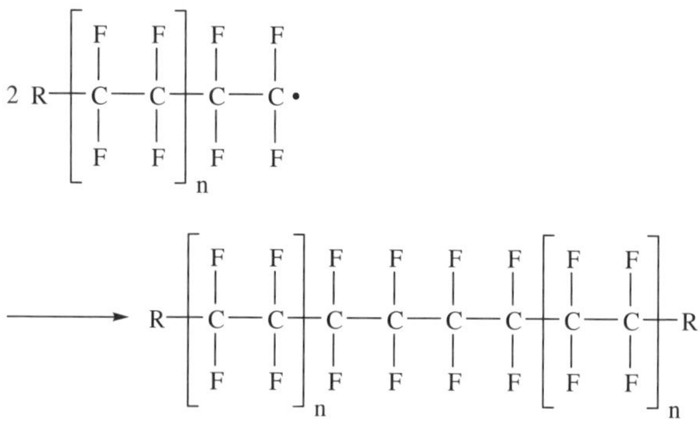

  - oder durch Disproportionierung:

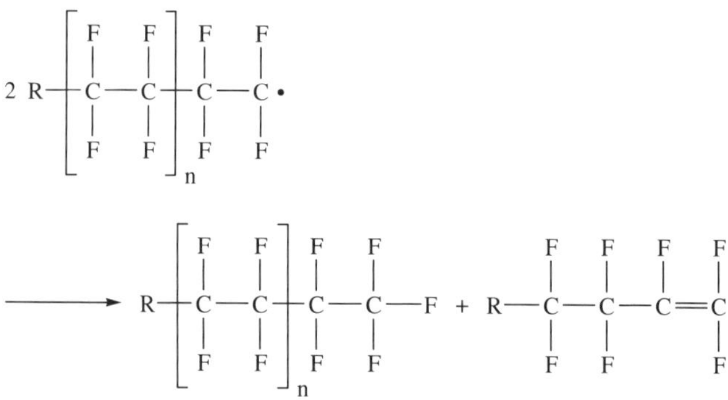

3.1 Vermischt man eine basische Lösung eines Proteinenzyms mit verdünnter Kupfer-II-sulfatlösung und erwärmt diese Lösung, so entsteht, wie für ein Protein zu erwarten, eine rotviolette Komplexverbindung (Biuretreaktion).

3.2 Setzt man einer wässrigen Harnstofflösung das Enzym Urease zu, so wird der Harnstoff in Ammoniak und Kohlenstoffdioxid gespalten.

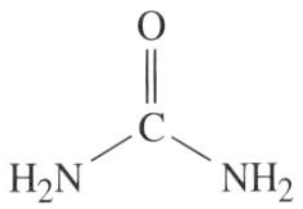

Harnstoff

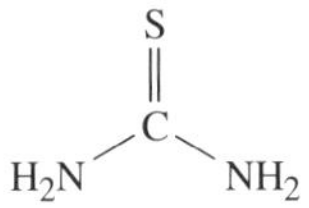

Thioharnstoff

Verwendet man statt des Harnstoffs Thioharnstoff, so wird dieser nicht gespalten. Urease setzt nur ein bestimmtes Substrat um, sie ist **substratspezifisch**.
Die Bindung eines Substrats an ein bestimmtes Enzym entscheidet, in welcher Weise das Substrat weiterreagiert. Jedes Enzym kann ein gebundenes Substrat nämlich nur in einer bestimmten Weise umsetzen, es ist **wirkungsspezifisch.** Die Aktivierungsenergie ist dabei nur für eine bestimmte Umwandlung so weit herabgesetzt wird, dass diese ablaufen kann.
Im abbauenden Stoffwechsel z. B. kann Brenztraubensäure auf verschiedene Weisen, nämlich zu Milchsäure (Teilschritt der Milchsäuregärung) oder zu aktivierter Essigsäure (Teilschritt des Atmungsprozesses) weiterverarbeitet werden, je nachdem an welches Enzym sie als Substrat gebunden wurde.

3.3 Ein Enzym kann nur die Umsetzung solcher Verbindungen katalysieren, mit denen es einen Enzym-Substrat-Komplex nach dem Schlüssel-Schloss-Prinzip bilden kann. Nach dieser Modellvorstellung können von einem Enzym nur solche Moleküle gebunden und umgesetzt werden, die wie ein Schlüssel in die Substratbindungsregion (= Schloss) des Enzyms passen.

3.4 Das Enzym Succinatdehydrogenase, das die Dehydrierung von Succinat katalysiert, kann durch Malonat gehemmt werden.
Hierbei handelt es sich um eine kompetitive Hemmung. Der kompetitive Hemmstoff hat eine strukturelle Ähnlichkeit mit dem Substrat und konkurriert mit diesem um die Bindung an das aktive Zentrum des Enzyms, kann aber nicht umgesetzt werden.

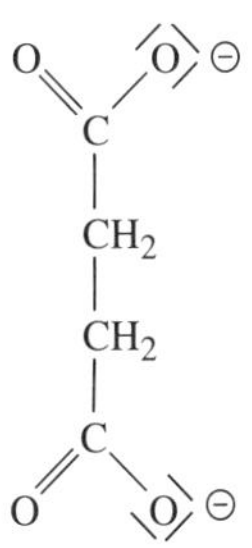

Succinat

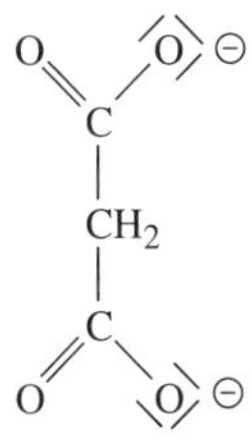

Malonat

Liegt der Hemmstoff in genügend hoher Konzentration vor, so kann er das Substrat verdrängen und so die Umsetzung des Substrats blockieren. Umgekehrt kann durch eine Erhöhung der Substratkonzentration die Hemmung wieder weitgehend rückgängig gemacht werden.

3.5

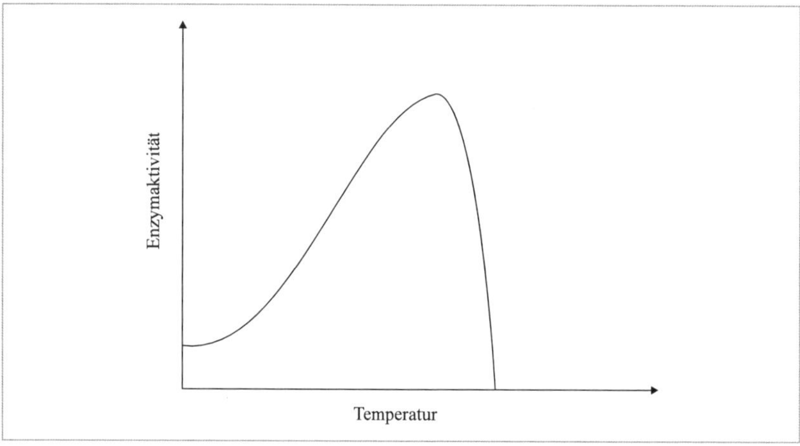

Die Aktivität der Enzyme ist temperaturabhängig. Nach Überschreiten des Temperaturoptimums sinkt ihre Aktivität stark ab und geht schließlich auf null zurück. Dies ist auf zunehmende Hitzedenaturierung zurückzuführen, die mit einer irreversiblen Zerstörung der Konformation des Proteinanteils des Enzyms verbunden ist. Das Enzym ist durch das Kochen denaturiert und kann mit dem Substrat keinen Enzym-Substrat-Komplex mehr bilden.

Grundkurs Chemie (Bayern): Abiturprüfung 1999
Aufgabe II

BE

1 Folgende Verbindungen weisen annähernd gleiche molare Massen auf:
A: n-Pentan,
B: Butan-1-ol (1-Butanol),
C: 2,2-Dimethylpropan,
D: Aminoethansäure (Glycin).

1.1 Zeichnen Sie die Strukturformeln der Moleküle dieser Verbindungen! 4

1.2 Ordnen Sie den Verbindungen A, B und C die Siedetemperaturen 9,5 °C, 36 °C und 117 °C zu und begründen Sie Ihre Zuordnung! 8

1.3 Die Verbindung D schmilzt bei 233 °C. Erklären Sie unter Mitverwendung einer Strukturformel die relativ hohe Schmelztemperatur! 4

2 Als chirurgisches Nähmaterial kann ein Kunststoff verwendet werden, dessen Makromolekül durch folgenden Formelausschnitt charakterisiert wird:

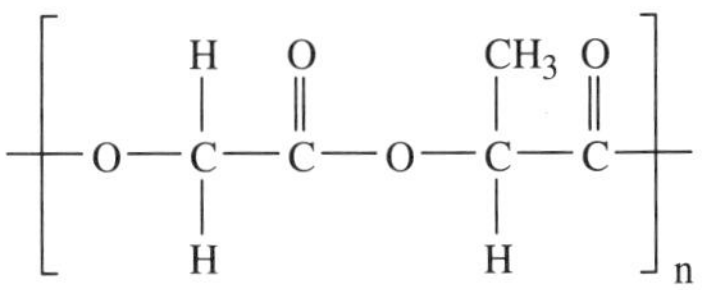

2.1 Benennen Sie den Typ der Polyreaktion, die zur Bildung dieses Kunststoffs führt, und leiten Sie seine thermischen Eigenschaften aus der Struktur des Makromoleküls ab! 4

2.2 Da sich die Fäden zersetzen, müssen sie nach der Wundheilung nicht gezogen werden. Benennen Sie den Typ der Reaktion, die bei der Zersetzung abläuft, und geben Sie die Strukturformeln und die Namen der entstehenden Monomeren an! 6

2.3 Als Nähmaterial für Textilien können Cellulosefäden dienen. Erstellen Sie einen kennzeichnenden Strukturformelausschnitt des Cellulosemoleküls und charakterisieren Sie die Verknüpfungsart der Monomeren! 4

3 In den Molekülen verschiedener kettenförmiger (azyklischer) Kohlenwasserstoffe sind jeweils vier Kohlenstoffatome gebunden, von denen je zwei als sp^2- bzw. sp^3- hybridisiert beschrieben werden.

3.1 Erstellen Sie die Strukturformeln und benennen Sie diese Verbindungen! 5

3.2 Erläutern Sie die Isomeriearten, die bei diesen Verbindungen auftreten! 5

4 In vielen Früchten ist Traubenzucker enthalten.

4.1 Traubenzucker ist D-(+)-Glucose, eine Aldohexose. Erläutern Sie die in dieser Angabe enthaltenen Informationen unter Mitverwendung einer Strukturformel! 5

4.2 Beschreiben und erklären Sie die Erscheinung der Mutarotation am Beispiel der Glucose! 5

50

Lösung

1.1

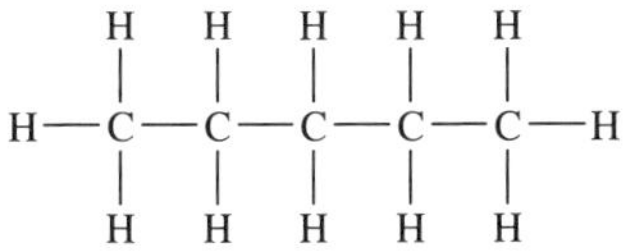

n-Pentan

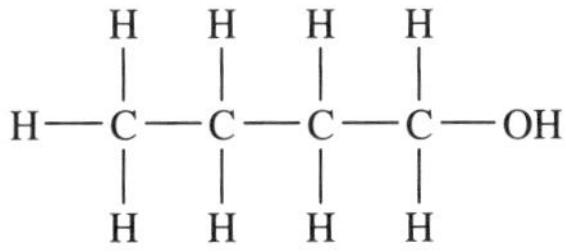

Butan-1-ol
(1-Butanol)

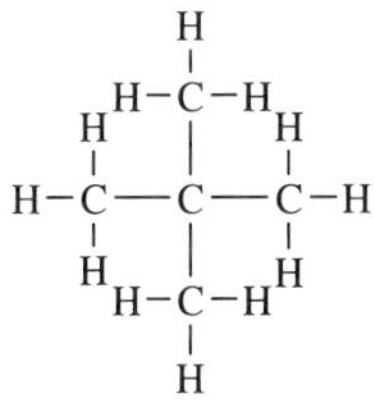

2,2-Dimethylpropan

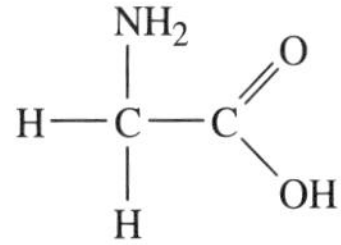

Aminoethansäure
(Glycin)

1.2 (C) 2,2-Dimethylpropan 9,5 °C
(A) n-Pentan 36 °C
(B) Butan-1-ol (1-Butanol) 117 °C

Die Höhe des Siedepunkts einer Verbindung ist abhängig von der Stärke der zwischenmolekularen Kräfte, die beim Verdampfen überwunden werden müssen.
Die Moleküle des 2,2-Dimethylpropans und des n-Pentans sind unpolar; zwischen ihnen wirken nur schwache van der waalssche Anziehungskräfte, deren Stärke mit zunehmender Moleküloberfläche zunimmt. Da das kugelähnliche 2,2-Dimethylpropan eine kleinere Moleküloberfläche hat als n-Pentan, hat es den niedrigeren Siedepunkt.

Zwischen den Molekülen des Butan-1-ols wirken neben den schwachen van der waalsschen Kräften zusätzlich stärkere Wasserstoffbrückenbindungen zwischen den polaren Hydroxylgruppen. Da somit beim Verdampfen noch stärkere zwischenmolekulare Kräfte überwunden werden müssen, hat der Alkohol den höchsten Siedepunkt.

1.3 Die Aminosäure Aminoethansäure liegt in zwitterionischer Struktur vor.

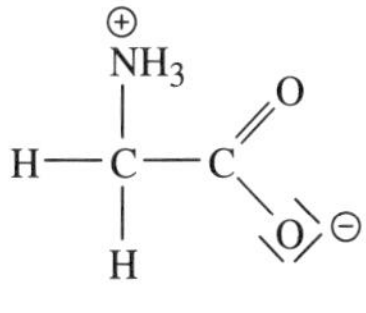

In ihrem Kristallgitter wirken aufgrund des salzartigen Charakters zwischen den Zwitterionen recht starke elektrostatische Anziehungskräfte. Erst bei hoher Temperatur werden die Zwitterionen gegeneinander verschiebbar; der Stoff schmilzt.

2.1 Der Kunststoff wird in einer Polykondensation gebildet. Die entstehenden Makromoleküle sind linear gebaut und unvernetzt. Seinem thermischen Verhalten nach gehört er daher zu den Thermoplasten. Erhitzt man ihn, so wird er mit zunehmender Temperatur weicher, bis schließlich Schwärzung eintritt.
In dem Kunststoff werden die Makromoleküle durch van der waalssche Kräfte und Dipol-Dipol-Wechselwirkungen zusammengehalten. Beim Erwärmen werden diese Sekundärbindungskräfte teilweise überwunden; die Moleküle können aneinander vorbeigleiten, der Kunststoff erweicht.
Bei Erreichen der Zersetzungstemperatur werden Atombindungen innerhalb der Makromoleküle gespalten, sodass infolge der Freisetzung von Kohlenstoff Schwarzfärbung auftritt.

2.2 Der gegebene Kunststoff ist ein Polyester, der hydrolytisch in Hydroxyethansäure und 2-Hydroxypropansäure gespalten werden kann.

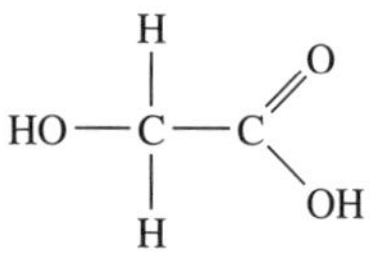

Hydroxyethansäure

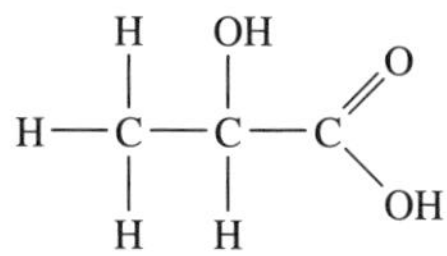

2-Hydroxypropansäure

2.3 In der Cellulose sind Glucosebausteine 1,4-β-glykosidisch zu einem linearen Makromolekül verknüpft.

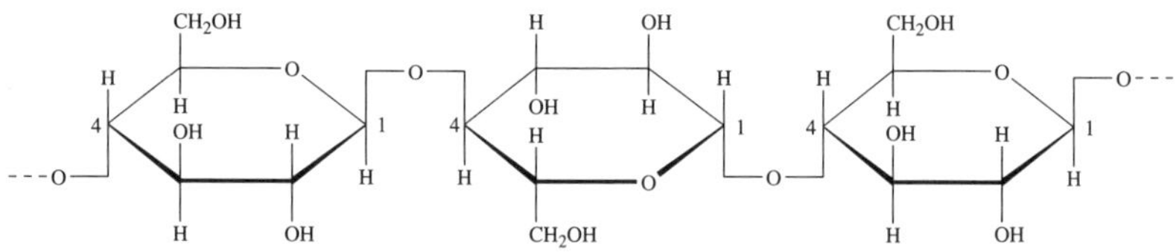

3.1

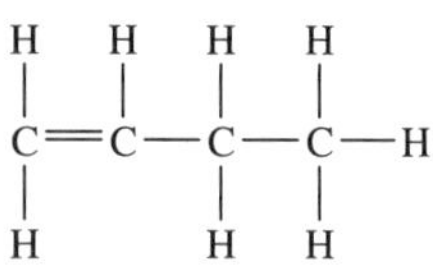

But-1-en (1-Buten)

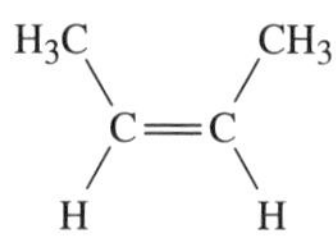

cis-But-2-en (2-Buten)

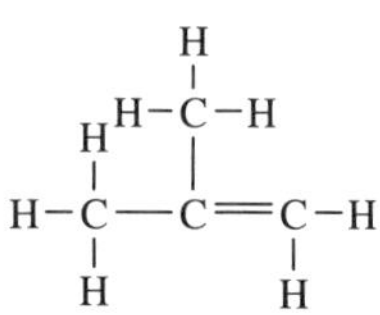

Methylpropen

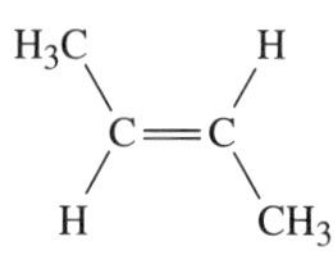

trans-But-2-en

3.2 Die Moleküle, die sich in der Verknüpfung ihrer Atome unterscheiden, werden als Konstitutionsisomere bezeichnet. Dabei können sich diese in der Lage der Doppelbindung (z. B. But-1-en (1-Buten) und But-2-en (2-Buten)) oder in der Verzweigung des Molekülgerüsts (But-1-en und Methylpropen) unterscheiden.
Vom But-2-en gibt es 2 stabile Isomere, die sich nur in ihrem räumlichen Bau unterscheiden. Solche werden allgemein als Konfigurationsisomere bezeichnet. Im vorliegenden Beispiel unterscheidet sich der räumliche Bau dadurch, dass an den sp^2-hybridisierten C-Atomen die Methylgruppen entweder direkt benachbart bzw. diagonal gegenüberstehen. Diese Form von Konfigurationsisomerie wird als cis-trans-Isomerie bezeichnet.

4.1 Hexose: Kohlenhydrat, dessen Molekül sechs Kohlenstoffatome enthält
Aldose: Molekül besitzt in der offenkettigen Struktur eine Aldehydgruppe

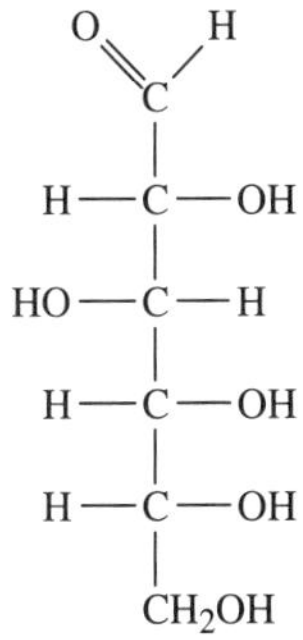

offenkettige Aldehydform der D-Glucose

D: Das Monosaccharid gehört zur D-Reihe, d. h. die OH-Gruppe an Kohlenstoffatom 5 (das ist das Kohlenstoffatom, das am weitesten von der Aldehydgruppe entfernt und noch asymmetrisch ist) steht in der offenkettigen Fischer-Projektionsformel rechts.

(+): Eine wässrige Lösung der Verbindung dreht die Ebene linear polarisierten Lichts nach rechts (im Uhrzeigersinn).

4.2 Mutarotation ist die Erscheinung, dass frisch hergestellte Lösungen bestimmter Zucker eine kontinuierliche Änderung ihres optischen Drehvermögens zeigen, bis sich ein konstanter Endwert einstellt. D-(+)-Glucose zeigt Mutarotation.
Frisch bereitete Lösungen von α- bzw. β-D-(+)-Glucose haben verschiedene spezifische Drehwinkel. Untersucht man die Lösungen im Polarimeter, zeigt sich, dass sich die Drehwinkel kontinuierlich ändern, bis sich in beiden Fällen der gleiche konstante Endwert einstellt.
Die Mutarotation ist darauf zurückzuführen, dass sich in beiden Lösungen ein Gleichgewichtsgemisch gleicher Zusammensetzung bildet, das α-D-(+)-Glucose, β-D-(+)-Glucose und eine geringe Menge offenkettiger Aldehydform enthält.
Diese kann sich aus den heterozyklischen Ringmolekülen bilden, da sich diese an Kohlenstoffatom 1 öffnen können. Über die Aldehydform erfolgt die Umwandlung der Anomeren ineinander. Das Gleichgewichtsgemisch hat eine spezifische Drehung, die dem konstanten Endwert entspricht.

Grundkurs Chemie (Bayern): Abiturprüfung 1999
Aufgabe III

		BE
1	Seifen werden seit früher Zeit als waschaktive Substanzen genutzt.	
1.1	Formulieren Sie die Strukturformelgleichung für die Herstellung einer Seife aus einem Fett!	3
1.2	Erklären Sie unter Mitverwendung beschrifteter Skizzen die Waschaktivität einer Seifenlösung!	7
1.3	Erläutern Sie unter Mitverwendung von Reaktionsgleichungen, warum sich in der Körperpflege und Textilsäuberung bei der Verwendung von Seife Nachteile ergeben können!	6
1.4	Um die unter 1.3 genannten Nachteile zu umgehen, werden heute vielfach synthetische Tenside eingesetzt. Geben Sie die Strukturformel eines solchen Tensids an und erläutern Sie mögliche Auswirkungen auf die Gewässerbelastung!	4
2	Aminosäuren sind die Bausteine der Proteine.	
2.1	Ein Tripeptid liefert bei der vollständigen Hydrolyse ausschließlich die Aminosäuren Glycin (Aminoethansäure) und Valin (2-Amino-3-methylbutansäure). Die Produkte entstehen im Stoffmengenverhältnis $n(\text{Gly}) : n(\text{Val}) = 2 : 1$. Geben Sie mithilfe der Symbole Gly und Val die Sequenzen der möglichen Tripeptide an und zeichnen Sie die Strukturformel eines der möglichen Tripeptide!	5
2.2	Keratine sind Eiweißstoffe aus Hornsubstanzen. Erläutern Sie an einem Beispiel die Raumstruktur eines Keratinmoleküls und deren Stabilisierung!	5
2.3	Der isoelektrische Punkt von Valin hat den Wert 5,97. Definieren Sie den Begriff „isoelektrischer Punkt“! Erläutern Sie unter Mitverwendung einer Formel die Molekülstruktur, in der Valin in einer stark sauren Lösung überwiegend vorliegt!	4
3	Für zwei isomere Alkohole wurde die Summenformel C_3H_8O ermittelt.	
3.1	Erstellen Sie die Strukturformeln beider Alkohole und benennen Sie diese nach den Nomenklaturregeln!	2
3.2	Die beiden Alkohole werden in getrennten Versuchen mit einer mit Schwefelsäure versetzten Lösung von Kaliumdichromat zu einem Keton bzw. zu einer Carbonsäure oxidiert. Erstellen Sie für jede der beiden Reaktionen die Redoxgleichung!	6
3.3	Die unter 3.2 gewonnene Carbonsäure wird mit einem der unter 3.1 formulierten Alkohole zur Reaktion gebracht. Formulieren Sie die Strukturformelgleichung der Reaktion und benennen Sie den Reaktionstyp sowie das organische Endprodukt!	4

3.4 Im Gegensatz zu den Propanolen lässt sich ein bestimmtes Butanol unter milden Reaktionsbedingungen nicht mit der angesäuerten Dichromatlösung umsetzen. Zeichnen Sie die Strukturformel dieses Butanols, benennen Sie die Verbindung nach den Nomenklaturregeln und begründen Sie das abweichende Reaktionsverhalten! 4

50

Lösung

1.1 Kocht man ein Fett z. B. mit Natronlauge, so erhält man Seifen (Alkalisalze der Fettsäuren).

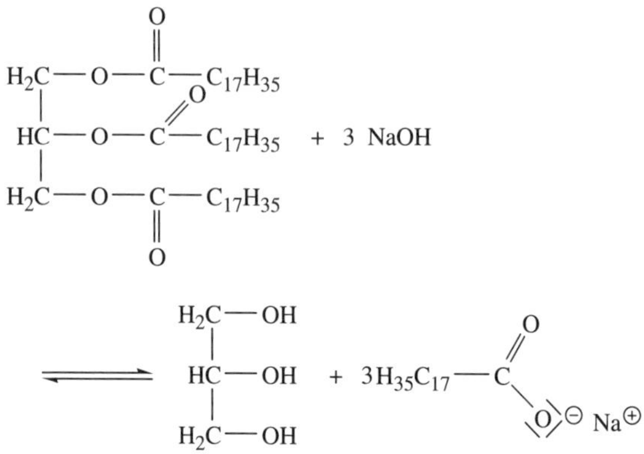

1.2 Ein Fettsäureanion besitzt eine hydrophile, geladene Carboxylatgruppe und einen langen Alkylrest, der hydrophoben Charakter hat.

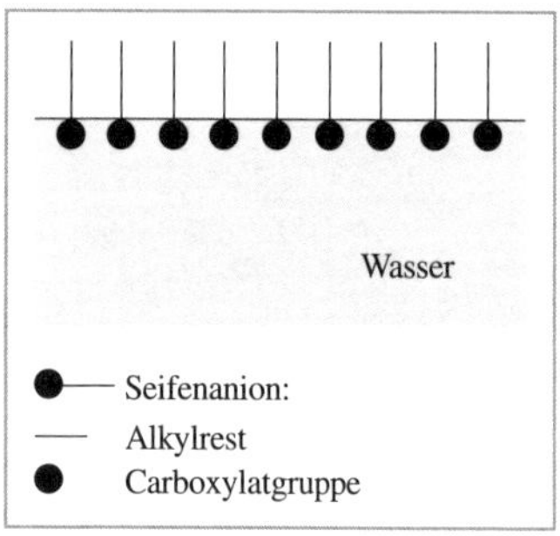

Grenzfläche Wasser-Luft

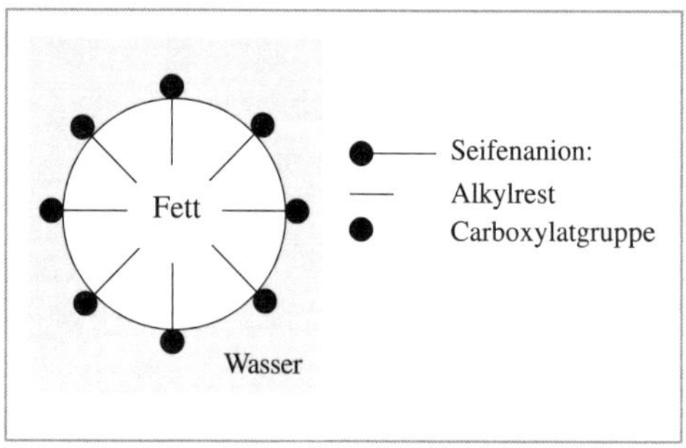

Grenzfläche Wasser-Fett

An der Grenzfläche Wasser-Luft werden die Carboxylatenden der Seifenanionen in das Wasser hineingezogen, während die Alkylreste aus dem Wasser herausgedrängt werden. Die sich im Oberflächenbereich anreichernden, derart orientierten Seifenanionen bilden an der Grenzfläche eine „monomolekulare" Schicht. Dies führt zu einer Herabsetzung der Oberflächenspannung des Wassers.
An der Grenzfläche Wasser-Fett lösen sich die hydrophoben Alkylreste der Seifenanionen in dem gleichfalls hydrophoben Fett, während die Carboxylatgruppen aus dem Fetttröpfchen/Fettschmutzteilchen herausragen und mit den Dipolmolekülen des Wassers in Wechselwirkung treten. Die Tröpfchenoberfläche wird somit hydratisiert.
Da sich an der Tröpfchen-/Schmutzteilchenoberfläche die negativ geladenen Carboxylatgruppen befinden, können sich die Tröpfchen infolge Abstoßung gleichnamiger Ladungen nicht miteinander vereinigen und können fein emulgiert/suspendiert mit der Waschlauge abtransportiert werden.

1.3 Wässrige Seifenlösungen haben folgende Nachteile:

- Sie zeigen deutlich basische Reaktion.

R = Fettsäurerest

So wird beim Waschen der Säureschutzmantel der Haut gestört. Proteine in der oberen Hautschicht können hydrolytisch geschädigt werden. Die dadurch aufgeweichte Haut kann sich entzünden. Werden Proteine von Wolle auf diese Weise angegriffen, kann es zu Verfilzungen kommen.

- Sie sind säureempfindlich. In saurem Wasser wird das Protolysegleichgewicht nach rechts verschoben und es kommt zu einer Ausfällung der Seife.

- Sie sind härteempfindlich, d. h. sie bilden mit im Wasser befindlichen Calcium- und Magnesiumionen schwerlösliche Kalk-bzw. Magnesiumseife.

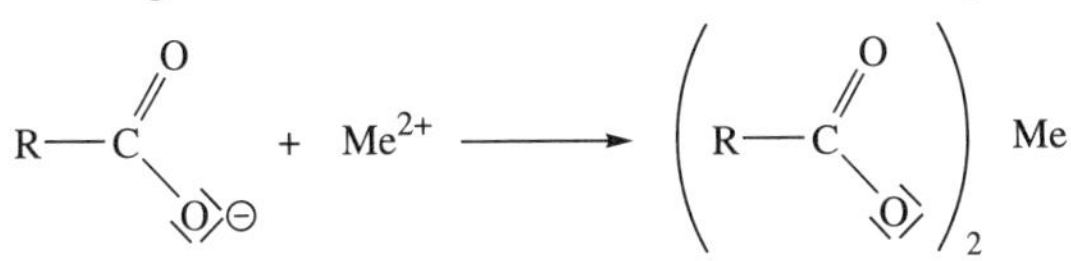

$Me^{2+} = Ca^{2+}$ bzw. Mg^{2+}

Die Waschaktivität eines Teils der eingesetzten Seife geht dadurch verloren. Die ausgefällten Erdalkaliseifen können sich auf Gewebe absetzen und dies hart und unansehnlich machen.

1.4 Synthetische Tenside besitzen – ebenso wie Seifen – einen amphiphilen Bau. Zu den wichtigsten synthetischen Aniontensiden sind die Alkylbenzolsulfonate (ABS) zu rechnen. Im ABS ist der Alkylbenzolanteil der hydrophobe, die SO_3^--Gruppe der hydrophile Teil.

Als erstes synthetisches Aniontensid kam Tetrapropenbenzolsulfonat zum Einsatz.

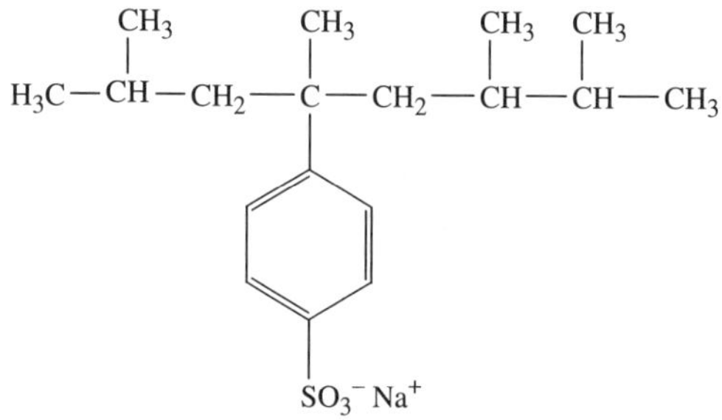

Tetrapropenbenzolsulfonat

Der verstärkte Einsatz solcher Tenside führte Ende der fünfziger Jahre zu einer starken Umweltbelastung, die sich in Form von Schaumbildung auf unseren Flüssen zeigte. Diese Tenside sind nämlich durch Bakterien nicht abbaubar. Die hohen Tensidkonzentrationen und die dadurch behinderte Aufnahme von Sauerstoff ins Wasser führten vielerorts zu Fischsterben.

Heute dürfen nur solche Tenside als Waschmittel genutzt werden, die zu mindestens 80 % biologisch abbaubar sind. Diese Anforderung wird von linearen Alkylbenzolsulfonaten erfüllt.

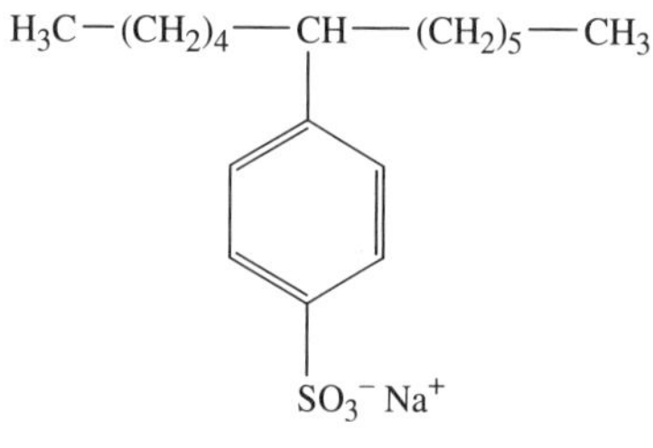

lineares Alkylbenzolsulfat

2.1 Aus dem Stoffmengenverhältnis von 2:1 geht hervor, dass in dem Peptid doppelt so viele Glycin- wie Valinbausteine vorhanden sind. Es lassen sich drei verschiedene Tripeptide mit folgenden Aminosäuresequenzen formulieren:

Gly-Gly-Val ; Gly-Val-Gly ; Val-Gly-Gly

Das Tripeptid mit der Sequenz Gly-Gly-Val hat folgende Strukturformel:

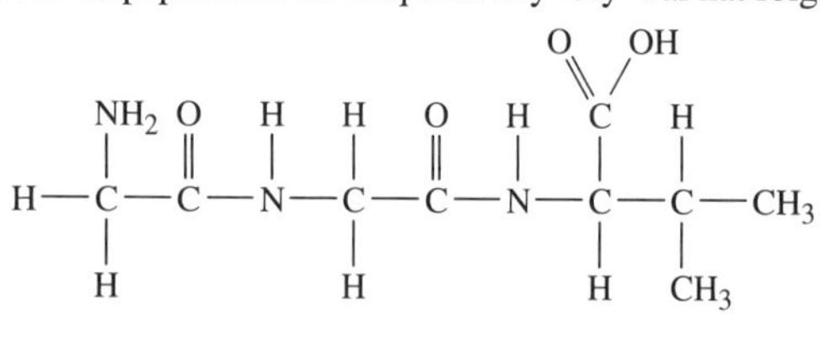

2.2 Bei der Sekundärstruktur des α-Keratins handelt es sich um eine Helixstruktur (α-Helix). Sie wird stabilisiert durch intramolekulare Wasserstoffbrückenbindungen zwischen C=O- und N–H-Gruppierungen verschiedener, in den Windungen der Helix gelegener Peptidbindungen eines Proteinmoleküls.

2.3 Der isoelektrische Punkt einer Aminosäure ist der pH-Wert, an dem die Aminosäure in maximalem Maße als Zwitterion vorliegt.
Wird der isoelektrische Punkt durch Ansäuern unterschritten, so nimmt die Carboxylatgruppe ein Proton auf und in einer Gleichgewichtsreaktion werden verstärkt Kationen gebildet.

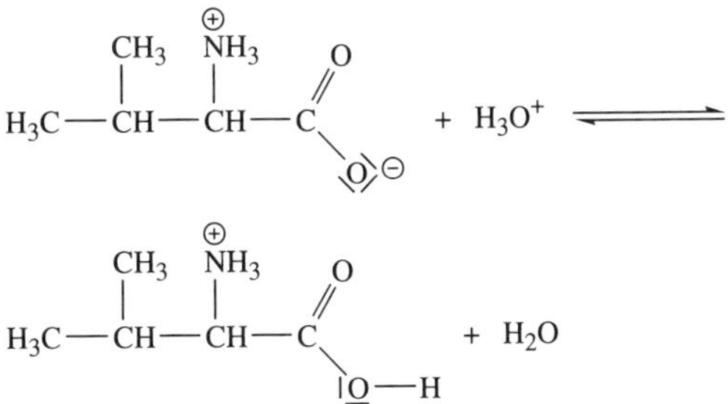

3.1

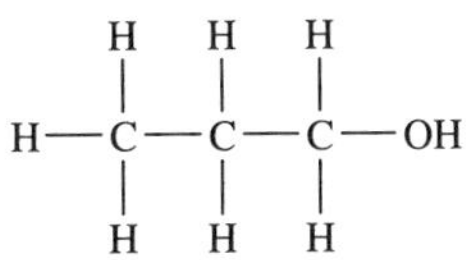

Propan-1-ol
(1-Propanol)

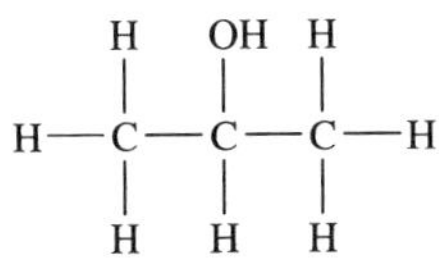

Propan-2-ol
(2-Propanol)

3.2 Der primäre Alkohol Propan-1-ol (1-Propanol) lässt sich mit schwefelsaurer Kaliumdichromatlösung (über die Zwischenstufe des Propanals, die hier nicht formuliert wurde) zu Propansäure oxidieren.

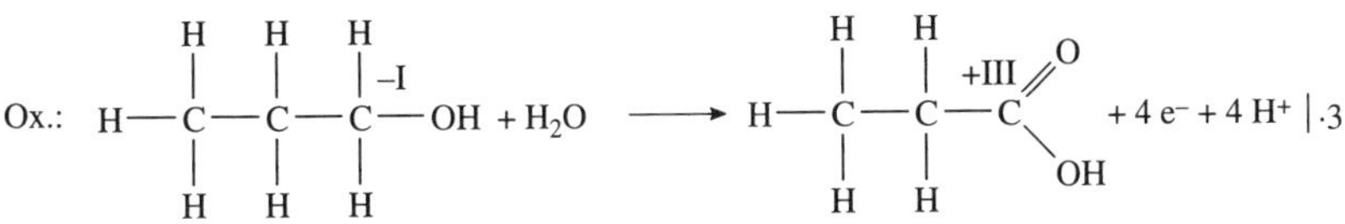

Red.: $Cr_2O_7^{2-} + 6\,e^- + 14\,H^+ \longrightarrow 2\,Cr^{3+} + 7\,H_2O$ | ·2

$3\,C_2H_5{-}CH_2OH + 2\,Cr_2O_7^{2-} + 16\,H^+ \longrightarrow 3\,C_2H_5{-}COOH + 2\,Cr^{3+} + 11\,H_2O$

Der sekundäre Alkohol Propan-2-ol (2-Propanol) wird zu Propanon oxidiert.

Ox.: 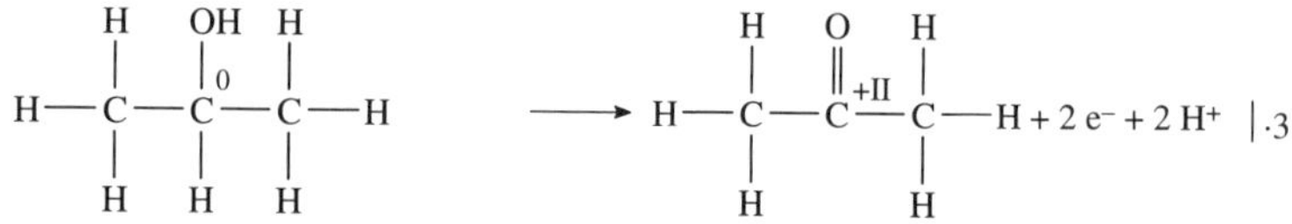

Red.: $Cr_2O_7^{2-}$ + 6 e⁻ + 14 H^+ ⟶ 2 Cr^{3+} + 7 H_2O

3 CH_3–CHOH–CH_3 + $Cr_2O_7^{2-}$ + 8 H^+ ⟶ 3 CH_3–CO–CH_3 + 2 Cr^{3+} + 7 H_2O

3.3 Propansäure reagiert z. B. mit Propan-1-ol zu Propansäurepropylester. Daneben wird bei dieser Veresterung Wasser frei (Kondensationsreaktion).

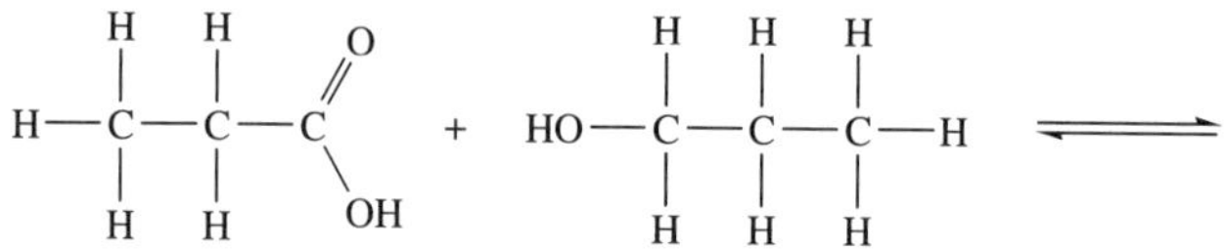

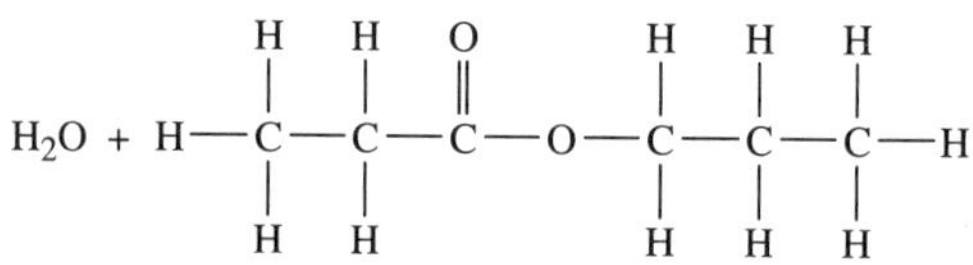

3.4 Unter den isomeren Butanolen lässt sich Methylpropan-2-ol (Methyl-2-propanol) nicht unter milden Reaktionsbedingungen mit schwefelsaurer Dichromatlösung oxidieren.

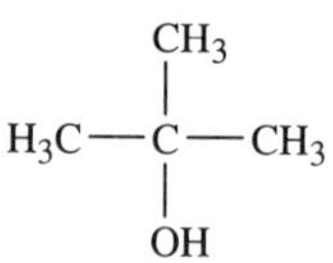

Methylpropan-2-ol
(Methyl-2-propanol)

Diese Verbindung ist ein tertiärer Alkohol. Er besitzt am Kohlenstoffatom 2 keine Wasserstoffatome, die im Zuge einer Oxidation abgespalten werden könnten und lässt sich daher bei milden Reaktionsbedingungen (ohne Spaltung von C–C-Bindungen) nicht oxidieren.

BE

1 Die Fotosynthese ist ein komplexer Vorgang, dessen Schritte nach und nach enträtselt wurden.

1.1 Formulieren Sie die Bruttogleichung der Fotosynthese und begründen Sie, warum es sich dabei um einen insgesamt endothermen Vorgang handelt! 3

1.2 Erläutern Sie die Vorgänge in den Lichtreaktionen und skizzieren Sie kurz ein Verfahren, mit dem die Herkunft des freigesetzten Sauerstoffs ermittelt werden kann! 9

1.3 In den Dunkelreaktionen tritt neben anderen Verbindungen Glycerinaldehyd-3-phosphat auf. Beschreiben Sie, ausgehend von der Kohlenstoffdioxid-Fixierung, die Bildung dieser Verbindung! Für die beteiligten Coenzyme ist die übliche Kurzschreibweise zu verwenden. 6

2 Zum Nachweis von Nitritionen in Gewässern wird eine Wasserprobe zunächst mit einer mit Salzsäure angesäuerten Lösung von Sulfanilsäure und anschließend mit 1-Naphthylamin versetzt. Es bildet sich ein rosaroter Farbstoff.

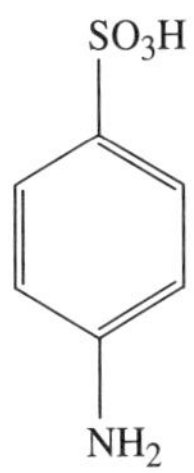

Sulfanilsäure

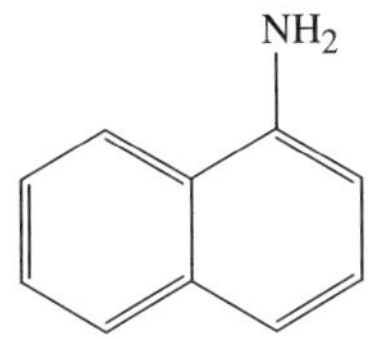

1-Naphthylamin

2.1 Benennen Sie die Schritte zur Bildung dieses Farbstoffs und formulieren Sie die zugehörigen Reaktionsgleichungen! 8

2.2 Erläutern Sie am Beispiel dieses Farbstoffes unter Verwendung von Fachbegriffen den Zusammenhang zwischen Molekülstruktur und Farbigkeit! 8

3 Durch 1,4-Verknüpfung zweier Glucose-Moleküle entstehen zwei unterschiedliche Disaccharide, die jeweils bei der Fehlingprobe reduzierend wirken.

3.1 Beschreiben Sie die Durchführung der Fehlingprobe und die beobachtbaren Veränderungen! 2

3.2 Erstellen Sie die Strukturformeln der beiden Disaccharide und benennen Sie diese! 4

3.3 Begründen Sie unter Mitverwendung von Strukturformelausschnitten die reduzierende Wirkung der Disaccharide! 6

3.4 Durch Kondensation von zwei Glucose-Molekülen kann auch ein Disaccharid entstehen, das Fehling-Lösung nicht reduziert. Entwickeln Sie einen Vorschlag für eine Struktur dieses Disaccharids und begründen Sie Ihre Ableitung! 4

50

Lösung

1.1 $6\,CO_2 + 12\,H_2O \xrightarrow{\text{Licht, Chlorophyll}} C_6H_{12}O_6 + 6\,H_2O + 6\,O_2$

Es handelt sich um einen endothermen Vorgang, da die Reaktionsprodukte energiereicher sind als die Edukte (Ausgangsstoffe).

1.2 An den Lichtreaktionen der Fotosynthese sind zwei Pigmentsysteme, Fotosystem I und Fotosystem II, beteiligt.
Pigmentmoleküle von Fotosystem I können durch Absorption von Lichtquanten angeregt und damit in die Lage versetzt werden, energiereiche Elektronen an nachgeschaltete Redoxsysteme abzugeben (1. Lichtreaktion). Diese Elektronen werden schließlich zur Reduktion von $NADP^+$ verwendet, wobei mit den Protonen, die bei der Fotolyse des Wassers entstehen, Reduktionsäquivalente $NADPH/H^+$ gebildet werden.

$$NADP^+ + 2\,e^- + 2\,H^+ \longrightarrow NADPH/H^+$$

Auch Chlorophyllmoleküle des Fotosystems II werden durch Absorption von Lichtquanten angeregt und geben energiereiche Elektronen ab (2. Lichtreaktion). Diese gelangen über Redoxsysteme zu Fotosystem I und gleichen hier das durch die 1. Lichtreaktion entstandene Elektronendefizit aus.
Das Fotosystem II gleicht seinen Elektronenverlust durch Elektronen aus, die bei der Fotolyse des Wassers frei werden.

$$H_2O \longrightarrow 4\,H^+ + O_2 + 4\,e^-$$

Es kommt also zu einem Elektronentransport vom Wasser zu $NADP^+$ (nicht zyklischer Elektronentransport).

Daneben besteht auch die Möglichkeit, dass Elektronen des angeregten Chlorophylls aus dem Fotosystem I in einem Kreisprozess über eine Reihe von Redoxsystemen wieder zu Chlorophyllmolekülen im Grundzustand zurücktransportiert werden (zyklischer Elektronentransport).
Beide Formen des Elektronentransports sind mit ATP-Bildung gekoppelt (Fotophosphorylierung). Die bei dem Elektronentransport frei werdende Energie kann teilweise für die endergonische Bildung von ATP genutzt werden.

Die Herkunft des fotosynthetisch gebildeten Sauerstoffs lässt sich durch Markierungsversuche mit Isotopen klären (Tracermethode).
Bietet man Pflanzen Kohlenstoffdioxid, in dem das „normale“ Sauerstoffisotop ^{16}O durch das schwere Isotop ^{18}O ersetzt wurde, so ist der markierte Sauerstoff ganz überwiegend in den gebildeten Kohlenhydraten zu finden.

Markiert man jedoch den Sauerstoff des Wassers, so findet man das schwere Isotop im frei werdenden Sauerstoff.
Der bei der Fotosynthese frei werdende Sauerstoff stammt folglich aus dem Wasser.

1.3 In der Dunkelreaktion wird zunächst Kohlenstoffdioxid an Ribulose-1,5-diphosphat gebunden. Die dabei entstehenden C6-Körper werden in je zwei Moleküle Glycerinsäure-3-phosphat gespalten. Unter Verbrauch von ATP und NADPH/H+ wird das Glycerinsäure-3-phosphat zu Glycerinaldehyd-3-phosphat reduziert.

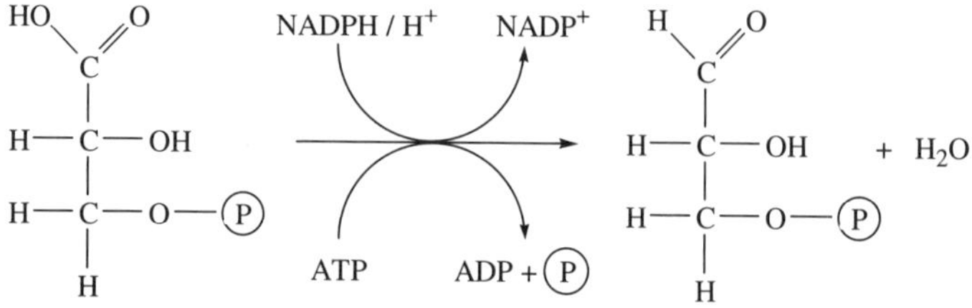

2.1 Sulfanilsäure reagiert mit dem angesäuerten, nitrithaltigen Wasser zum entsprechenden Diazoniumsalz (Diazotierung).

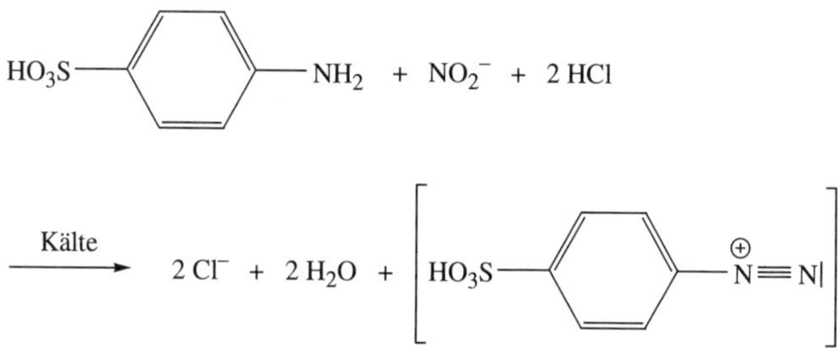

In eisgekühlter Lösung (Zurückdrängung der Zersetzung des Diazoniumsalzes unter Stickstoffabspaltung) wird die Kupplung zwischen dem Diazoniumsalz und dem 1-Naphtylamin durchgeführt (Azokupplung).

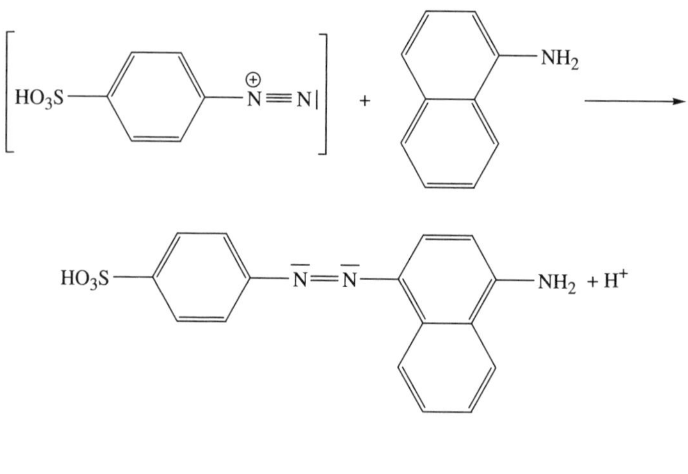

2.2 Eine Verbindung ist farbig, wenn sie aus dem kontinuierlichen sichtbaren Spektrum Wellenlängenbereiche absorbieren kann.
Atomgruppen, die für die Lichtabsorption und somit für die Farbgebung verantwortlich sind, werden als chromophore Gruppen bezeichnet. Hierbei handelt es sich um ungesättigte Gruppen, die allerdings einer Verbindung erst dann Farbigkeit verleihen, wenn mehrmals die gleiche oder mehrere verschiedene Gruppen in einer Verbindung einen Chromophor bilden, d. h. so angeordnet sind, dass sich ein ausgedehntes mesomeres π-Elektronensystem bilden kann.
Im angegebenen Farbstoff erstreckt sich der Chromophor über das mesomere System des Naphthalins, den Benzolkern und die Azogruppierung.
Durch die Delokalisation der π-Elektronen wird die zur Anregung der π-Elektronen notwendige Energie so weit erniedrigt, dass die Energie sichtbaren Lichts zur Anregung ausreicht.

Auxochrome sind Gruppen mit freien Elektronenpaaren, hier die NH_2-Gruppe.
Ein freies Elektronenpaar kann mit dem delokalisierten π-Elektronensystem des Chromophors in Wechselwirkung treten (+M-Effekt), wodurch die Delokalisation der π-Elektronen verstärkt wird. Die Energiedifferenzen zwischen Grundzustand und angeregten Zuständen werden dann noch geringer, sodass langwelligeres Licht zur Anregung ausreicht und es zu einer Farbvertiefung kommt (bathochromer Effekt).
Eine weitere Verstärkung der π-Elektronendelokalisation wird durch den antiauxochromen Effekt (–M-Effekt) der Sulfonsäuregruppe bewirkt.

3.1 Bei der Fehling-Probe gibt man die fehlingschen Lösungen I (Kupfer-II-sulfatlösung) und II (Lösung von Natriumhydroxid und des organischen Salzes Natriumkaliumtartrat, dessen Anionen Cu^{2+}- Ionen komplex binden können) zusammen. Es entsteht ein tiefblauer Kupferkomplex.
Setzt man nun ein reduzierendes Disaccharid zu und erhitzt die Lösung, so kommt es zu einer Rotbraunfärbung durch ausfallendes Kupfer-I-oxid.

3.2

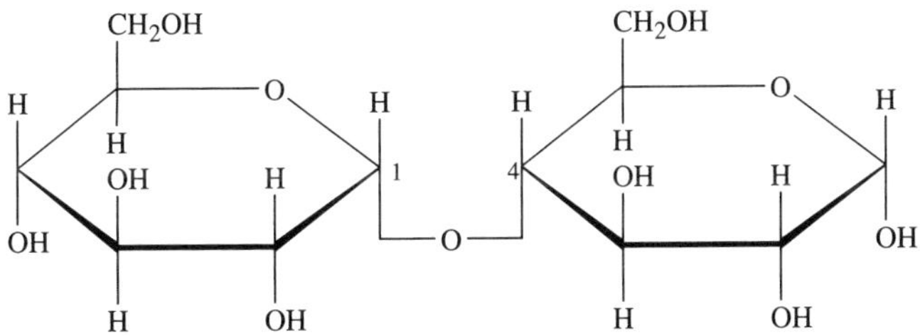

Maltose (α-Form)

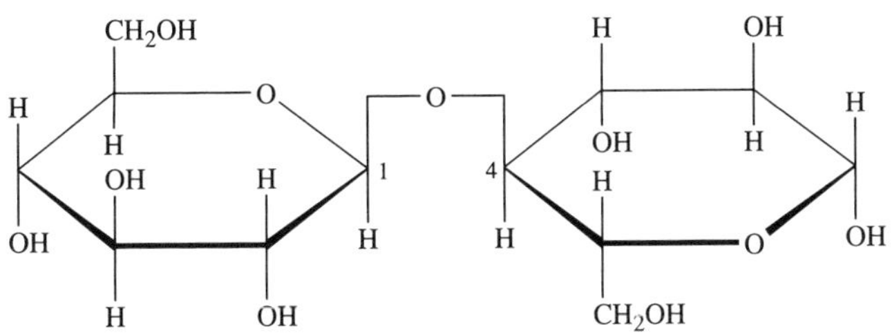

Cellobiose (β-Form)

3.3 In beiden Disacchariden ist an der Ausbildung der glykosidischen Bindung nur die OH-Gruppe des anomeren Kohlenstoffatoms eines Glucosebausteins beteiligt.
Da im Disaccharid ein Glucosering vorliegt, dessen OH-Gruppe am anomeren Kohlenstoffatom durch die glykosidische Bindung nicht blockiert ist, kann sich in wässriger Lösung jeweils ein Gleichgewicht zwischen α-, β- und offenkettiger Form des betreffenden Disaccharids einstellen.

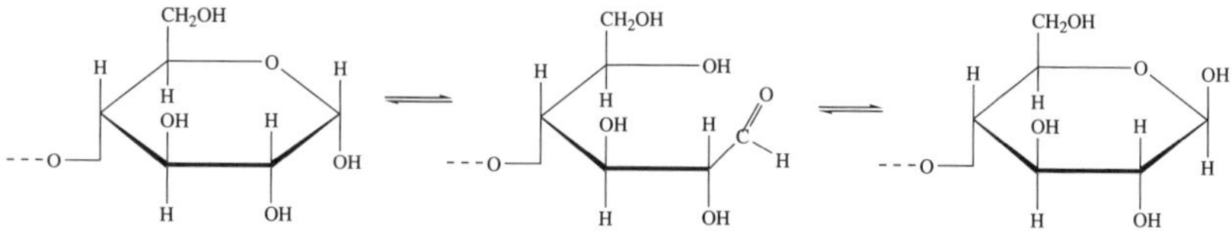

Maltose, α-Form — Maltose, offenkettige Form — Maltose, β-Form

Da die offenkettige Form die oxidierbare Aldehydgruppe besitzt, haben die Disaccharide reduzierende Eigenschaften und ergeben also eine positive fehlingsche Probe.

3.4 Da das Disaccharid keine reduzierenden Eigenschaften hat, müssen die beiden anomeren Kohlenstoffatome durch die glykosidische Bindung miteinander verknüpft sein, es muss also eine 1,1-glykosidische Verknüpfung vorliegen.

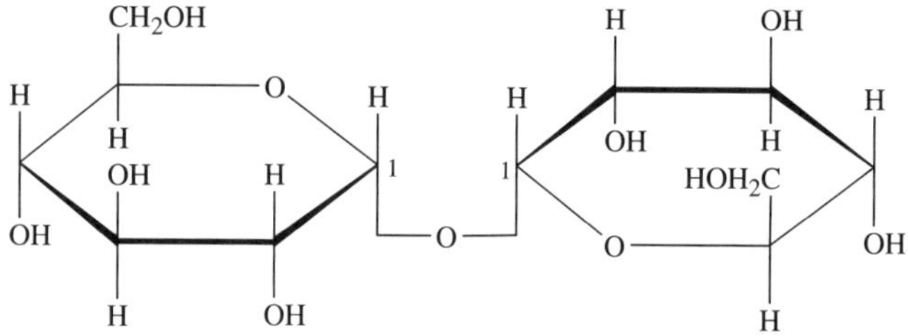

Im formulierten Disaccharid, der Trehalose, liegt eine 1,1-α-glykosidische Bindung vor.

Grundkurs Chemie (Bayern): Abiturprüfung 2000
Aufgabe I

		BE
1	Propen dient als Rohstoff für die Herstellung des Kunststoffes Polypropen (Polypropylen).	
1.1	Beschreiben Sie unter Mitverwendung einer Skizze die Molekülgeometrie des Propens!	4
1.2	Erläutern Sie, ausgehend von den Hybridisierungszuständen der Kohlenstoffatome und unter Mitverwendung einer Skizze, die Bindungsverhältnisse im Propenmolekül!	6
1.3	Beschreiben Sie Durchführung und Ergebnisse einer Reaktion zur Unterscheidung von Propan und Propen und erläutern Sie das Verhalten der beiden Kohlenwasserstoffe bei diesem Experiment!	6
1.4	Beschreiben Sie unter Mitverwendung von Strukturformeln die Schritte der Polyreaktion, die vom Propen zum Polypropen führt!	8
2	Enantiomere Verbindungen können sich in ihren biologischen Wirkungen erheblich unterscheiden.	
2.1	Definieren Sie den Begriff Enantiomerie und grenzen Sie diese Isomerieform gegen eine andere Form der Stereoisomerie (Konfigurationsisomerie) anhand je eines Beispiels ab!	6
2.2	Beschreiben Sie anhand einer Skizze eine Möglichkeit zum Nachweis der optischen Aktivität!	4
2.3	Erläutern Sie anhand eines Beispiels das Phänomen der Mutarotation bei Zuckern!	4
2.4	Wird (+)-Saccharose hydrolysiert, erhält man ein Produktgemisch mit entgegengesetztem Drehsinn. Erklären Sie diesen Befund!	4
3	Als Iodzahl bezeichnet man die Masse Iod in Gramm, die von 100 g eines Fettes maximal addiert werden kann.	
3.1	Kokosfett weist die Iodzahl 10, Olivenöl die Iodzahl 85 auf. Erklären Sie diesen Unterschied!	3
3.2	Die unter Nr. 3.1 genannten Fette unterscheiden sich in ihrer Konsistenz bei Raumtemperatur. Erläutern Sie diesen Befund!	5
		50

Lösung

1.1

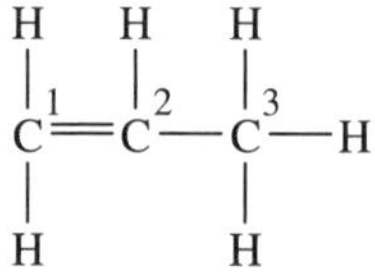

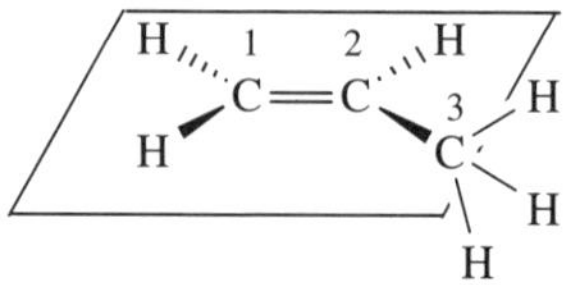

Die Kohlenstoffatome 1 und 2 und die daran gebundenen Wasserstoffatome sowie das Kohlenstoffatom 3 liegen in einer Ebene; die Bindungswinkel (∢ $C^1C^2C^3$, ∢ HC^1H, ∢ HC^2C) betragen 120 °. Die Wasserstoffatome um Kohlenstoffatom 3 sind tetraedrisch angeordnet (∢ HC^3H ca. 109,5 °). Der Bindungsabstand zwischen C^1 und C^2 ist geringer als zwischen C^2 und C^3.

1.2 Die Kohlenstoffatome 1 und 2 sind sp^2-hybridisiert, die **drei sp^2**-Hybridorbitale zeigen in die Ecken eines gleichseitigen Dreiecks. C-Atom 3 ist sp^3-hybridisiert, die **vier sp^3**-Hybridorbitale zeigen in die Ecken eines Tetraeders.

Die Bindungen zwischen Kohlenstoffatom 1 und den Wasserstoffatomen sind σ-Bindungen, die durch Überlappung je eines sp^2-Hybridatomorbitals des C-Atoms mit einem s-Orbital eines Wasserstoffatoms zustande kommen. Dies trifft auch für die Bindung zwischen C-Atom 2 und dem Wasserstoffatom zu. An C-Atom 3 sind die Wasserstoffatome ebenfalls durch σ-Bindungen gebunden, die jedoch durch Überlappung je eines sp^3-Hybridatomorbitals des C-Atoms mit einem s-Orbital eines Wasserstoffatoms zustande kommen.

Die σ-Bindung zwischen den C-Atomen 1 und 2 geht auf die Überlappung zweier sp^2-Hybridatomorbitale zurück, die zwischen den C-Atomen 2 und 3 auf die Überlappung eines sp^2- und eines sp^3-Hybridatomorbitals. Die zweite Bindung zwischen den C-Atomen 1 und 2 ist eine π-Bindung, die auf der Überlappung der nicht an der Hybridisierung beteiligten p-Orbitale basiert.

Da zwischen den C-Atomen 1 und 2 **eine σ- und eine π-Bindung** vorliegen, ist die Bindungslänge zwischen C_1 und C_2 **geringer** als zwischen C_2 und C_3.

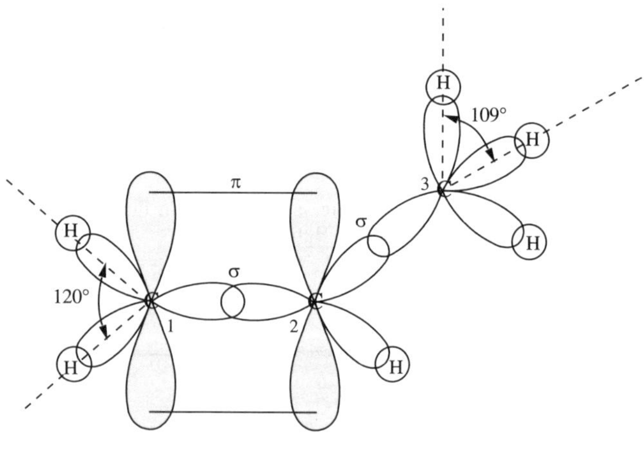

1.3 Leitet man in einem abgedunkelten Raum Propen bei Raumtemperatur durch hellbraunes Bromwasser, so wird dieses entfärbt. Propen reagiert dabei mit dem Brom in einer **elektrophilen Addition**.
Propan könnte mit Brom in einer radikalischen Substitution reagieren. Da jedoch unter den angegebenen Bedingungen keine Radikalbildung möglich ist, entfärbt Propan Bromwasser **nicht**.

1.4 Aus Propen kann in einer Polymerisationsreaktion Polypropen (Polypropylen) hergestellt werden.
Diese Reaktion verläuft nach einem Radikalkettenmechanismus. Die Radikalkettenpolymerisation lässt sich in folgende Schritte gliedern:

- Beim Zerfall eines **Initiators** (z. B. eines Peroxides) entstehen **Radikale**:

$$R{-}R \longrightarrow 2\ R\bullet$$

- Die Radikale greifen Propenmoleküle an der Doppelbindung an (**Kettenstart**), wodurch neue Radikale gebildet werden, die für **Kettenwachstumsreaktionen** zur Verfügung stehen:

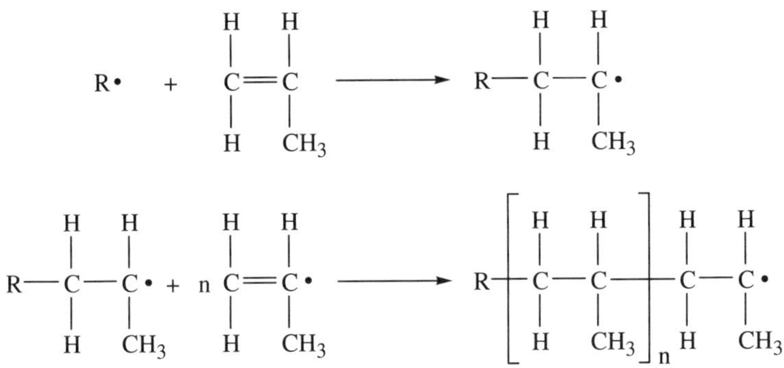

- Die Reaktionskette wird unterbrochen durch Rekombination zweier Radikale (**Kettenabbruch**)

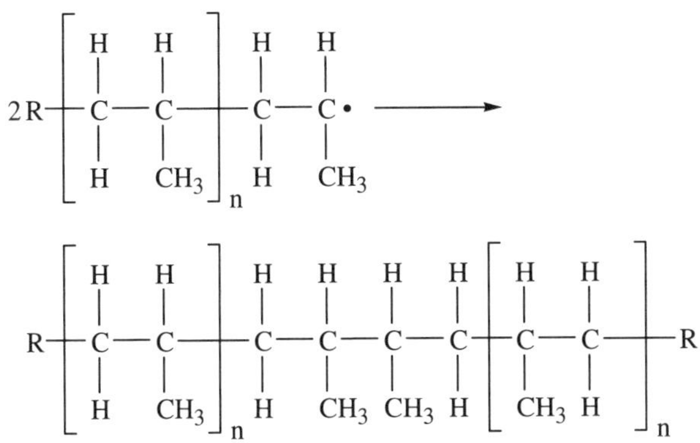

oder durch Disproportionierung

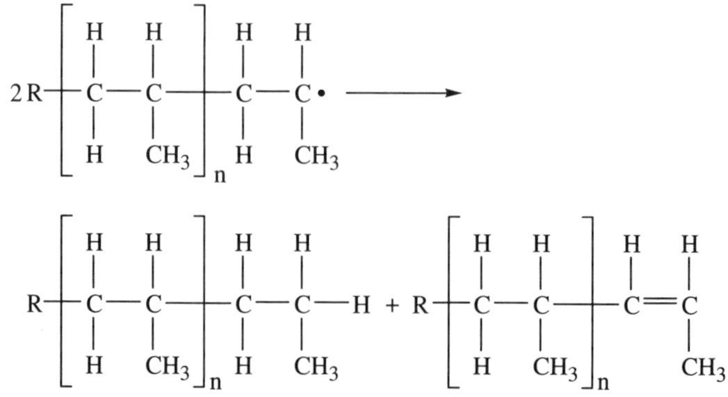

2.1 Enantiomerie wird auch als **Spiegelbild-** oder **optische Isomerie** bezeichnet. Sie tritt bei **chiralen** Molekülen auf. Von diesen gibt es zwei Isomere (Enantiomere), die sich wie Bild und Spiegelbild verhalten.
Spiegelbildisomere gibt es z. B. von der 2-Hydroxypropansäure (Milchsäure). Die Moleküle sind chiral gebaut, da das C-Atom 2 asymmetrisch ist, d. h. es ist mit **vier verschiedenen** Atomen oder Atomgruppen verknüpft. In der Fischer-Projektionsformel werden die Enantiomere wie folgt angegeben:

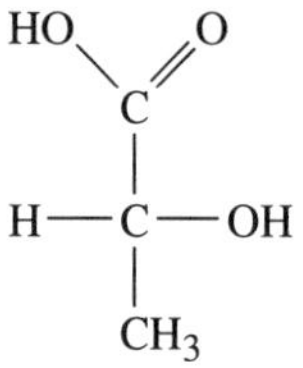

D-Milchsäure

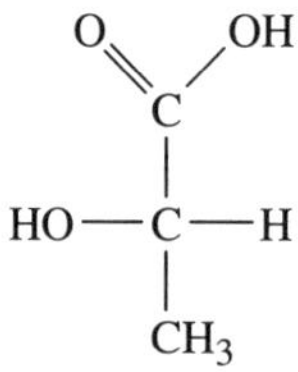

L-Milchsäure

Eine andere Form von Stereoisomerie stellt die **cis-trans-Isomerie** (geometrische Isomerie) dar. Sind in einer Verbindung, wie z. B. im 1,2-Dichlorethen, an Kohlenstoffatomen, die durch eine Doppelbindung miteinander verbunden sind, **zwei** verschiedene Substituenten, so gibt es **zwei Isomere**, die sich in der räumlichen Anordnung der Substituenten unterscheiden:

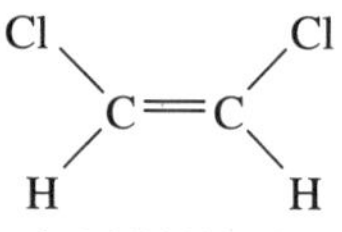

cis-1,2-Dichlorethen

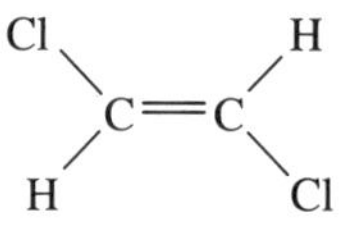

trans-1,2-Dichlorethen

2.2 Optisch aktive Substanzen sind in der Lage, die Ebene **linear polarisierten** Lichts zu drehen.
Dieses Verhalten kann mit folgender Versuchsanordnung nachgewiesen werden:
Licht wird durch einen Polarisationsfilter geschickt, der nur Licht einer Schwingungsebene hindurchlässt. Dieses linear polarisierte Licht gelangt durch eine zunächst mit einem Lösungsmittel (meist destilliertes Wasser) gefüllte Küvette auf einen zweiten

Polarisationsfilter, den Analysator, der so eingestellt wird, dass das auftreffende Licht nicht hindurch treten kann und der in den Filter schauende Beobachter vollständige Auslöschung feststellt.
Anschließend wird in die Küvette die Lösung der optisch aktiven Substanz eingefüllt. Da diese die Schwingungsebene des Lichts dreht, kann nun wieder Licht durch den Analysator hindurchtreten.
Der Winkel, um den der Analysator gedreht werden muss, um wieder völlige Auslöschung zu erreichen, stellt den zu messenden Drehwinkel dar.

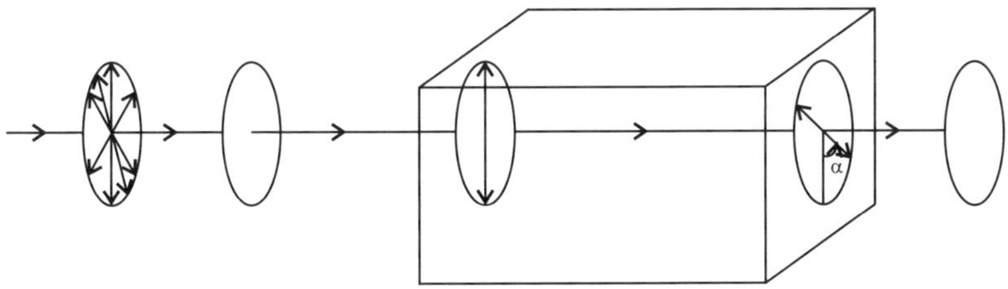

Licht aller Schwingungsebenen | Polarisator | Drehung der Schwingungsebene des linear polarisierten Lichts beim Durchgang durch die Lösung einer optisch aktiven Substanz um den Drehwinkel α. | Analysator

2.3 Mutarotation ist die Erscheinung, dass frisch hergestellte Lösungen bestimmter Zucker eine kontinuierliche **Änderung ihres optischen Drehvermögens** zeigen, bis sich ein konstanter Endwert einstellt hat. D-(+)-Glucose zeigt Mutarotation.
Frisch bereitete Lösungen von α- bzw. β-D-(+)-Glucose haben verschiedene spezifische Drehwinkel. Untersucht man die Lösungen im Polarimeter, so zeigt sich, dass sich die Drehwinkel kontinuierlich ändern, bis sich in beiden Fällen der gleiche konstante Endwert einstellt.
Die Mutarotation ist darauf zurückzuführen, dass sich in beiden Lösungen ein Gleichgewichtsgemisch gleicher Zusammensetzung bildet, das α-D-(+)-Glucose, β-D-(+)-Glucose und eine geringe Menge **offenkettiger Aldehydform** enthält.
Diese kann sich aus den heterozyklischen Ringmolekülen bilden, welche sich am Kohlenstoffatom 1 öffnen können. Über die Aldehydform erfolgt die Umwandlung der so genannten **Anomeren** ineinander. Das Gleichgewichtsgemisch zeigt eine spezifische Drehung, die dem konstanten Endwert entspricht.

2.4 Hydrolysiert man Saccharose, so erhält man ein äquimolares Gemisch aus D-Glucose und D-Fructose, das als **Invertzucker** bezeichnet wird.
Gelöste Saccharose dreht die Schwingungsebene von linear polarisiertem Licht um einen bestimmten Betrag nach rechts.
Bei der Umsetzung mit einer anorganischen Säure (z. B. Salzsäure) wird die Saccharose hydrolytisch gespalten, wobei die Spaltprodukte D-Glucose und D-Fructose im Verhältnis 1 : 1 entstehen. (In der wässrigen Lösung stellen sich Gleichgewichte zwischen α, β- und offenkettigen Formen der Monosaccharide ein.)
Da die im Gleichgewicht vorliegende D-Fructose die Schwingungsebene des linear polarisierten Lichts um einen **höheren Betrag nach links** dreht als das Gleichgewichtsgemisch der D-Glucose nach rechts, dreht die entstehende Lösung (im Unterschied zur Saccharose selbst) insgesamt nach links.
Die Umkehrung des Drehsinns wird als **Inversion**, das durch Hydrolyse gebildete Gemisch als Invertzucker bezeichnet.

3.1 Im Kokosfett ist der Anteil an Fettmolekülen mit **ungesättigten** Fettsäureresten, an deren Doppelbindungen Iod addiert werden kann, geringer als im Olivenöl.

3.2 Die natürlich vorkommenden, ungesättigten Fettsäuren besitzen an der Doppelbindung stets **cis**-Konfiguration, was eine Krümmung des Moleküls an dieser Stelle und damit einen **sperrigen Bau** zur Folge hat.
Fettmoleküle des Olivenöls, die viele ungesättigte Fettsäurereste besitzen, lagern sich daher nicht gut in einem Kristallgitter zusammen. Da die Moleküle nicht eng beieinander liegen, sind die gegenseitigen Anziehungskräfte gering und die Moleküle bereits bei Raumtemperatur leicht gegeneinander verschiebbar; Olivenöl ist unter diesen Bedingungen flüssig.
In den gesättigten Fettmolekülen des Kokosfetts liegen die Fettsäurereste als gestreckte Zick-Zack-Ketten (sp^3-Hybridisierung der C-Atome) vor, die sich gut parallel zueinander anordnen können. Fettmoleküle, die gesättigte Fettsäurereste enthalten, ordnen sich daher gut in einem Kristallgitter an. Die zwischen den nah beieinanderliegenden Molekülen auftretenden Anziehungskräfte reichen aus, um die Moleküle auf ihren Plätzen im Gitter festzuhalten. Kokosfett ist daher bei Raumtemperatur ein Feststoff.

Grundkurs Chemie (Bayern): Abiturprüfung 2000
Aufgabe II

		BE
1	Alle Alkohole besitzen in ihrem Molekül mindestens eine Hydroxy-Gruppe, unterscheiden sich aber aufgrund ihres Kohlenwasserstoff-Restes in ihren physikalischen und chemischen Eigenschaften.	
1.1	Geben Sie die Strukturformeln und die Namen aller konstitutionsisomeren Butanole an!	4
1.2	Die unter Nr. 1.1 angeführten isomeren Butanole werden in getrennten Versuchen jeweils in eine mit Schwefelsäure versetzte Kaliumdichromat-Lösung gegeben. Anschließend werden diese Lösungen erwärmt. Schildern Sie die jeweiligen Versuchsbeobachtungen und geben Sie eine Erklärung für das teilweise unterschiedliche Reaktionsverhalten!	6
1.3	Formulieren Sie für eine der unter Nr. 1.2 beschriebenen Reaktionen die Teilgleichungen für den Oxidations- und den Reduktionsvorgang und fassen Sie beide zu einer Gesamtgleichung zusammen!	7
1.4	Erklären Sie den trotz annähernd gleicher Molekülmasse deutlichen Unterschied zwischen den Siedetemperaturen von Methanol und Ethan!	5
1.5	Löst man Natriummethanolat in Wasser, so reagiert die Lösung stark alkalisch. Erklären Sie diese Feststellung unter Mitverwendung eine Reaktionsgleichung!	5
2	Für eine Verbindung mit der Summenformel C_6H_6 wurden verschiedene azyklische und zyklische Strukturformeln vorgeschlagen.	
2.1	Zeichnen Sie eine der möglichen azyklischen (kettenförmigen) Molekülformeln und vergleichen Sie das Verhalten dieser Verbindungen gegenüber Brom mit dem des Benzols!	4
2.2	Beschreiben Sie anhand einer Skizze die Molekülgeometrie des Benzols!	4
2.3	Beschreiben Sie, ausgehend vom Hybridisierungszustand der Kohlenstoffatome, die Bindungsverhältnisse im Benzolmolekül!	6
2.4	Erläutern Sie unter Mitverwendung eines Energiediagramms, wie die Mesomerieenergie des Benzols experimentell ermittelt werden kann!	9
		50

Lösung

1.1 Unterscheiden sich die Isomeren in der Verknüpfung der Atome im Molekül, so rechnet man sie zu den **Konstitutions**isomeren. Vom Butanol gibt es die folgenden:

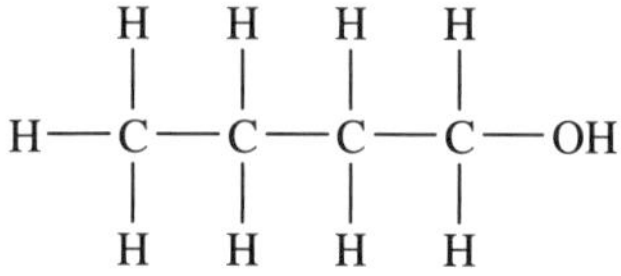

Butan-1-ol

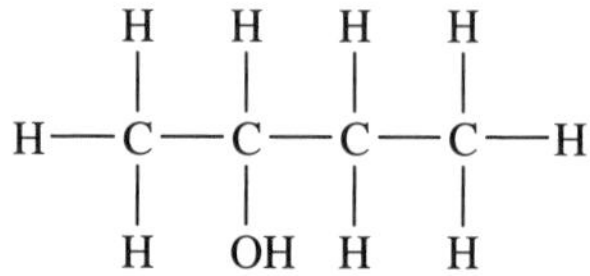

Butan-2-ol

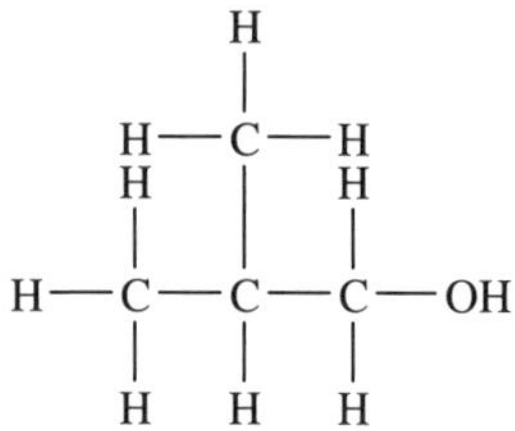

2-Methylpropan-1-ol

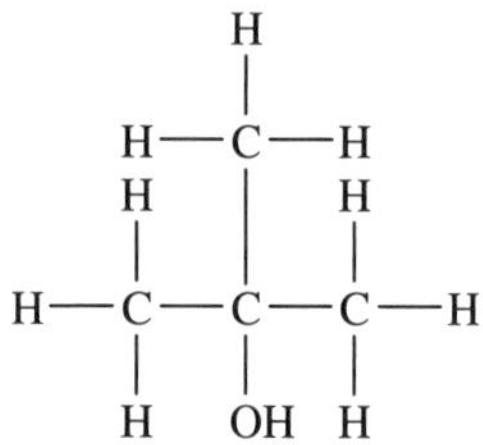

2-Methylpropan-2-ol

1.2 Erhitzt man Butan-1-ol (1-Butanol), 2-Methylpropan-1-ol (2-Methyl-1-propanol) bzw. Butan-2-ol (2-Butanol) mit orangefarbener schwefelsaurer Kaliumdichromat-Lösung, so ist eine Verfärbung nach **grün** zu beobachten. Führt man den gleichen Versuch mit 2-Methylpropan-2-ol (2-Methyl-2-propanol) durch, ist **keine Verfärbung** zu beobachten.
Butan-1-ol und 2-Methylpropan-1-ol sind primäre Alkohole, Butan-2-ol ist ein sekundärer Alkohol. Alle drei lassen sich mit mit schwefelsaurer Kaliumdichromat-Lösung oxidieren, wobei entweder Butanal, 2-Methylpropanal bzw. Butanon entsteht. Die Dichromationen werden dabei zu Chrom(III)-ionen (Cr^{3+}) reduziert, die die Grünfärbung verursachen.
2-Methylpropan-2-ol ist ein tertiärer Alkohol. Er trägt an C-Atom 2 **kein Wasserstoffatom** und lässt sich daher unter den geschilderten Bedingungen nicht oxidieren.

1.3 z. B. Oxidation von Butan-1-ol zu Butanal:

Ox.: 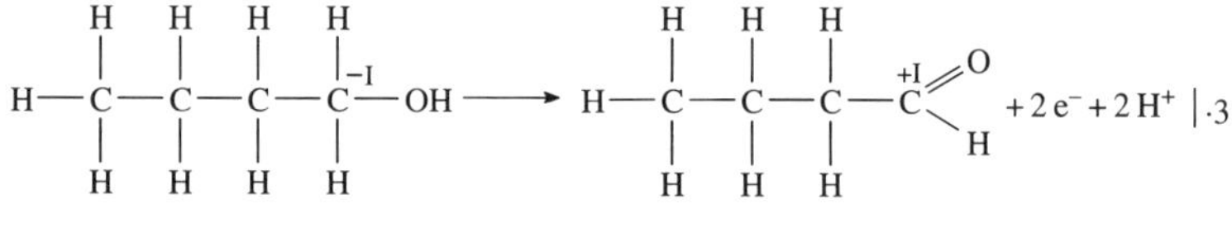

$$\text{Red.: } \overset{+VI}{Cr_2}O_7^{2-} + 6\,e^- + 14\,H^+ \longrightarrow 2\,\overset{+III}{Cr}{}^{3+} + 7\,H_2O$$

$$3\,H_3C{-}(CH_2)_3{-}OH + Cr_2O_7^{2-} + 8\,H^+ \longrightarrow 3\,H_3C{-}(CH_2)_2{-}CHO + 2\,Cr^{3+} + 7\,H_2O$$

1.4 Die Höhe des Siedepunkts einer Verbindung ist abhängig von der Stärke der zwischenmolekularen Kräfte, die beim Verdampfen überwunden werden müssen.
Die Moleküle des Ethans sind unpolar; zwischen ihnen wirken nur **schwache** van-der-Waals'sche Anziehungskräfte.
Zwischen den Molekülen des Methanols wirken neben schwachen van-der-Waals'schen Kräften zwischen den Methylgruppen zusätzlich **stärkere** Wasserstoffbrückenbindungen zwischen den polaren Hydroxylgruppen. Da somit beim Verdampfen stärkere zwischenmolekulare Kräfte überwunden werden müssen, hat Methanol den höheren Siedepunkt.

1.5 Das Methanolation ist die korrespondierende Base zur schwachen Säure Methanol und besitzt somit einen stark basischen Charakter. Das bedeutet, dass es in einer Gleichgewichtsreaktion Wassermolekülen ein Proton entreißen kann. Die in der Protolyse entstehenden **Hydroxidionen** verursachen die basische Reaktion der Lösung:

$$H_3C-\overline{\underline{O}}|^{\ominus} + H_2O \rightleftharpoons H_3C-\overline{\underline{O}}-H + OH^{\ominus}$$

2.1

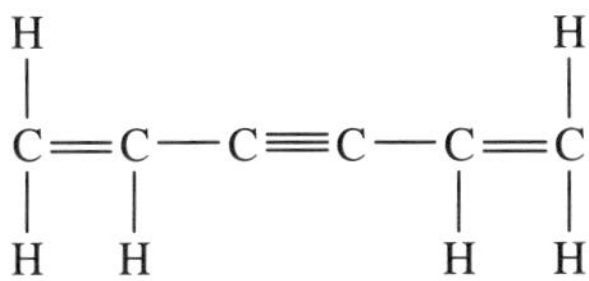

Die azyklischen Moleküle haben ungesättigten Charakter und müssten bei Raumtemperatur, auch im Dunklen, mit Brom in einer **elektrophilen Addition** reagieren.
Benzol ist reaktionsträger und reagiert mit Brom nur in Anwesenheit eines Katalysators. Bei dieser Reaktion handelt sich um eine **elektrophile Substitution**.

2.2 Das Bezolmolekül ist ein planares Molekül in Form eines regulären Sechsecks. Sämtliche Bindungswinkel betragen 120 °. Die Kohlenstoff-Kohlenstoff-Bindungsabstände sind alle gleich und liegen zwischen der Bindungslänge von Einfach- und Doppelbindung.

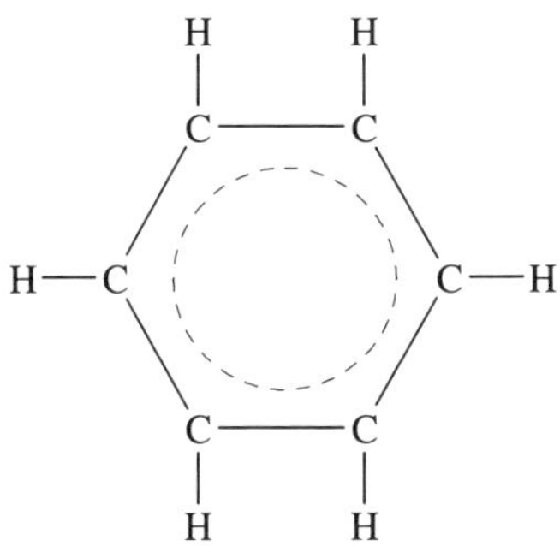

2.3 Die Kohlenstoffatome des Benzols sind sp^2-hybridisiert. **Jedes** Kohlenstoffatom betätigt **drei σ-Bindungen**, wobei die zu benachbarten Kohlenstoffatomen durch Überlappung von sp^2-Hybridorbitalen, die zum Wasserstoffatom durch Überlappung eines sp^2-Hybridorbitals mit einem s-Orbital zustande kommen.

Jedes der sechs Kohlenstoffatome, die die Ecken eines regulären Sechsecks besetzen, hat noch ein senkrecht zur Molekülebene stehendes, einfach besetztes p-Orbital zur Verfügung. Da jedes p-Orbital mit den p-Orbitalen der Nachbarkohlenstoffatome überlappt, verschmelzen sie insgesamt zu zwei ringförmigen Elektronenwolken, von denen eine oberhalb und eine unterhalb der Ringebene liegt:

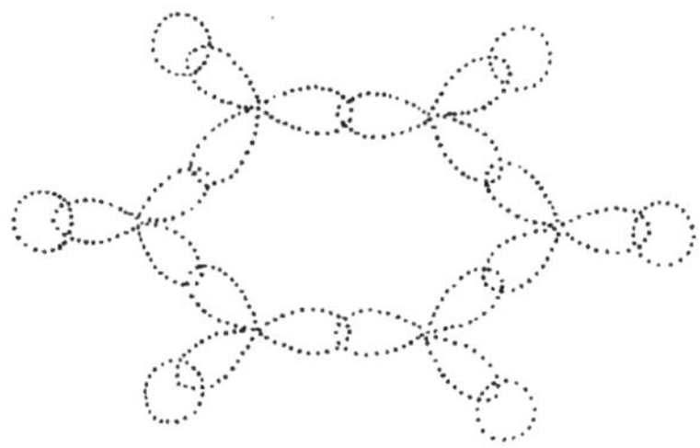

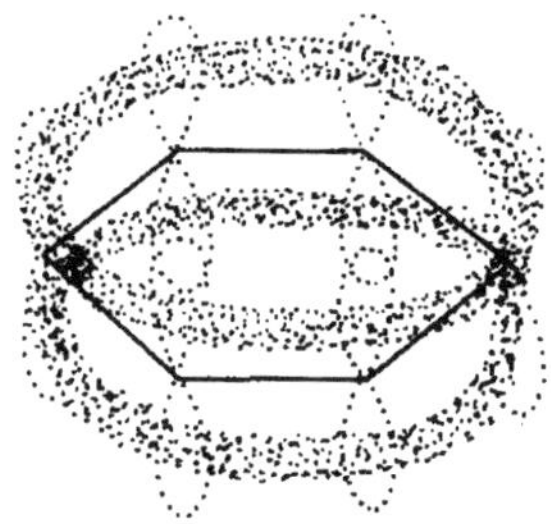

Die sechs π-Elektronen können somit nicht mehr einzelnen Kohlenstoffatomen zugeordnet werden, sondern sind völlig symmetrisch über das Molekül verteilt.

2.4 Die Hydrierungsenthalpie des Benzols wird verglichen mit der eines hypothetischen Cyclohexatriens-(1,3,5).
Bei der Hydrierung von **Cyclohexen** wird ein Energiebetrag von 119,8 kJ/mol frei:

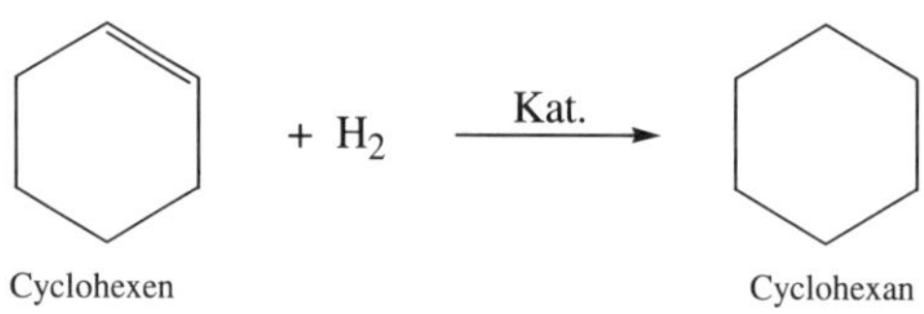

Hydriert man **Cyclohexadien(1,3)** zu Cyclohexan, so sollte man die doppelte Menge freiwerdender Energie erwarten. Bei experimenteller Bestimmung ergibt sich jedoch ein um 7,5 kJ/mol geringerer Betrag von 232,1 kJ/mol:

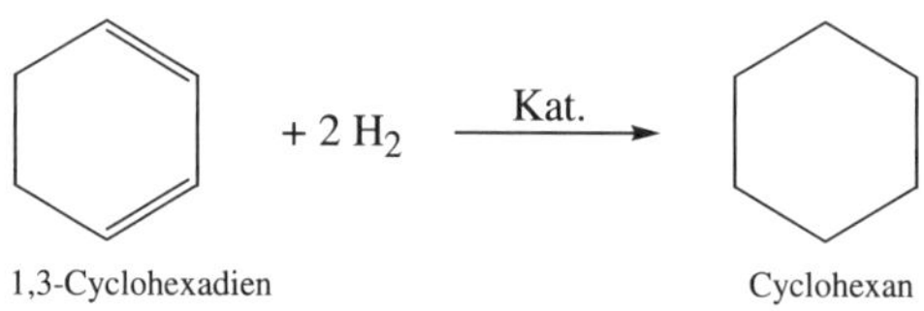

Hydriert man schließlich **Benzol** zu Cyclohexan, so beträgt die Hydrierungsenthalpie nur 208,7 kJ/mol und nicht 3 · 119,8 kJ/mol = 359,4 kJ/mol, wie es für ein Cyclohexatrien zu erwarten wäre:

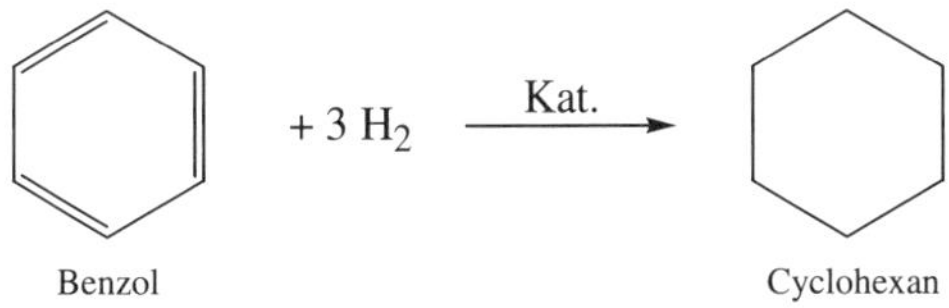

Um diesen Energiebetrag, der als **Mesomerieenergie** bezeichnet wird, ist Benzol aufgrund der π-Elektronendelokalisation energieärmer als ein hypothetisches Cyclohexatrien.

(Auch bei der Hydrierung von Cyclohexadien-(1,3) wird nicht der theoretisch erwartete Energiebetrag frei, da auch bei dieser Verbindung eine Delokalisation der π-Elektronen möglich ist. Nach dem Orbitalmodell sind hier p-Orbitale von vier C-Atomen zu einer π-Elektronenwolke verschmolzen. Das Ausmaß der Delokalisation ist aber nicht sehr groß, die dadurch bedingte Stabilisierung nur gering.)

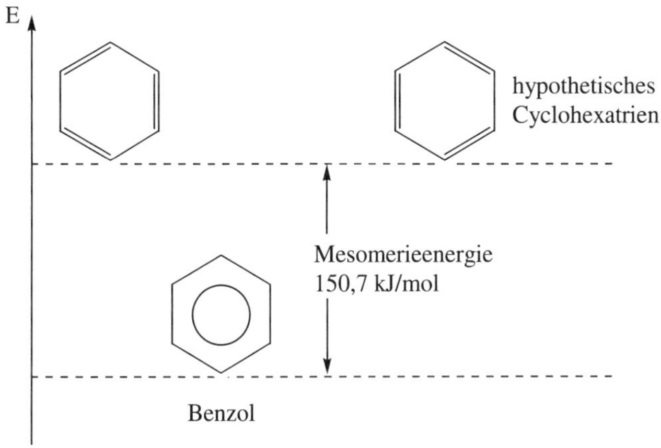

Grundkurs Chemie (Bayern): Abiturprüfung 2000
Aufgabe III

		BE
1	Kohlenhydrate sind wichtige Nährstoffe und spielen bei den Lebensvorgängen im Organismus eine zentrale Rolle	
1.1	Definieren Sie den Begriff Kohlenhydrate und geben Sie einen Überblick über mögliche Einteilungen dieser Stoffgruppe!	5
1.2	Zeichnen Sie die Projektionsformeln der drei Molekülstrukturen, die D-Glucose einnehmen kann und markieren Sie darin die Chiralitätszentren!	5
1.3	Beschreiben Sie die Durchführung und das beobachtbare Ergebnis der Fehling-Probe mit Glucose!	4
1.4	Formulieren Sie für die Fehling-Reaktion mit Glucose die Teilgleichungen für die Oxidation und die Reduktion ohne Berücksichtigung der Komplexbildung und fassen Sie beide zu einer Gesamtgleichung zusammen!	6
1.5	Erklären Sie unter Mitverwendung von Strukturformel-Ausschnitten das Ergebnis der Fehling-Reaktion mit Fructose!	5
2	Der Energie liefernde Abbau der Glucose stimmt bei verschiedenen Organismen in seinem ersten Abschnitt überein.	
2.1	Beschreiben Sie unter Mitverwendung von Strukturformeln die wesentlichen Schritte der Glykolyse und benennen Sie Zwischen- und Endprodukte! Für die beteiligten Coenzyme ist die übliche Kurzschreibweise zu verwenden.	7
2.2	Das bei der Glykolyse reduzierte Coenzym wird von Organismen auf unterschiedliche Weise rückoxidiert.	
2.2.1	Erläutern Sie an einem Beispiel unter Mitverwendung von Strukturformeln eine anaerobe Möglichkeit dieser Oxidation!	5
2.2.2	Geben Sie unter Verzicht auf Strukturformeln einen Überblick über den aeroben Abbau des Glykolyse-Endprodukts!	6
3	Die verstärkte Nutzung nachwachsender Energieträger und Rohstoffe ist eine vielfach geäußerte Forderung.	
3.1	Erörtern Sie zwei wesentliche Aspekte der Nutzung nachwachsender Energieträger!	4
3.2	Zeigen Sie an einem Beispiel die Nutzung eines pflanzlichen Produktes als Energieträger auf!	3
		50

Lösung

1.1 Kohlenhydrate sind Polyhydroxyaldehyde oder Polyhydroxyketone sowie deren Kondensationsprodukte.
Die kleinstmöglichen Kohlenhydrate werden als Monosaccharide bezeichnet, die man nach der Anzahl der im Molekül vorhandenen C-Atome z. B. in Pentosen, Hexosen einteilen kann. Enthalten sie eine Aldehydgruppe, so bezeichnet man sie als **Aldosen**, besitzen sie eine Ketogruppe entsprechend als **Ketosen**.
Treten mehrere Monosaccharidbausteine unter Wasserabspaltung zusammen (Kondensationsreaktion) unterteilt man je nach Anzahl der Bausteine in Di-, Oligo- und Polysaccharide.

1.2 D-Glucose kann als α-D- oder β-D-Glucopyranose oder in der offenkettigen Aldehydform vorliegen, die sich in der Fischer-Projektionsformel wie folgt darstellen lassen:

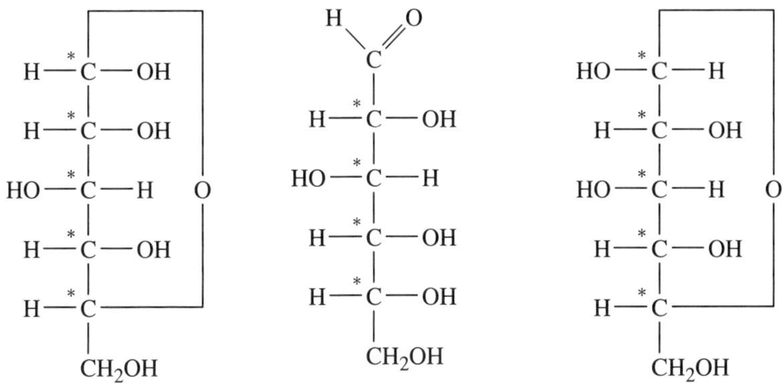

α-D-Glucopyranose — offenkettige Aldehydform der D-Glucose — β-D-Glucopyranose

(* bezeichnet ein Chiralitätszentrum)

1.3 Man gibt **Fehling'sche Lösung I** (Kupfersulfatlösung) und **II** (Lösung von Natriumhydroxid und des organischen Salzes Natriumkaliumtartrat, dessen Anionen die Kupferionen komplex binden können) zusammen, wobei ein tiefblauer Kupferkomplex entsteht.
Setzt man Glucoselösung zu und erhitzt, so werden die Cu^{2+}-Ionen **reduziert** und es bildet sich braunrot gefärbtes Kupfer(I)-oxid. Die Glucose wird dabei oxidiert.

1.4

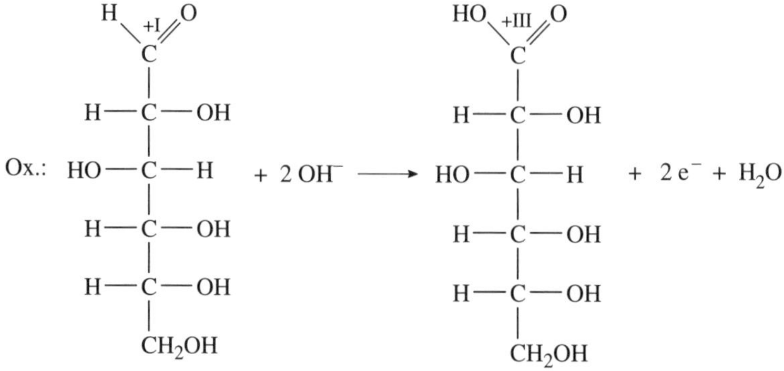

$$\text{Red.: } 2\,\overset{+II}{Cu}{}^{2+} + 2\,OH^- + 2\,e^- \longrightarrow \overset{+I}{Cu_2}O + H_2O$$

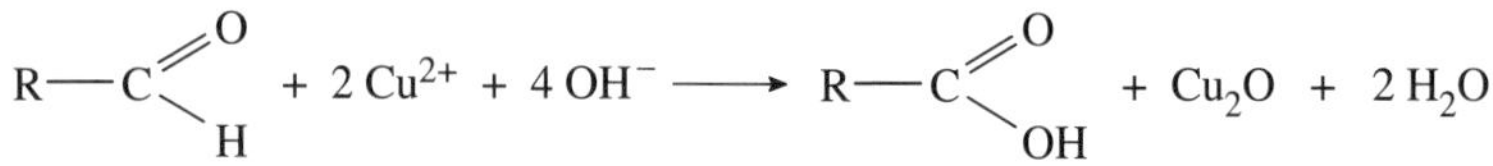

(R = an das erste C-Atom gebundener Molekülrest)

1.5 In alkalischer Lösung (die Fehling-Probe verläuft im Basischen!) kann aus D-Fructose über die Endiolform D-Glucose gebildet werden (**Keto-Endiol-Tautomerie**):

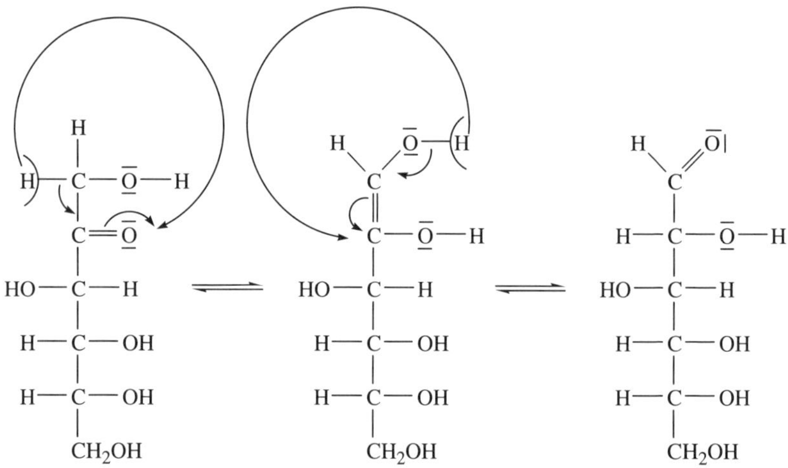

D-Fructose Endiolform D-Glucose

Die durch diese im Basischen mögliche Umwandlung entstehende Glucose mit ihrer oxidierbaren Aldehydgruppe ist dafür verantwortlich, dass die Fehling'sche Probe auch bei Fructose **positiv** ausfällt.

2.1 Glucose wird unter ATP-Verbrauch in Glucose-6-phosphat übergeführt, das zu Fructose-6-phosphat isomerisiert wird. Dieses reagiert unter erneutem ATP-Verbrauch zu Fructose-1,6-diphosphat, welches in einer Gleichgewichtsreaktion in Dihydroxyacetonphosphat und Glycerinaldehyd-3-phosphat gespalten wird.

Zwischen diesen beiden C_3-Körpern stellt sich ebenfalls ein Gleichgewicht ein. Da jedoch nur Glycerinaldehyd-3-phosphat in die nachfolgenden Reaktionen eingeht, wird es ständig aus Dihydroxyacetonphosphat nachgebildet. Vereinfacht lassen sich die Reaktionsschritte bis dahin folgendermaßen darstellen:

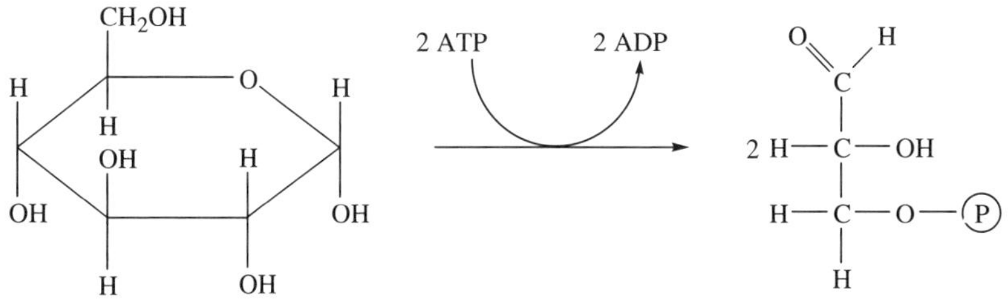

Glucose   Glycerinaldehyd-3-phosphat

Glycerinaldehyd-3-phosphat wird anschließend unter Bildung von ATP und NADH/H^+ zu Glycerinsäure-3-phosphat oxidiert:

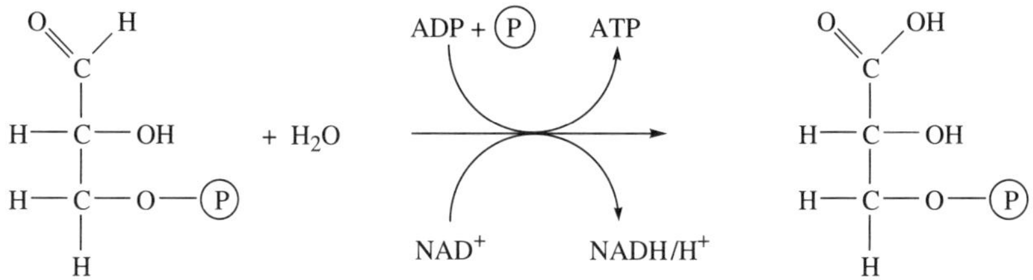

Glycerinaldehyd-3-phosphat   Glycerinsäure-3-phosphat

Nach einer Isomerisierung und nachfolgender Wasserabspaltung entsteht Phosphoenolbrenztraubensäure, die unter nochmaligem ATP-Gewinn über Enolbrenztraubensäure zu Brenztraubensäure reagiert:

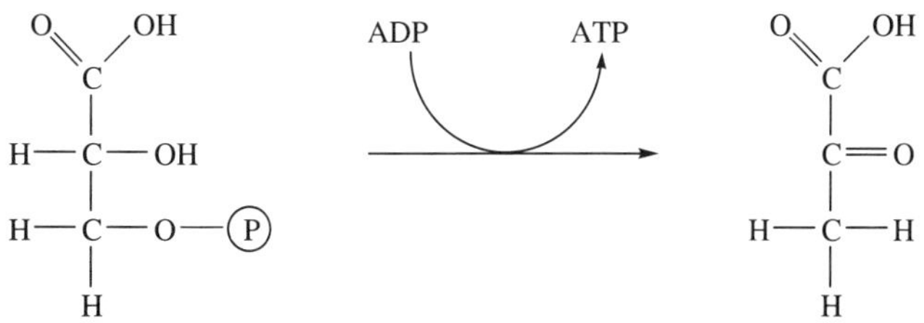

Glycerinsäure-3-phosphat   Brenztraubensäure

2.2.1 Bei der **alkoholischen Gärung** z. B. wird Brenztraubensäure zu Ethanal decarboxyliert. Anschließend wird der Wasserstoff des NADH/H+ enzymatisch katalysiert auf Ethanal übertragen, wobei dieses zu Ethanol reduziert wird:

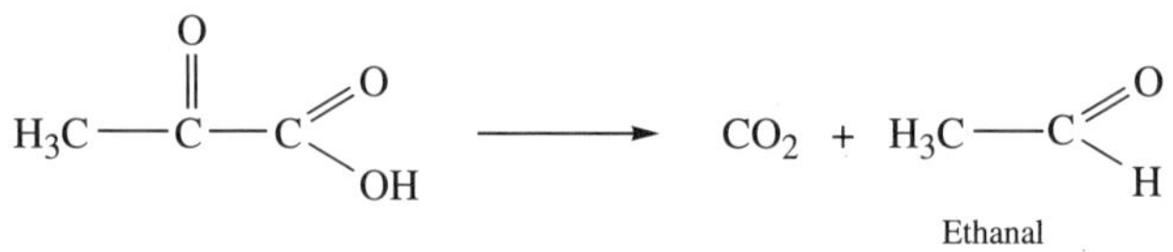

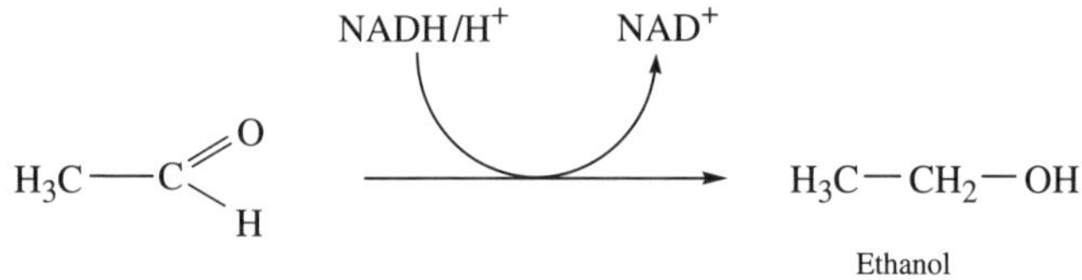

NAD^+ dient in der Glykolyse bei der Oxidation des Glycerinaldehyd-3-phosphats als Wasserstoffakzeptor, dabei wird es zu $NADH/H^+$ reduziert. Da der Zelle nicht unbegrenzte Mengen an NAD^+ zur Verfügung stehen, muss dieses in dem oben beschriebenen Stoffwechselschritt wieder zurückgebildet werden.

2.2.2 Der **aerobe** Abbau der Brenztraubensäure erfolgt in folgenden Schritten:

- **oxidative Decarboxylierung** der Brenztraubensäure und Bildung von Acetyl-CoA: Unter Bildung von $NADH/H^+$ und Abspaltung von Kohlenstoffdioxid wird Brenztraubensäure in einen **Acetylrest** (C_2-Körper) übergeführt, der, an das Coenzym A gebunden, in den Citronensäurezyklus eingeschleust wird.

- **Citronensäurezyklus:**
  Unter Bildung von Citronensäure wird der Acetylrest an Oxalessigsäure gebunden. In einem Kreisprozess
  - wird das Kohlenstoffgerüst des eingeschleusten C_2-Körpers in zwei Decarboxylierungsschritten abgebaut
  - werden pro mol C_2-Körper **drei** mol $NADH/H^+$ und **ein** mol $FADH_2$ und **ein** mol GTP gebildet
  - wird Oxalessigsäure zurückgebildet.

- **Atmungskette:**
  In der Atmungskette wird der in $NADH/H^+$ bzw. $FADH_2$ gebundene Wasserstoff in der Bilanz auf Sauerstoff übertragen, wobei Wasser entsteht. Die Coenzyme werden dabei oxidiert und stehen für erneute Wasserstoffaufnahme zur Verfügung. Die Atmungskette besteht aus einer Reihe hintereinander geschalteter Redoxsysteme. Während über die ersten Redoxsysteme Wasserstoff transportiert wird, sind die nachgeschalteten Systeme nur zu einem Elektronentransport in der Lage. Es kommt zu einer Aufspaltung der Wasserstoffatome in Protonen und Elektronen, wobei letztere über die Redoxkette weitergeleitet werden. Schließlich gelangen die Elektronen zum Sauerstoff, der sie aufnimmt. Die entstehenden Oxidionen vereinigen sich mit den Protonen zu Wasser.
  Sowohl der Wasserstoff- als auch der Elektronentransport erfolgen in einer „Bergabreaktion" von einem hohen auf ein niedrigeres Energieniveau. Diese schrittweise Freisetzung von Energie ist mit der endergonischen Bildung von ATP gekoppelt (**Atmungskettenphosphorylierung**). Bei der Oxidation von einem mol $NADH/H^+$ werden **drei** mol ATP, aus einem mol $FADH_2$ **zwei** mol ATP gebildet.

3.1 Die verstärkte Nutzung nachwachsender Energieträger ist vorteilhaft, da

- bei der Verbrennung nachwachsender Energieträger nur soviel Kohlenstoffdioxid an die Luft abgegeben wird, wie (relativ kurze Zeit vorher) beim Aufbau im Zuge der Fotosynthese verbraucht wurde. Auch ist die Produktion und Verwendung von aus Biomasse gewonnenen Energieträgern weniger umweltbelastend.
- fossile Ressourcen dabei geschont werden.

3.2 Stärkehaltige, pflanzliche Rohmaterialien können zur Herstellung von so genanntem **Bioethanol** genutzt werden.
Dazu werden diese durch Amylase in vergärbare Zuckermoleküle gespalten. Der Zucker wird durch Hefepilze vergoren, wobei Kohlenstoffdioxid und Alkohol (12 – 15 %) entstehen. Der Alkohol wird durch Destillation angereichert.
(Setzt man bestimmte Bakterienstämme ein, ist es möglich, höhere Alkoholkonzentrationen beim Gärprozess zu erzielen und Zucker als Ausgangsstoffe zu nutzen, die von Hefen nicht vergoren werden können.)
Der gewonnene Bioalkohol kann als Energieträger genutzt werden, z. B. als Kraftstoff für Motoren.

Grundkurs Chemie (Bayern): Abiturprüfung 2000
Aufgabe IV

BE

1 p-Hydroxyazobenzol ist eine orangefarbene Verbindung folgender Struktur:

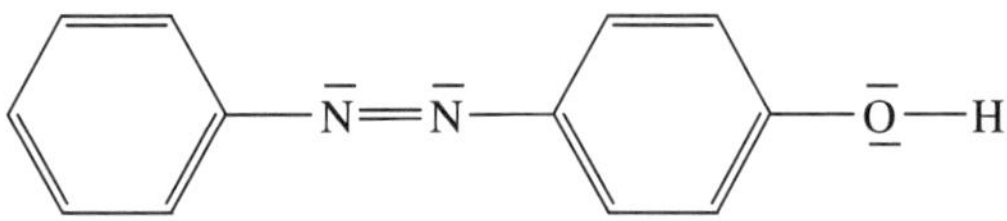

1.1 Erläutern Sie die Schritte zur Synthese dieses Farbstoffs und formulieren Sie die zugehörigen Reaktionsgleichungen! 7

1.2 Erklären Sie die Bedeutung der verschiedenen Molekülteile für die Farbigkeit dieser Verbindung! 7

2 Wasser und Kohlenstoffdioxid sind die Ausgangsstoffe der Fotosynthese grüner Pflanzen.

2.1 Erläutern Sie ein Experiment, mit dem die Herkunft des bei der Fotosynthese gebildeten Sauerstoffs geklärt werden konnte und formulieren Sie eine Gesamtgleichung der Fotosynthese, die diesem Ergebnis Rechnung trägt! 4

2.2 Im Rahmen der Dunkelreaktionen der Fotosynthese wird Kohlenstoffdioxid an den C_5-Körper Ribulosebisphosphat gebunden. In einem Experiment werden fotosynthetisch aktive Algen ab dem Zeitpunkt t_0 abgedunkelt.
Interpretieren Sie die in der folgenden Grafik dargestellten Änderungen der Konzentrationen

a) von Ribulosebisphosphat und
b) von Glycerinsäure-3-phosphat! 7

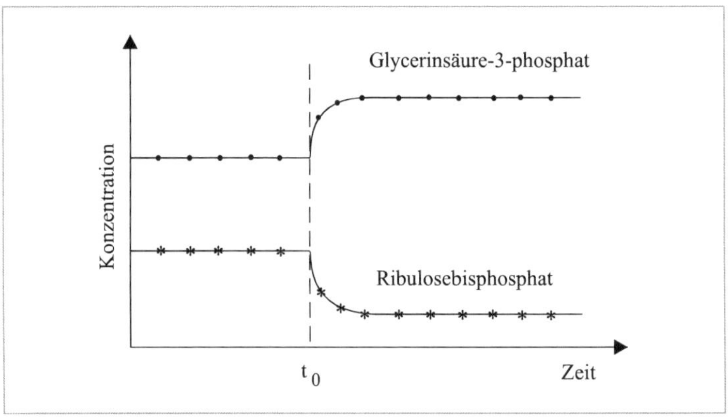

3 Die Moleküle von Ethanol und Ethansäure enthalten jeweils eine Hydroxygruppe.

3.1 Die beiden Verbindungen unterscheiden sich deutlich in ihrer Acidität. Erklären Sie diesen Befund! Stellen Sie dabei mesomere Strukturen durch ihre Grenzformeln dar! 6

3.2 Ethanol und Ethansäure können miteinander reagieren. Formulieren Sie die Reaktionsgleichung, benennen Sie das organische Produkt und erläutern Sie eine Möglichkeit, die Ausbeute an diesem organischen Produkt zu erhöhen! 5

4 Aminosäuren sind die Bausteine der Peptide und Proteine.

4.1 Begründen Sie die bei Raumtemperatur unterschiedlichen Aggregatzustände von Aminoethansäure (Glycin) und einer Carbonsäure annähernd gleicher Molekülmasse! 4

4.2. Glycin liegt in einer stark angesäuerten Lösung vor. Ihr wird Lauge bis zur alkalischen Reaktion zugetropft. Formulieren Sie die ablaufenden Reaktionen mit Strukturformeln! 3

4.3 Definieren Sie den Begriff isoelektrischer Punkt (IEP)! 2

4.4 Ein Gemisch aus Asparaginsäure (2-Aminobutandisäure; IEP = 2,9) und Alanin (2-Aminopropansäure; IEP = 6,1) wird bei pH = 6,1 elektrophoretisch getrennt. Erläutern Sie die Grundlagen dieser Trennung! 3

4.5 Formulieren Sie die Strukturformel-Gleichung für die Bildung eines Dipeptids aus Alanin und Asparaginsäure! 2

50

Lösung

1.1 Anilin reagiert mit salpetriger Säure – die während der Umsetzung aus Natriumnitrit und Salzsäure freigesetzt wird – zum entsprechenden Diazoniumsalz (**Diazotierung**):

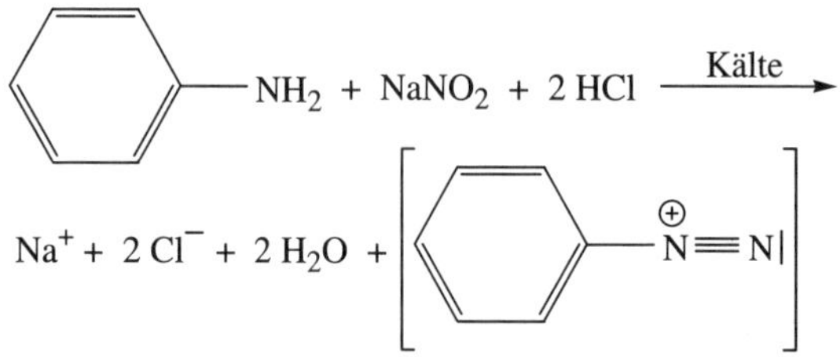

In **eisgekühlter** Lösung (Zurückdrängung der Zersetzung des Diazoniumsalzes unter Stickstoffabspaltung) wird die Kupplung zwischem dem Diazoniumsalz und der Kupplungskomponente – hier Phenol – durchgeführt (**Azokupplung**):

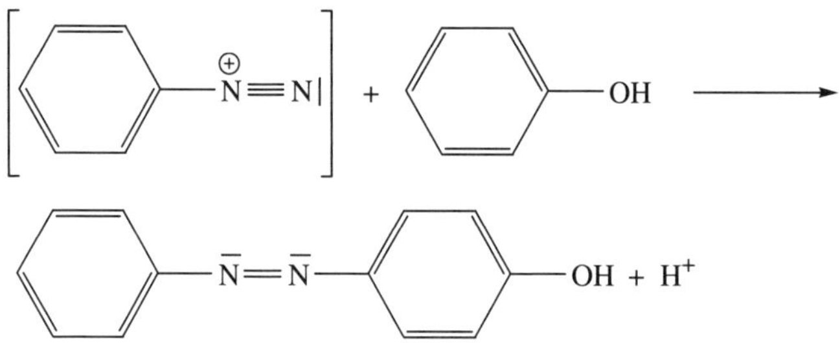

1.2 Eine Verbindung erscheint farbig, wenn sie aus dem kontinuierlichen Spektrum des sichtbaren Lichts bestimmte Wellenlängenbereiche absorbieren kann.

Atomgruppen, die für die Lichtabsorption und somit für die Farbgebung verantwortlich sind, werden als **chromophore Gruppen** bezeichnet. Hierbei handelt es sich um ungesättigte Gruppen, die allerdings einer Verbindung erst dann Farbigkeit verleihen, wenn mehrmals die gleiche oder mehrere verschiedene in einer Verbindung so angeordnet sind, dass sich ein ausgedehntes **mesomeres π-Elektronensystem** bilden bilden kann. Die farbgebende Gruppierung wir auch **Chromophor** genannt.
Im angegebenen Farbstoff erstreckt sich die chromophore Gruppe über die beiden Benzolkerne und die Azogruppierung.
Durch die Delokalisation der π-Elektronen wird die zur Anregung dieser Elektronen notwendige Energie soweit erniedrigt, dass schon sichtbares Licht zur Anregung ausreicht.
Auxochrome sind Gruppen mit freien Elektronenpaaren wie hier z. B. die OH-Gruppe.
Ein freies Elektronenpaar kann mit dem delokalisierten π-Elektronensystem des Chromophors in Wechselwirkung treten (+M-Effekt), wodurch die Delokalisation der π-Elektronen noch verstärkt wird. Die Energiedifferenz zwischen dem Grundzustand und angeregten Zuständen wird geringer, sodass auch langwelligeres Licht zur Anregung ausreicht und es zu einer Farbvertiefung kommt (**bathochromer Effekt**).

2.1 Mithilfe der **Tracer-Methode** konnte die Herkunft des fotosynthetisch freigesetzten Sauerstoffs aufgeklärt werden. Man verwendete Kohlenstoffdioxid bzw. Wasser, das anstelle des „normalen" Sauerstoffisotops ^{16}O das schwerere, **radioaktive** Isotop ^{18}O enthielt.

„Markiert" man auf diese Weise den Sauerstoff des Kohlenstoffdioxids, so befindet sich das Isotop ^{18}O sowohl in den Kohlehydraten als auch im bei der Fotosynthese gebildeten Wasser.

Markiert man den Sauerstoff des Wassers, so enthält **ausschließlich** der freiwerdende Sauerstoff das ^{18}O-Isotop.

Der bei der Fotosynthese freiwerdende Sauerstoff stammt somit aus dem Wasser.

Um diesem Ergebnis Rechnung zu tragen, muss man bei der Gesamtgleichung von so viel Wasser (12 mol) ausgehen, dass daraus der als ein Reaktionsprodukt auftretende Sauerstoff (6 mol) gebildet werden kann:

$$6\,CO_2 + 12\,H_2O^* \xrightarrow{\text{Licht, Chlorophyll}} C_6H_{12}O_6 + 6\,O^*_2 + 6\,H_2O$$

(* bezeichnet das Isotop ^{18}O)

2.2 Wenn zum Zeitpunk t_0 abgedunkelt wird, kann ab diesem Zeitpunkt die Lichtreaktion nicht mehr ablaufen. Die Pflanze kann damit in der Lichtreaktion kein ATP und kein $NADPH/H^+$ mehr herstellen. Sind die Reserven an diesen Stoffen verbraucht, so kann Glycerinsäure-3-phosphat nicht mehr in Glycerinaldehyd-3-phosphat überführt werden. Die Konzentration von Glycerinsäure-3-phosphat steigt folglich an.

Ribulosebisphosphat bindet Kohlenstoffdioxid zu einem instabilen C_6-Körper, der in zwei Moleküle Glycerinsäure-3-phosphat zerfällt. Die Konzentration von Ribulosebisphosphat sinkt, da es zunächst noch bei der Bindung des Kohlenstoffdioxids verbraucht wird, andererseits seine Nachbildung, die über Glycerinaldehyd-3-phosphat verläuft, aber unterbrochen ist.

3.1 Die Acidität des Ethanols ist deutlich geringer als die von Ethansäure.

Die Acidität der Ethansäure ist darauf zurückzuführen, dass

- der –I-Effekt der Carbonylgruppe zu einer verstärkten **Polarisierung** der Hydroxylgruppe führt,
- das Ethanation in stärkerem Maße mesomeriestabilisiert ist als die Ethansäure.

Mesomere Grenzstrukturen:

Ethanation:

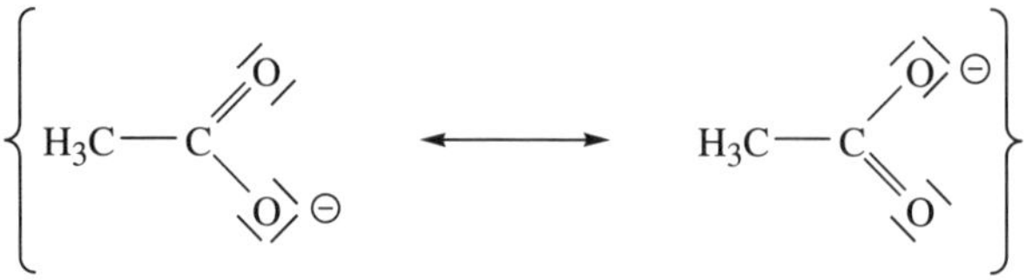

Ethansäure:

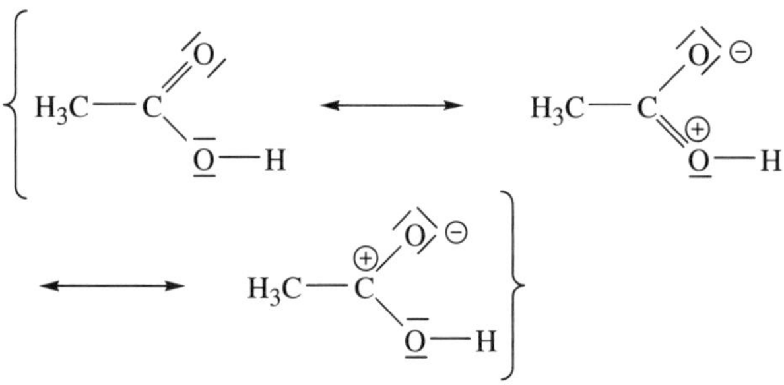

Da beim Ethanol weder eine verstärkte Polarisierung der O–H-Bindung auftritt, noch das Ethanolation mesomeriestabilisiert ist, ist die Acidität des Ethanols sehr gering.

3.2 Ethansäure reagiert mit Ethanol in säurekatalysierter Reaktion zu Ethansäureethylester.

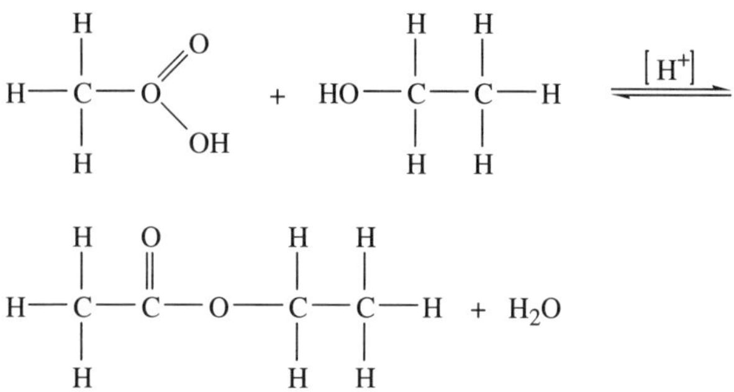

Ethansäureethylester

Nach dem Prinzip des kleinsten Zwanges gibt es folgende Möglichkeiten, die Lage des Gleichgewichts nach rechts zu verschieben:

- Erhöhung der Konzentration eines Ausgangsstoffs
- Erniedrigung der Konzentration eines Endprodukts, z. B. durch Abdestillieren des Esters oder Bindung des Wassers durch Schwefelsäurezusatz

4.1 Während Glycin (Aminoethansäure) fest ist, ist die Carbonsäure flüssig.
Die Aminosäure Glycin liegt in zwitterionischer Struktur vor.

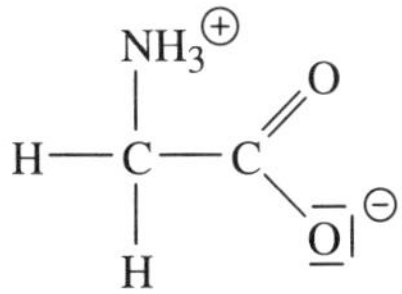

Zwitterion des Glycins

Im Kristallgitter wirken zwischen den Zwitterionen recht starke elektrostatische Anziehungskräfte (**salzartiger Charakter**), die die Zwitterionen an ihren Gitterplätzen halten.
Die zwischen den Molekülen einer Carbonsäure wirkenden van-der-Waals'schen Anziehungskräfte und Wasserstoffbrückenbindungen sind schwächer und können die Moleküle nicht an festen Plätzen halten; eine Carbonsäure vergleichbarer Molekülmasse ist daher flüssig.

4.2 In stark saurer Lösung liegt Glycin als Kation vor. Wird Lauge zugetropft, so entstehen Zwitterionen, die bei weiterer Laugenzugabe zunehmend in Anionen übergehen:

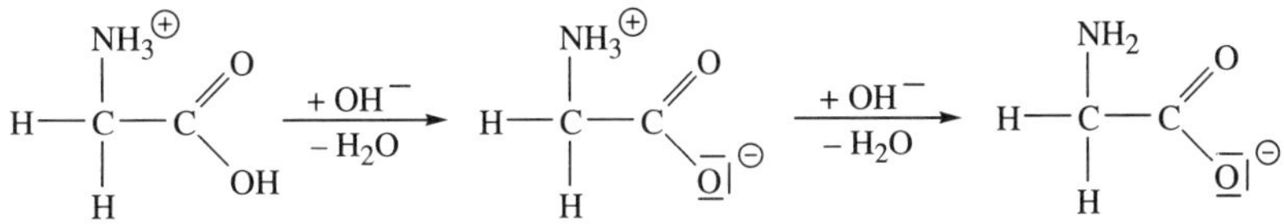

Kation Zwitterion Anion

4.3 Der **isoelektrische Punkt** einer Aminosäure ist der pH-Wert, an dem die Aminosäure in maximaler Konzentration als **Zwitterion** vorliegt.

4.4 Die Asparaginsäure hat ihren isoelektrischen Punkt bei 2,9, also im stark Sauren. Da die Lösung mit pH = 6,1 aber weniger sauer ist, liegt die Asparaginsäure überwiegend als Anion vor, die im Gleichspannungsfeld zur Anode wandert. Alanin liegt bei einem pH-Wert von 6,1, der genau ihrem IEP entspricht, überwiegend als Zwitterion vor, das im Gleichspannungsfeld nicht wandert.

4.5

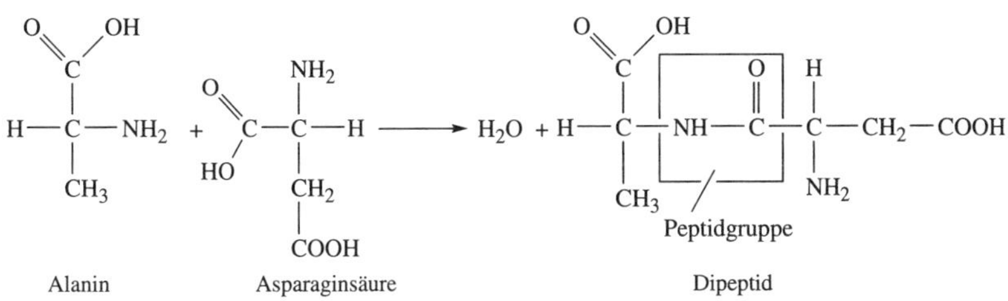

Alanin Asparaginsäure Dipeptid

Grundkurs Chemie (Bayern): Abiturprüfung 2001
Aufgabe I

BE

1 Für das Dichlormethan werden in Büchern folgende Strukturformeln verwendet:

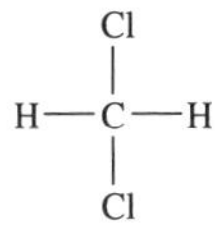

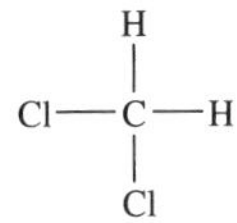

1.1 Entscheiden Sie, ob die beiden Formeln Konfigurationsisomere beschreiben und begründen Sie Ihre Entscheidung unter Mitverwendung einer Skizze! 5

1.2 Beschreiben Sie, ausgehend vom Hybridisierungszustand des Kohlenstoff-Atoms auf der Grundlage des Orbitalmodells, die Bindungsverhältnisse im Dichlormethan-Molekül! 5

1.3 Vergleichen Sie die Siedetemperaturen von Methan und Dichlormethan und begründen Sie den Unterschied! 5

2 Der Verlauf der Fehling-Probe liefert einen wichtigen Hinweis für die Aufklärung von Molekülstrukturen.

2.1 Die Hydrolyse eines Trisaccharids liefert D-Glucose, D-Galactose und D-Fructose; die Fehling-Probe mit diesem Trisaccharid führt zu keinem Farbwechsel. Das Molekül der Galactose unterscheidet sich vom Glucose-Molekül durch die Stellung der Hydroxy-Gruppe am C^4-Atom und liegt wie Glucose in der Sechsring-Form (Pyranose-Form) vor.

2.1.1 Schlagen Sie eine Struktur für dieses Trisaccharid-Molekül vor und zeichnen Sie die entsprechende Haworth-Projektionsformel! 6

2.1.2 Auch mit dem Hydrolysat wird die Fehling-Probe durchgeführt. Benennen Sie die dafür verwendeten Stoffe! Beschreiben Sie die Durchführung und erläutern Sie das Ergebnis dieses Versuchs! 5

2.2 Vergleichen und erklären Sie unter Mitverwendung von Strukturformeln die Ergebnisse der Fehling-Proben mit Propanal, Propanon (Aceton) und Hydroxypropanon! 8

3 Für die Herstellung von Verpackungsmaterial empfiehlt sich die Verwendung biologisch abbaubarer Kunststoffe, zu denen die Polymilchsäure (Poly-2-Hydroxypropansäure) gehört.

3.1 Das Monomer kann mithilfe von Mikroorganismen aus Glucose hergestellt werden. Zeigen Sie unter Mitverwendung von Strukturformeln den Weg auf, der von der Glucose zur Milchsäure führt!
Für die beteiligten Coenzyme (Cofaktoren) ist die übliche Kurzschreibweise zu verwenden. 8

3.2	Formulieren Sie einen charakteristischen Strukturformelausschnitt aus dem Molekül (Repetiereinheit) der Polymilchsäure und nennen Sie die Stoffklasse, zu der dieser Kunststoff gehört!	4
3.3	Erläutern Sie ökologische Vorteile der Verwendung von Polymilchsäure!	4
		50

Lösung

1.1 Konfigurationsisomere unterscheiden sich in der Anordnung der Atome im dreidimensionalen Raum.
Die angegebenen Strukturformeln beschreiben keine verschiedenen Konfigurationen des Dichlormethans. Sie geben als Projektionsformeln vielmehr den tetraedrischen Molekülbau wieder:

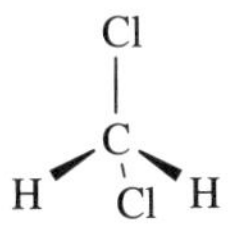

Projektionsformel:

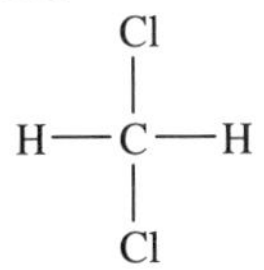

Zu der Projektionsformel gelangt man, wenn man sich das zentrale C-Atom und das oben liegende Cl-Atom **in** der Papierebene denkt. Die **vor** der Papierebene liegenden H-Atome werden in der Projektionsformel mit waagrechten Bindungsstrichen, das dahinter liegende Cl-Atom mit einem senkrechten Strich mit dem C-Atom verbunden.
Dreht man das gesamte oben skizzierte Molekül um 120° nach rechts, so ergibt sich folgende Projektionsformel:

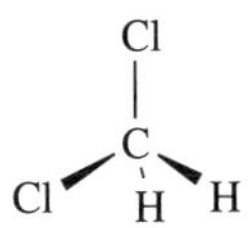

Projektionsformel:

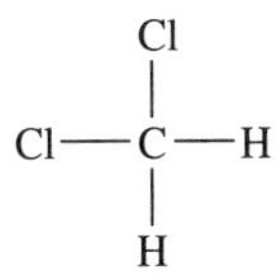

Obwohl sich die Projektionsformeln also unterscheiden, beschreiben sie das **gleiche** Molekül.
Wäre das zentrale C-Atom asymmetrisch, d. h. würde es vier verschiedene Atome binden, so gäbe es von einem solchen chiralen Molekül zwei Isomere, die sich wie Bild und Spiegelbild voneinander unterscheiden (Spiegelbildisomerie).

1.2 Das Kohlenstoffatom ist sp^3-hybridisiert. Die 2 σ-Bindungen zu den Wasserstoffatomen kommen durch Überlappung je eines sp^3-Hybridorbitals mit einem s-Orbital des Wasserstoffs, die zu den Chloratomen durch Überlappung je eines sp^3-Hybridorbitals mit dem einfach besetzten p-Orbital des Chlors zustande.

1.3 Während Methan ein unpolares Molekül ist, zeigt Dichlormethan Dipolcharakter. Dies ist darauf zurückzuführen, dass die C–H- und C–Cl-Bindungen aufgrund der verschiedenen Elektronegativitäten von Wasserstoff (2,1) und Chlor (3,0) unterschiedliche Polaritäten besitzen. Da zwischen unpolaren Molekülen schwächere zwischenmolekulare Kräfte (van-der-Waals'sche Anziehungskräfte) wirken als zwischen Dipolmolekülen (Dipol-Dipol-Wechselwirkungen) hat Methan den niedrigeren Siedepunkt.

2.1.1 Da die Fehling-Probe negativ ausfällt, handelt es sich um ein **nichtreduzierendes** Disaccharid. Diese Eigenschaft ist daran geknüpft, dass sämtliche anomere Kohlenstoffatome der Monosaccharidbausteine an den glykosidischen Bindungen beteiligt sind. Bei Glucose und Galactose ist das anomere C-Atom jeweils C^1, bei der Fructose C^2.

Sind diese C-Atome an den glykosidischen Bindungen beteiligt, so ist bei keinem Monosaccharid-Baustein eine Ringöffnung möglich (was mit der Ausbildung einer leicht oxidierbaren Aldehydgruppe verbunden wäre).
Ein nichtreduzierendes Trisaccharid resultiert z. B. wenn Galactose 1,4-α-glykosidisch mit Glucose, und diese wiederum 1,2-α,β-glykosidisch mit Fructose verknüpft wird:

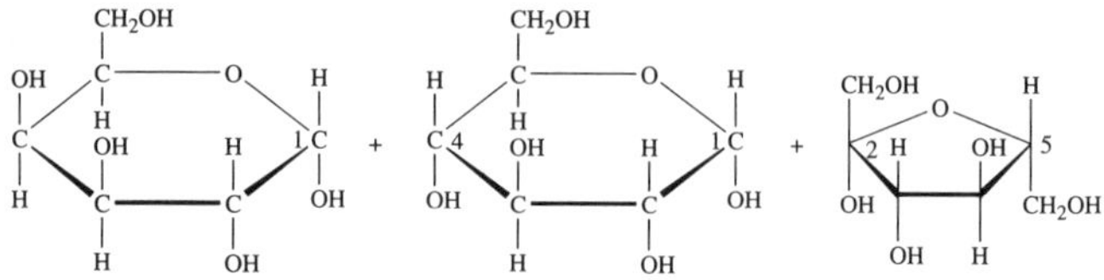

α-D-Galactopyranose α-D-Glucopyranose β-D-Fructofuranose

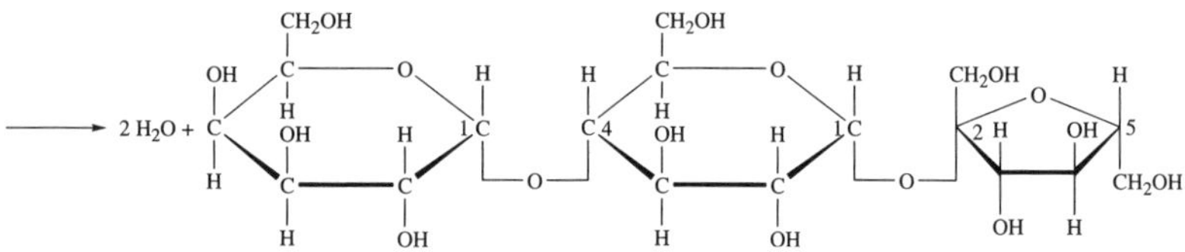

2.1.2 Bei der Fehling-Probe gibt man die Fehling'schen Lösungen I (Kupfer(II)-Sulfatlösung) und II (Lösung von Natriumhydroxid und des organischen Salzes Natriumkaliumtartrat, dessen Anionen Cu^{2+}-Ionen komplex binden können) zusammen. Es entsteht ein tiefblauer Kupferkomplex. Setzt man das neutralisierte Hydrolysat zu und erhitzt, so kommt es zu einer **Rotbraunfärbung** durch ausfallendes Kupfer(I)-oxid.
Da nach der Hydrolyse Gleichgewichtsgemische der verschiedenen Monosaccharide vorliegen, in denen auch offenkettige Moleküle mit oxidierbarer Aldehydgruppe vorkommen, fällt die Probe positiv aus.
Bei der positiven Fehling-Probe werden die Cu^{2+}-Ionen der Fehling'schen Lösung zu Kupfer der Oxidationsstufe +I im Kupfer(I)-oxid reduziert und dabei die Aldehydgruppe der Glucose zur Carboxylgruppe **oxidiert**.

2.2 Die Fehling-Proben verlaufen mit Propanal und Hydroxypropanon positiv, mit Propanon negativ.
Propanal, ein Aldehyd, wird bei der Reaktion unter Abspaltung von Wasserstoff zu Propansäure oxidiert:

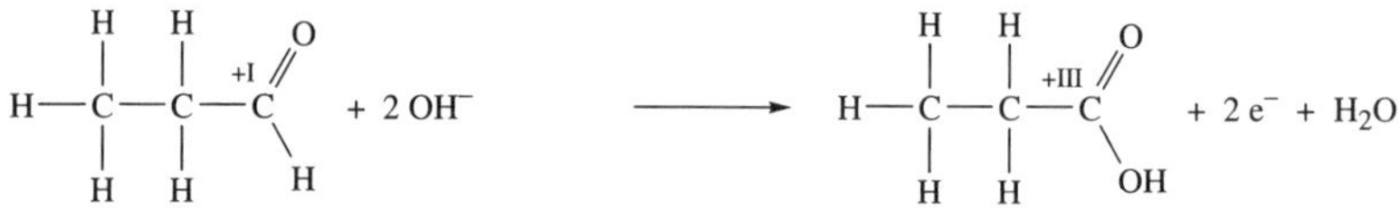

$$2\,\overset{+II}{Cu^{2+}} + 2\,OH^- + 2\,e^- \longrightarrow \overset{+I}{Cu_2}O + H_2O$$

$$H_3C-CH_2-CHO + 2\,Cu^{2+} + 4\,OH^- \longrightarrow H_3C-CH_2-COOH + Cu_2O + 2\,H_2O$$

Hydroxypropanon lagert sich über die Endiolform (Keto-Endiol-Tautomerie) in 2-Hydroxypropanal um, dessen Aldehydgruppe dann ebenfalls oxidiert werden kann:

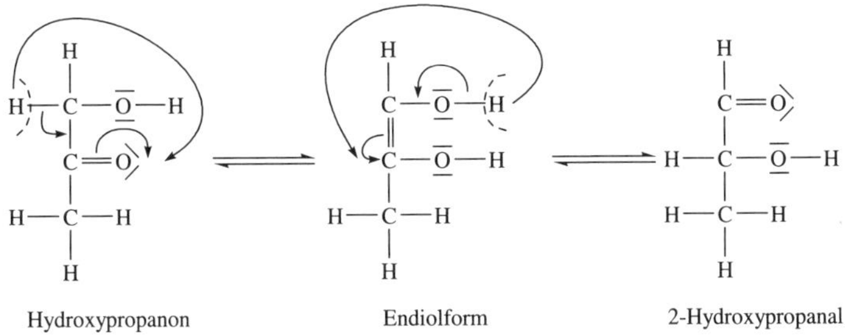

Bei Propanon ist weder eine Wasserstoffabspaltung noch eine Umwandlung in ein Molekül mit einer Aldehydgruppe möglich; es ist folglich nicht oxidierbar.

3.1 Milchsäure wird beim Glucoseabbau durch Milchsäurebakterien hergestellt. Dabei wird zunächst die Glykolyse durchlaufen, wobei Brenztraubensäure entsteht. In einem anschließenden Reaktionsschritt wird dann Brenztraubensäure in Milchsäure überführt, die die Bakterien ausscheiden.

Glykolyse:
Glucose wird unter ATP-Verbrauch in Glucose-6-phosphat überführt, das zu Fructose-6-phosphat isomerisiert wird. Dieses reagiert unter erneutem ATP-Verbrauch zu Fructose-1,6-diphosphat, welches in einer Gleichgewichtsreaktion in Dihydroxyacetonphosphat und Glycerinaldehyd-3-phosphat gespalten wird.
Zwischen diesen beiden C3-Körpern stellt sich ebenfalls ein Gleichgewicht ein. Da jedoch nur Glycerinaldehyd-3-phosphat in die nachfolgenden Reaktionen eingeht, wird es ständig aus Dihydroxyacetonphosphat nachgebildet. Vereinfacht lassen sich die Reaktionsschritte bis dahin folgendermaßen darstellen:

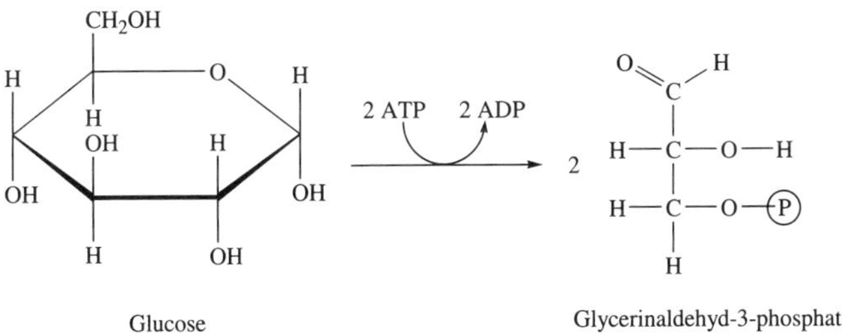

Glycerinaldehyd-3-phosphat wird anschließend unter Bildung von ATP und NADH/H$^+$ zu Glycerinsäure-3-phosphat oxidiert:

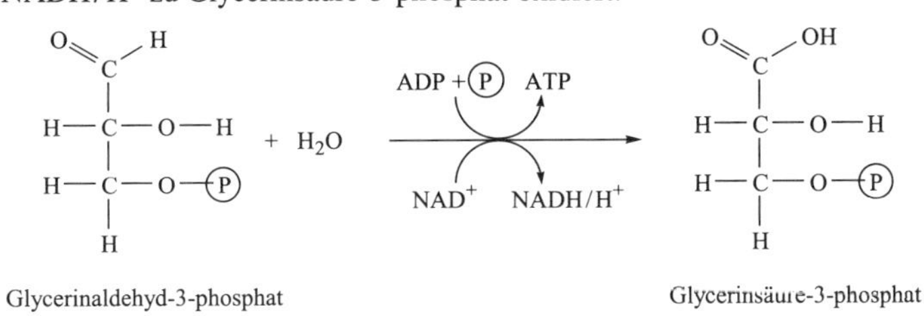

Nach einer Isomerisierung und nachfolgender Wasserabspaltung entsteht Phosphoenolbrenztraubensäure, die unter nochmaligem ATP-Gewinn über Enolbrenztraubensäure zu Brenztraubensäure reagiert:

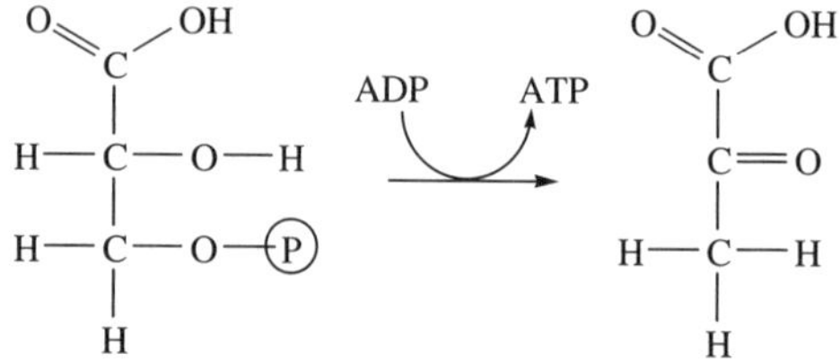

Glycerinsäure-3-phosphat Brenztraubensäure

Milchsäurebildung:
Unter Oxidation des in der Glykolyse gebildeten $NADH/H^+$ zu NAD^+ wird die Brenztraubensäure zu Milchsäure reduziert:

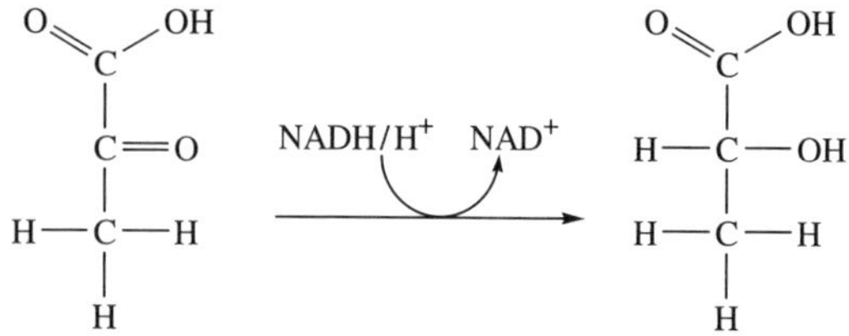

Brenztraubensäure Milchsäure

3.2 In einer **Kondensationsreaktion** treten die bifunktionellen Milchsäuremoleküle unter Wasserabspaltung zu einem Polyester zusammen:

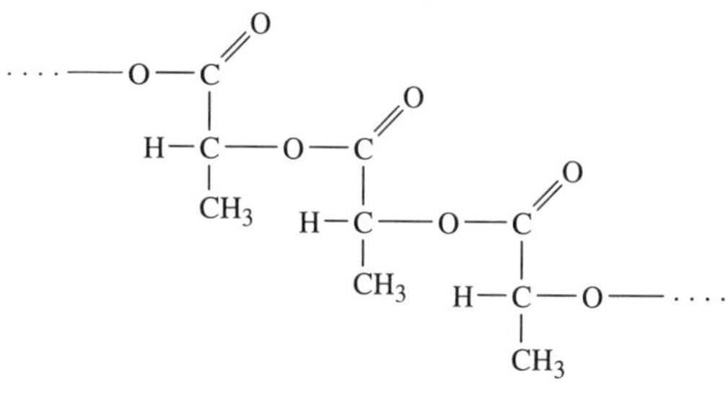

3.3 Als Ausgangsstoff zur Herstellung von Polymilchsäure wird Milchsäure verwendet, die beim Kohlenstoffhydratabbau durch Milchsäurebakterien entsteht. Durch den Einsatz eines solchen „nachwachsenden Rohstoffs" können z. B. Erdölressourcen, die die Ausgangsstoffe zur Herstellung vieler Kunststoffe liefern, geschont werden.
Ein weiterer ökologischer Vorteil liegt darin, dass Abfälle der Polymilchsäure leicht und vollständig **biologisch abbaubar** sind.

Grundkurs Chemie (Bayern): Abiturprüfung 2001
Aufgabe II

BE

1 Bei der Reaktion von Calciumcarbid mit Wasser entsteht ein brennbares Gas, in dessen Molekül gleich viele Wasserstoff- und Kohlenstoff-Atome gebunden sind. Als molare Masse wird 26,0 g · mol^{-1} ermittelt.

1.1 Beschreiben Sie den Molekülbau dieses Gases! Erläutern Sie auf der Grundlage des Orbitalmodells unter Mitverwendung einer Skizze die im Molekül vorliegende C,C-Bindung! 4

1.2 Leitet man dieses Gas durch eine wässrige Lösung von Brom, so erfolgt eine Entfärbung. Dabei entstehen zwei Zwischenprodukte mit der molaren Masse 185,8 g · mol^{-1}, die sich in ihren Siedetemperaturen unterscheiden, und ein Endprodukt mit der molaren Masse 345,6 g · mol^{-1}.

1.2.1 Formulieren Sie mit Strukturformeln die Gleichungen der Reaktionen und benennen Sie die Zwischenprodukte und das Endprodukt! 4

1.2.2 Erläutern Sie die bei den Zwischenprodukten vorliegende Isomerieform und deren Ursache! 3

2 Für die „Blume“ (Duftnote) des Weines ist u. a. ein Vollacetal verantwortlich. Es bildet sich, da Sauerstoff in Spuren durch den Korken in die Flasche eindringt und Ethanol in geringem Umfang zum Ethanal oxidiert. Ethanal und Ethanol reagieren unter der katalytischen Wirkung von Fruchtsäuren miteinander. Dabei kommt es zunächst zu einer Addition. Das Molekül des Zwischenprodukts (Halbacetal) reagiert in einer Kondensation mit einem weiteren Alkohol-Molekül zu einem so genannten Vollacetal-Molekül. Formulieren Sie für die ablaufenden Reaktionen die Strukturformelgleichungen! 6

3 Bei Alkoholtests im Zuge von Verkehrskontrollen wurden Alcotest-Röhrchen verwendet. Mit alkoholhaltiger Atemluft erfolgt ein Farbumschlag der Füllung von Orange nach Grün, der auf der Reduktion von Dichromat-Ionen ($Cr_2O_7^{2-}$) zu Chrom(III)-Ionen in saurem Milieu beruht; dabei wird der Alkohol zunächst zum Aldehyd oxidiert. Formulieren Sie die Teilgleichungen für Oxidation und Reduktion und fassen Sie beide zu einer Gesamtgleichung zusammen! 5

4 Fette und fette Öle sind wichtige biologische Energiespeicher.

4.1 Das Molekül eines Reinstoffes, der aus einem natürlichen Fett gewonnen wurde, wird mit der Formel $C_3H_5(C_{16}H_{31}O_2)(C_{18}H_{33}O_2)_2$ beschrieben.

4.1.1 Erstellen Sie eine Strukturformel des Fett-Moleküls! 3

4.1.2 Begründen Sie den bei Raumtemperatur flüssigen Aggregatzustand dieses Fettes! 4

4.2 An eine Portion dieses Fettes wird in Anwesenheit eines geeigneten Katalysators die doppelte Stoffmenge Wasserstoff addiert. Erläutern Sie die sich abspielende chemische Reaktion, ihre Folge und ihre wirtschaftliche Bedeutung! 4

5 Im Polarimeter wird eine wässrige Lösung von L-Alanin (L-2-Aminopropansäure) untersucht. Als Drehwinkel wird +8,5° ermittelt.

5.1 Geben Sie an, was man unter „optischer Aktivität“ versteht und begründen Sie unter Mitverwendung einer Strukturformel die optische Aktivität der Lösung von L-Alanin! 3

5.2 Geben Sie den Drehwinkel einer gleich konzentrierten Lösung von D-Alanin an, die unter gleichen Bedingungen untersucht wird und begründen Sie Ihre Aussage! 2

5.3 Im Polarimeter wird die L-Alanin-Lösung durch eine Lösung von Glycin (Aminoethansäure) ersetzt und die optische Aktivität untersucht. Erklären Sie den Befund! 2

6 Polysaccharide und Eiweißstoffe sind wichtige makromolekulare Naturstoffe.

6.1 Zwei Polysaccharide mit unverzweigten Molekülen liefern bei der Hydrolyse ausschließlich D-Glucose, unterscheiden sich in ihren Eigenschaften jedoch wesentlich.
Vergleichen Sie unter Mitverwendung von Strukturformelausschnitten die beiden Kohlenstoffhydrat-Moleküle und geben Sie die biologische Bedeutung der beiden Polysaccharide an! 6

6.2 Bestimmte Eiweißstoffe, die Keratine, besitzen höhere Molekülstrukturen, die der Struktur eines der unter Nr. 6.1 beschriebenen Polysaccharide ähnlich sind. Erläutern Sie unter Mitverwendung eines kennzeichnenden Strukturformelausschnitts, wie die Raumstruktur der Keratine stabilisiert wird! 4

50

Lösung

1.1 Bei der Reaktion von Calciumcarbid mit Wasser entsteht Ethin. Ethin ist linear gebaut, die Bindungswinkel im Molekül betragen 180 °.
Die Kohlenstoffatome des Ethins sind sp-hybridisiert. Die beiden sp-Hybridorbitale sind linear angeordnet. Die C–H-σ-Bindungen entstehen durch Überlappung je eines sp-Hybridorbitals mit einem s-Orbital des Wasserstoffs, bei der C–C-σ-Bindung überlappen zwei sp-Hybridorbitale.
Von den insgesamt vier an der Hybridisierung nicht beteiligten, einfach besetzten p-Orbitalen überlappen je zwei parallel zueinander stehende unter Ausbildung zweier spiegelsymmetrischer π-Bindungen:

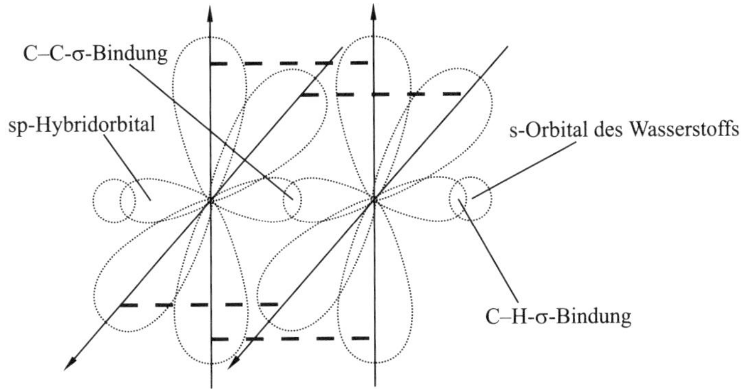

— — symbolisiert Überlappung parallel stehender p-Orbitale

1.2.1 Im ersten Reaktionsschritt entsteht 1,2-Dibromethen. Eine weitere Addition von Brom liefert 1,1,2,2-Tetrabromethan:

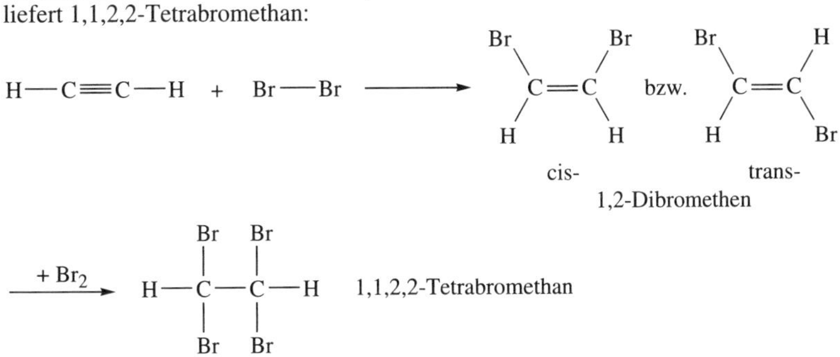

1.2.2 Im 1,2-Dibromethen sind die Bromatome an C-Atome gebunden, die jeweils noch ein anderes Atom (ein Wasserstoffatom) tragen und die durch eine Doppelbindung miteinander verbunden sind.

Somit sind die Voraussetzungen für das Auftreten einer cis-trans-Isomerie erfüllt. Da die freie Drehbarkeit um die C–C-Verbindungsachse durch die π-Bindung **blockiert** ist, existieren zwei verschiedene Isomere, die sich in ihrem räumlichen Bau unterscheiden (Stereoisomere).
Beim cis-1,2-Dibromethen sind die beiden Bromatome direkt benachbart, beim trans-1,2-Dibromethen stehen sie diagonal gegenüber.

2 Zunächst wird Ethanol durch Luftsauerstoff zu Ethanal **oxidiert**:

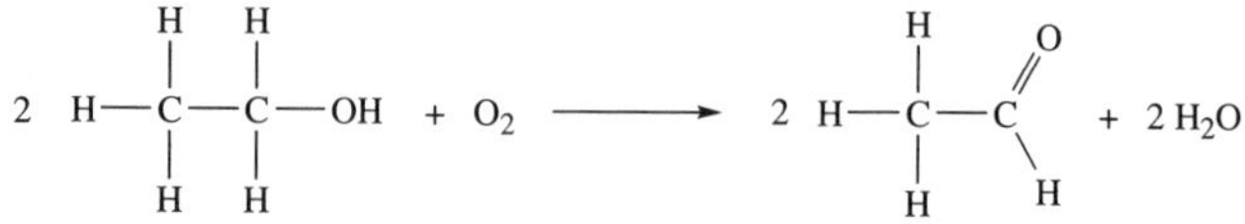

Nach der Anlagerung eines Protons der katalytisch wirkenden Fruchtsäuren wird ein Ethanolmolekül in einer nucleophilen Addition an das positive Carbonyl-Kohlenstoffatom gebunden. Das entstehende Zwischenprodukt stabilisiert sich durch Abspaltung eines Protons (Rückbildung des Katalysators):

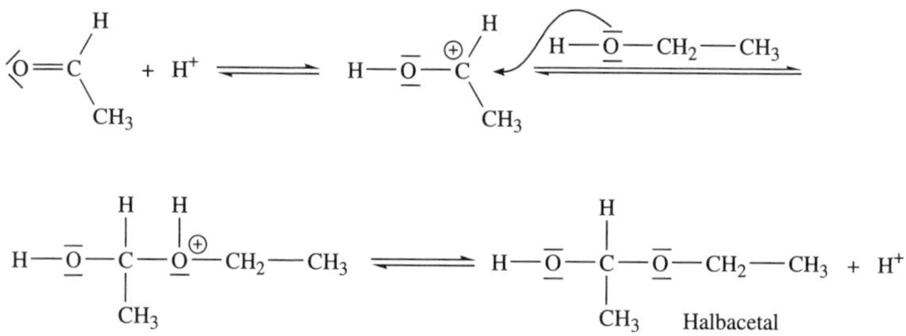

Nach erneuter Protonierung kann aus dem Halbacetal Wasser abgespalten werden, wodurch ein weiter nucleophiler Angriff eines Ethanolmoleküls möglich wird. Im letzten Reaktionsschritt wird der Katalysator zurückgebildet:

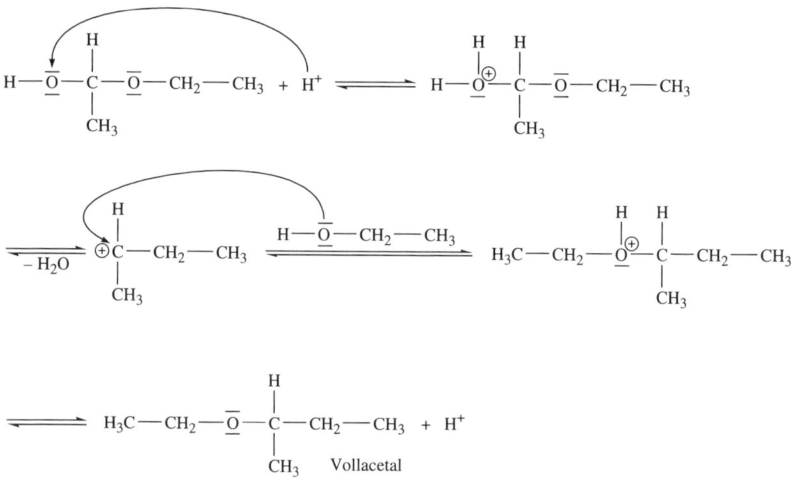

3 Bei der Reaktion von Ethanol aus der Atemluft mit Dichromat-Ionen werden diese zu Cr^{3+}-Ionen reduziert, was durch die Farbänderung von orange nach grün erkennbar ist:

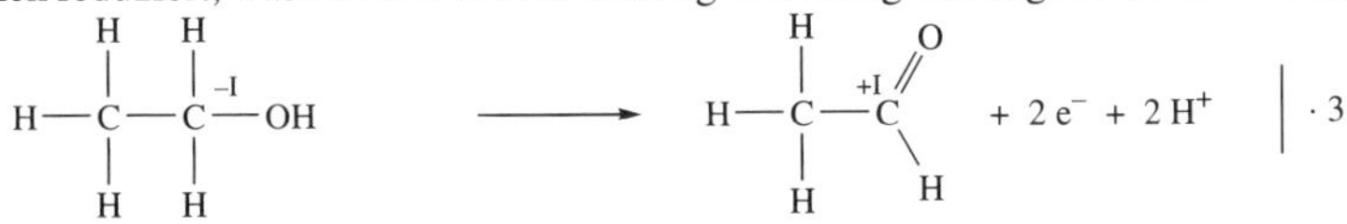

$$\overset{+VI}{Cr_2O_7^{2-}} + 6\,e^- + 14\,H^+ \longrightarrow 2\,\overset{+III}{Cr^{3+}} + 7\,H_2O$$

$$3\,CH_3-CH_2OH + Cr_2O_7^{2-} + 8\,H^+ \longrightarrow 3\,CH_3-CHO + 2\,Cr^{3+} + 7\,H_2O$$

4.1.1 Die Summenformel beschreibt ein Fettmolekül, das ein Palmitinsäure- und zwei Ölsäurereste enthält:

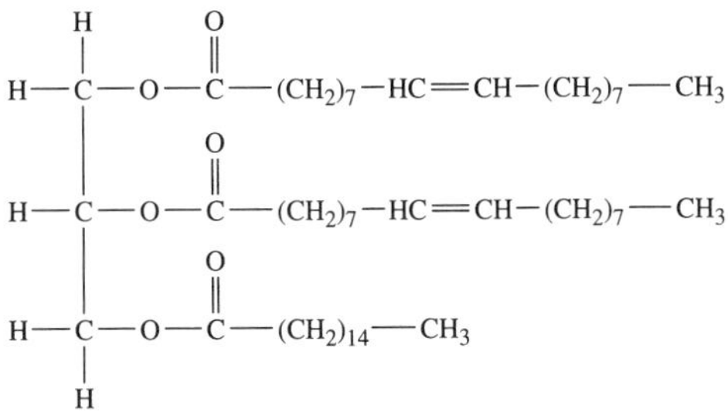

4.1.2 Die natürlich vorkommende, ungesättigte Ölsäure besitzt an der Doppelbindung stets cis-Konfiguration, was eine **Krümmung** des Moleküls an dieser Stelle und damit einen sperrigen Bau zur Folge hat. Fettmoleküle, die ungesättigte Ölsäurereste besitzen, ordnen sich daher nicht gut zu einem Kristallgitter zusammen. Da die Moleküle nicht eng beieinander liegen, sind die gegenseitigen Anziehungskräfte gering und die Moleküle bereits bei Raumtemperatur leicht gegeneinander verschiebbar.

4.2 Durch katalytische Hydrierung, bei der Wasserstoff an die Doppelbindungen der ungesättigten Ölsäurereste angelagert wird, entsteht ein Fett mit ausschließlich gesättigten Fettsäureresten. Dieses Fett hat einen höheren Schmelzpunkt als der Ausgangsstoff, da sich die gesättigten Fettmoleküle besser zu einem Kristallgitter zusammenlagern können. Somit wird das flüssige Fett in ein streichfähiges Fett überführt, was wirtschaftliche Bedeutung z. B. bei der Margarineherstellung hat.

5.1 Unter optischer Aktivität versteht man die Fähigkeit einer Verbindung, die Schwingungsebene linear polarisierten Lichts drehen zu können. L-Alanin dreht die Schwingungsebene um 8,5° nach rechts. Optische Aktivität einer Verbindung ist stets Folge eines **chiralen** Molekülbaus. Ein solcher Bau ist in der Regel gegeben, wenn ein Molekül ein asymmetrisches Kohlenstoffatom besitzt, d. h. ein Kohlenstoffatom, das mit vier verschiedenen Atomen oder Atomgruppen verknüpft ist (hier: C-Atom 2 mit je einer Carboxyl-, Amino- und Methylgruppe und einem Wasserstoffatom).
In der Strukturformel wird die am höchsten oxidierte Gruppe, hier die Carboxylgruppe, **nach oben** geschrieben. Bei der L-Form befindet steht die Aminogruppe dann auf der linken Seite.

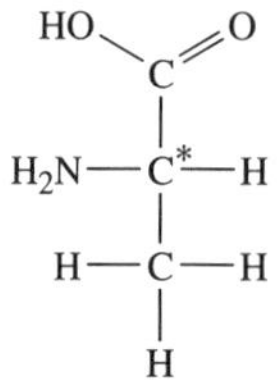

C* = asymetrisches C-Atom

L-Alanin

5.2 L-Alanin und D-Alanin sind **Enantiomere** (optische Isomere). Unter gleichen Versuchsbedingungen dreht das eine Isomere die Schwingungsebene linear polarisierten Lichts um einen bestimmten Betrag nach links, das andere um den gleichen Betrag nach rechts. Die Enantiomere werden deshalb auch als optische Antipoden bezeichnet. D-Alanin hat somit einen Drehwinkel von –8,5°, dreht also um 8,5° nach links.

5.3 Glycin besitzt kein asymmetrisches Kohlenstoffatom; das Molekül ist achiral gebaut und somit optisch **inaktiv**. Die Schwingungsebene linear polarisierten Lichts wird nicht gedreht.

6.1 Sowohl bei der hydrolytischen Spaltung von Amylose als auch von Cellulose entsteht D-Glucose.

Amylose

- Aufgebaut aus D-Glucosebausteinen, die **1,4-α-glykosidisch** miteinander verknüpft sind
- Die Anzahl der Einzelbausteine und damit die durchschnittliche Molekülmasse ist bei Amylose geringer als bei Cellulose
- Spiralige Aufwindung des Makromoleküls
- Biologische Bedeutung: pflanzliches Reservekohlenstoffhydrat

Amylose (Molekülausschnitt)

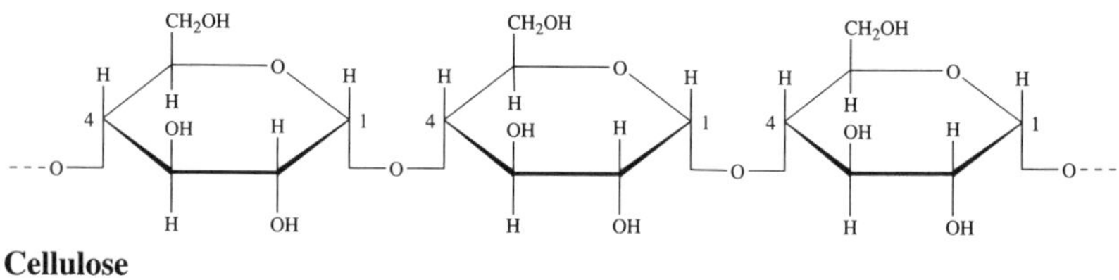

Cellulose

- Aufgebaut aus D-Glucosebausteinen, die **1,4-β-glykosidisch** miteinander verknüpft sind
- Gestreckte, makromolekulare „Fäden“
- Biologische Bedeutung: pflanzliche Gerüstsubstanz

Cellulose (Molekülausschnitt)

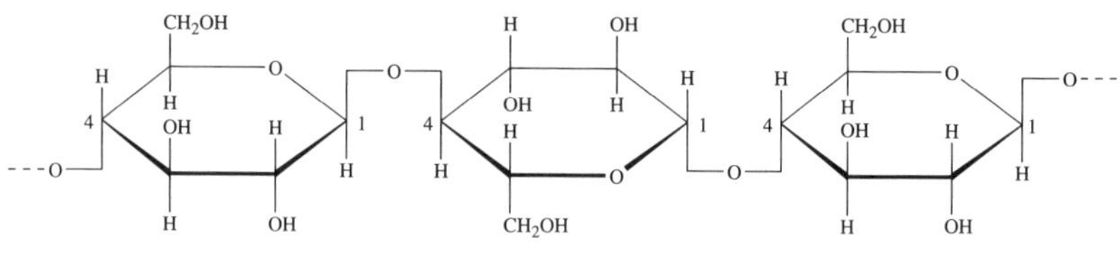

6.2 Keratine beitzen eine schraubenförmige Sekundärstruktur, die als Helix bezeichnet wird. Die Helixstruktur bildet sich, wenn sich Wasserstoffbrückenbindungen zwischen den C=O- und N–H-Gruppierungen verschiedener, in den Windungen der Helix gelegener Peptidbindungen eines Proteinmoleküls ausbilden können (**intramolekulare** Wasserstoffbrückenbindungen):

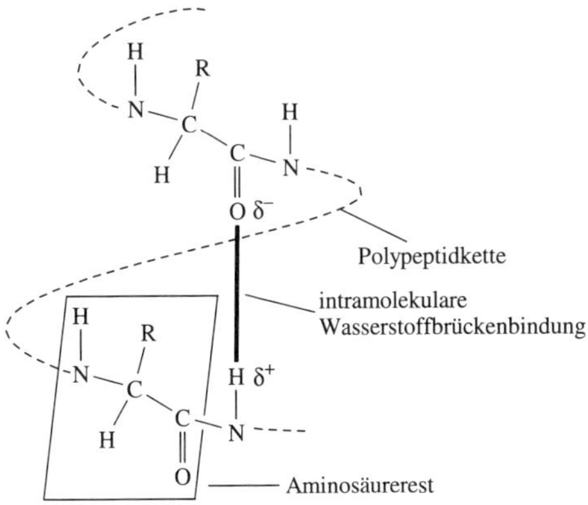

Grundkurs Chemie (Bayern): Abiturprüfung 2001
Aufgabe III

BE

1 Sowohl Ethen als auch Benzol sollen bei Raumtemperatur mit Brom zur Reaktion gebracht werden.

1.1 Stellen Sie den Unterschied in den Reaktionsbedingungen heraus und benennen Sie den jeweiligen Reaktionstyp! 3

1.2 Vergleichen Sie die Mechanismen der Bromierung von Ethen und der Bromierung von Benzol und stellen Sie dabei Übereinstimmungen und Unterschiede heraus! Strukturformeln bzw. Grenzstrukturformeln sind mit zu verwenden. 12

1.3 Benzol reagiert auch mit Iodchlorid (ICl). Geben Sie an, ob diese Reaktion zu Iodbenzol oder Chlorbenzol führt und begründen Sie Ihre Aussage! 4

2 Sowohl Phenol als auch Ethansäure (Essigsäure) weisen Acidität auf.

2.1 Begründen Sie die Säureeigenschaft des Phenols unter Mitverwendung von Grenzstrukturformeln! 5

2.2 Ein Derivat des Phenols ist die 2-Hydroxybenzoesäure $C_6H_4(OH)COOH$ (Salicylsäure). Durch Umsetzung dieser Verbindung mit Ethansäure lässt sich ein als Schmerzmittel weit verbreiteter Wirkstoff gewinnen.
Formulieren Sie mit Strukturformeln die Reaktionsgleichung und geben Sie eine Möglichkeit an, wie sich die Esterausbeute erhöhen lässt! 5

3 Kunststoffe sind moderne und vielseitig einsetzbare Werkstoffe.

3.1 Erläutern Sie unter Mitverwendung von Strukturformeln den Ablauf einer Polyreaktion, die vom Ethen zum Polyethen führt! 6

3.2 Beschreiben und erklären Sie das Verhalten von Polyethen beim Erwärmen! 3

3.3 Die Klebewirkung von Sekundenklebern beruht auf der Polymerisation von Cyanacrylaten:

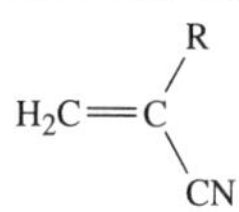

Formulieren Sie einen charakteristischen Strukturformelausschnitt (Repetiereinheit) des Polymers! 3

4 Im Stoffwechsel des Menschen hat der Citronensäurezyklus eine zentrale Bedeutung.

4.1 Geben Sie einen Überblick über die wesentlichen Vorgänge dieses Prozesses! 6

4.2 Nennen Sie den auf den Citronensäurezyklus folgenden Abschnitt des aeroben Glucoseabbaus und charakterisieren Sie dessen Aufgaben! 3

50

Lösung

1.1 Ethen reagiert bei Raumtemperatur, auch im Dunklen, mit Brom in einer elektrophilen Addition.
Benzol reagiert nur in Anwesenheit eines Katalysators wie z. B. Eisen(III)-bromid; der Mechanismus der ablaufenden Reaktion ist eine elektrophile Substitution.

1.2 Reaktion von Ethen mit Brom:

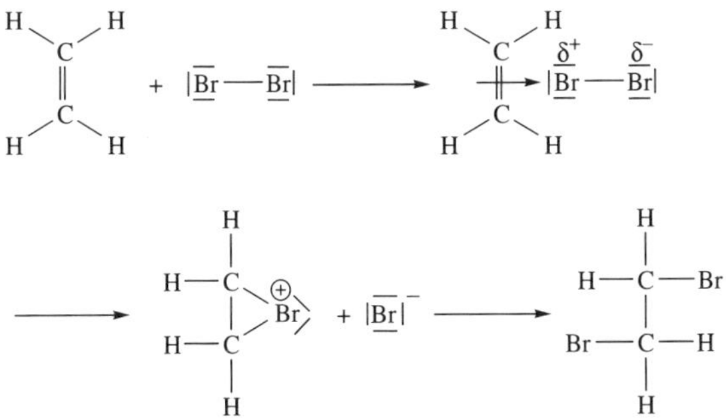

Zunächst tritt die π-Elektronenwolke des Ethens in lose Wechselwirkungen mit dem Brommolekül, wodurch es zur Polarisierung des Brommoleküls kommt. Nach heterolytischer Spaltung des Brommoleküls (das bindende Elektronenpaar wird vom negativ polarisierten Bromatom übernommen) wird das elektrophile Bromkation Br^+ über das Elektronenpaar der π-Bindung gebunden und es bildet sich ein cyclischer σ-Komplex. Im abschließenden Reaktionsschritt lagert sich in einem „Rückseitenangriff" ein Bromid-Ion Br^- an den σ-Komplex. Die Bindung wird über ein Elektronenpaar des Bromid-Ions hergestellt. Es entsteht 1,2-Dibromethan.
Der Mechanismus der ablaufenden Reaktion wird als elektrophile Addition bezeichnet. Die Addition ist energetisch begünstigt, da dabei die π-Bindung durch zwei stabilere σ-Bindungen ersetzt wird.

Reaktion von Benzol mit Brom:

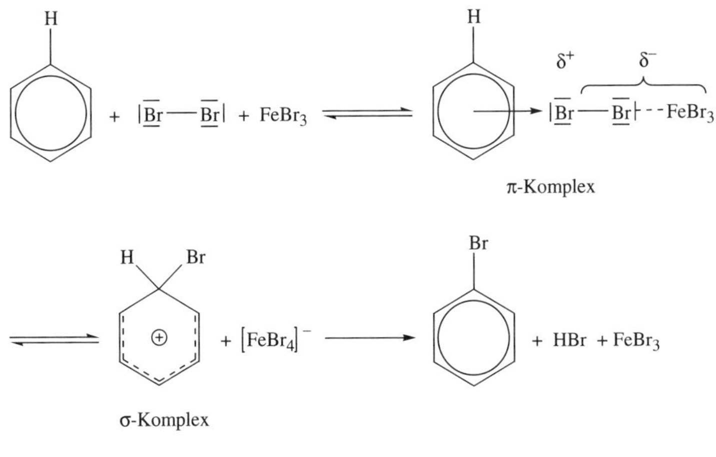

Die Reaktion verläuft nach dem Mechanismus der elektrophilen Substitution. Zunächst bildet sich auch hier ein π-Komplex.
Da die π-Elektronendichte des Rings nicht für eine wirksame Poalrisierung des Brommoleküls ausreicht, kommt es unter dem katalytischen Einfluss des Eisen(III)-bromids zur **heterolytischen** Spaltung des Brommoleküls. Das stark elektrophile Bromkation Br^+ wird über ein π-Elektronenpaar an das Benzol gebunden und es entsteht der mesomeriestabilisierte σ-Komplex. Im abschließenden Reaktionsschritt wird vom σ-Komplex ein Proton abgespalten und es entsteht Monobrombenzol.
Am Benzol kommt es zu einer Substitution und nicht zu einer Addition, weil die Substitution zu einem energieärmeren, stabileren Endprodukt mit aromatischem π-Elektronensextett führt.

1.3 Die Reaktion führt zu Iodbenzol. Wegen der größeren Elektronegativität des Chlors trägt im Iodchlorid das Iodatom eine positive, das Chloratom eine negative Teilladung. Die heterolytische Spaltung führt daher zu einem positiven Iod-Ion I^+ und einem Chlorid-Ion Cl^-. Das elektrophile Iod-Ion wird über ein π-Elektronenpaar an das Benzol gebunden. Das im folgenden Reaktionsschritt abgespaltene Proton vereinigt sich mit dem Chlorid-Ion zu Chlorwasserstoff.

2.1 Phenol zeigt Säureeigenschaften, d. h. es ist zur Protonenabgabe befähigt:

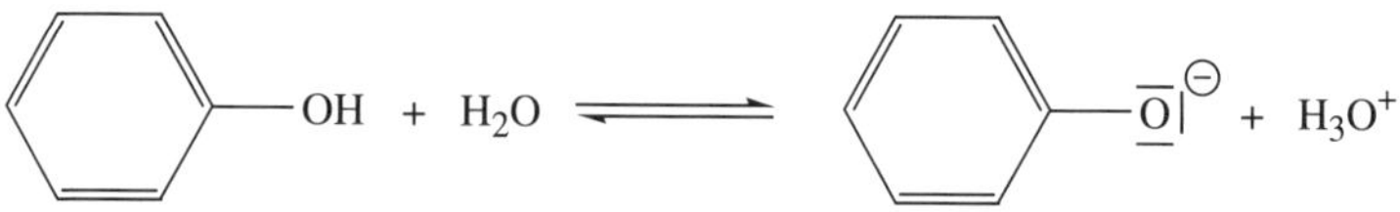

Phenol Phenolat-Ion

Dies ist darauf zurückzuführen, dass
- es durch den –I-Effekt der Phenylgruppe zu einer verstärkten Polarisierung der O–H-Bindung kommt
- das durch Protonenabgabe gebildete Phenolat-Ion besser mesomeriestabilisiert ist als das Phenol, wo dies nur unter Ladungstrennung geschehen kann.

Mesomere Grenzstrukturen:

Phenolat-Ion:

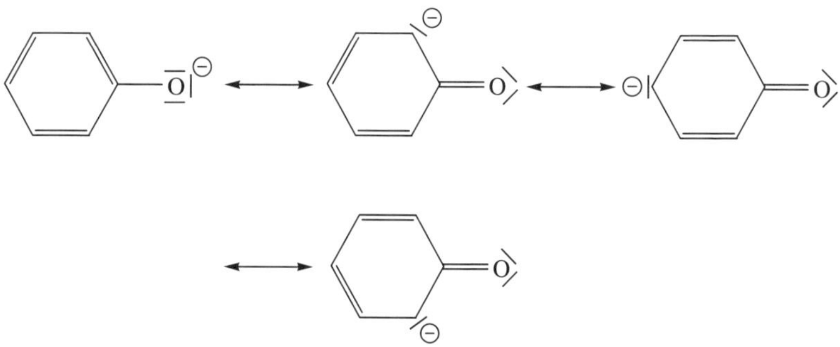

Phenol:

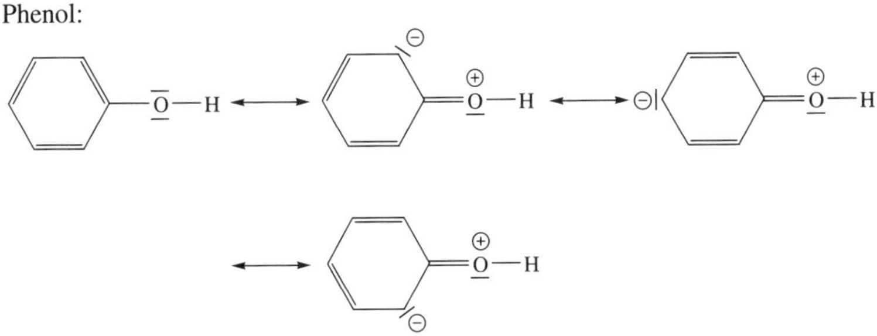

2.2 Die Umsetzung von 2-Hydroxybenzoesäure mit Ethansäure führt zu Ethansäuresalicylsäureester (Acetylsalicylsäure):

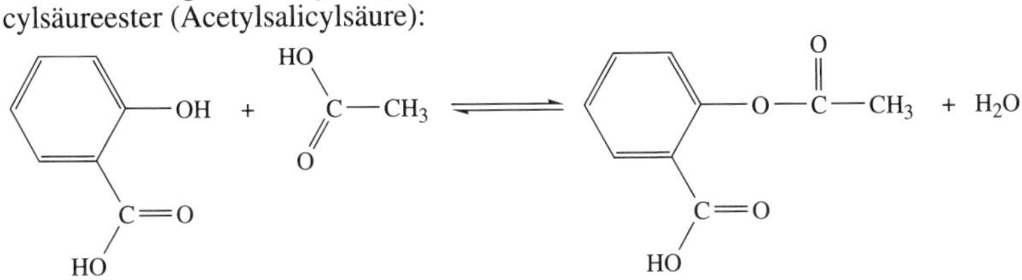

Acetylsalicylsäure

Konzentrationsänderungen eines Edukts (Ausgangsstoffs) bzw. Produkts führen nach dem Prinzip des kleinsten Zwangs (Le Chatelier) zu einer Verschiebung der Gleichgewichtslage. So kann man z. B. durch Wasserentzug die Esterausbeute erhöhen.

3.1 Aus Ethen kann in einer radikalischen Polymerisation Polyethen (Polyethylen) hergestellt werden. Die Radikalkettenpolymerisation verläuft in folgenden Schritten:

- Beim Zerfall eines **Initiators** (z. B. ein Peroxid) entstehen Radikale:

$$R{-}R \longrightarrow 2\,R\bullet$$

- Die Radikale greifen Ethenmoleküle an der Doppelbindung an (Kettenstart), wodurch neue Radikale gebildet werden, die für Kettenwachstumsreaktionen zur Verfügung stehen:

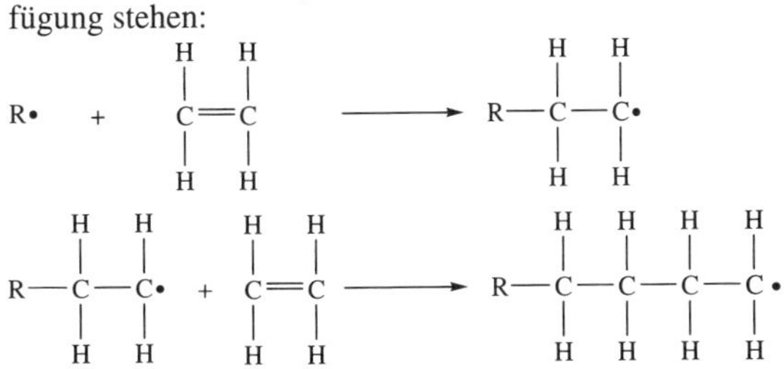

- Die Reaktionskette wird unterbrochen durch **Rekombination** zweier Radikale:

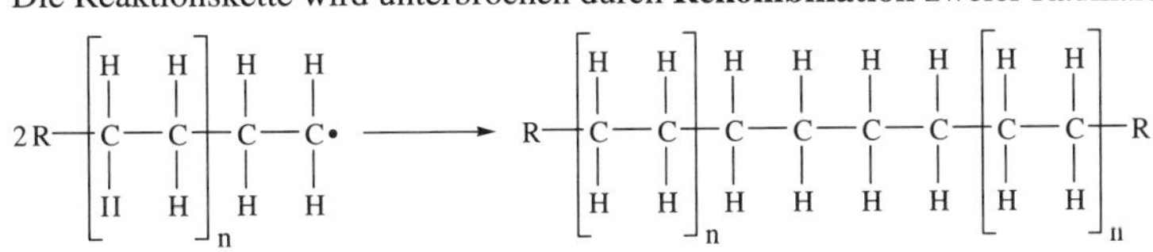

oder durch Disproportionierung:

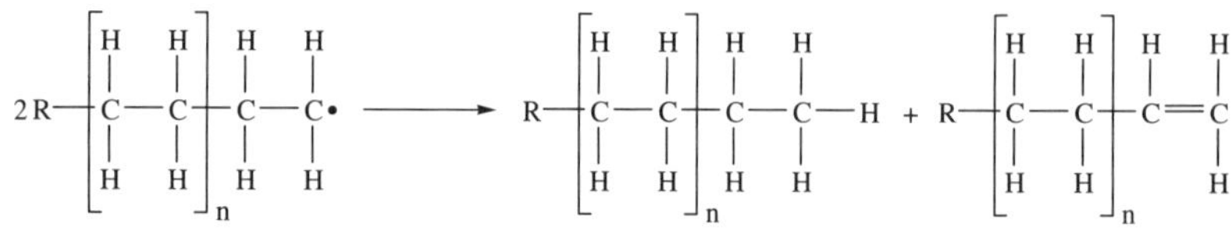

3.2 Polyethen gehört seinem thermischen Verhalten nach zu den Thermoplasten. Erhitzt man den Kunststoff, so wird er mit zunehmender Temperatur weich, bis schließlich Schwärzung eintritt. In dem Kunststoff werden die kettenförmigen Makromoleküle durch van-der-Waals'sche Kräfte zusammengehalten. Beim Erwärmen werden diese Sekundärbindungskräfte teilweise überwunden, die Moleküle können aneinander vorbeigleiten, der Kunststoff erweicht.
Bei Erreichen der Zersetzungstemperatur werden Atombindungen innerhalb der Makromoleküle gespalten, sodass infolge Freisetzung von Kohlenstoff eine Schwärzung auftritt.

3.3

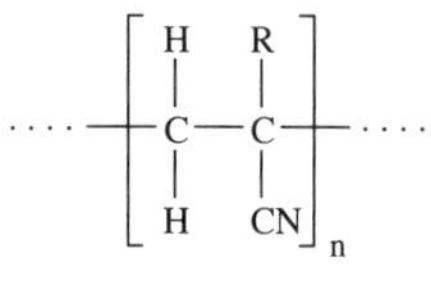

4.1 In den Citronensäurezyklus wird der C2-Körper der aktivierten Essigsäure, der durch Decarboxylierung (CO_2-Abspaltung) aus Brenztraubensäure (dem Endprodukt der Glycolyse) entstanden ist, eingeschleust.
Unter Bildung von Citronensäure wird der Acetylrest an Oxalessigsäure gebunden. In einem Kreisprozess
- wird das Kohlenstoffgerüst des eingeschleusten C2-Körpers in zwei Decarboxylierungsschritten abgebaut,
- werden pro mol C2-Körper 3 mol $NADH/H^+$ und 1 mol $FADH_2$ sowie 1 mol GTP gebildet,
- wird Oxalessigsäure zurückgebildet.

4.2 Beim aeroben Glucoseabbau folgt auf den Citronensäurezyklus die **Atmungskette** (Endatmung).
In der Atmungskette wird der im $NADH/H^+$ bzw. $FADH_2$ gebundene Wasserstoff auf Sauerstoff übertragen, wobei Wasser entsteht. Die Coenzyme werden dabei oxidiert und stehen zur erneuten Wasserstoff-Aufnahme zur Verfügung.
Die Atmungskette besteht aus einer Reihe hintereinander geschalteter Redoxsysteme. Während über die ersten Redoxsysteme Wasserstoff transportiert wird, sind die nachgeschalteten Systeme nur zu einem Elektronentransport in der Lage. Es kommt zu einer Aufspaltung der Wasserstoffatome in Protonen und Elektronen, wobei letztere über die Redoxkette weitergeleitet werden. Schließlich gelangen die Elektronen zum Sauerstoff, der sie aufnimmt. Die entstehenden Oxidionen vereinigen sich mit den Protonen zu Wasser.
Sowohl der Wasserstoff-, als auch der Elektronentransport erfolgt in einer „Bergabreaktion" von einem hohen Energieniveau auf ein niedrigeres Energieniveau. Diese schrittweise Freisetzung von Energie ist mit der endergonischen Bildung von ATP gekoppelt (Atmungskettenphosphorylierung). Bei der Oxidation von 1 mol $NADH/H^+$ werden 3 mol ATP, bei der Oxidation von 1 mol $FADH_2$ 2 mol ATP gebildet.

Grundkurs Chemie (Bayern): Abiturprüfung 2001
Aufgabe IV

		BE
1	Eine Teilreaktion der Fotosynthese ist die Reaktion von Glycerinsäure-3-phosphat zu Glycerinaldehyd-3-phosphat.	
1.1	Stellen Sie diese Teilreaktion mit Strukturformeln dar! Für die beteiligten Coenzyme (Cofaktoren) ist die übliche Kurzschreibweise zu verwenden.	4
1.2	Erläutern Sie am Beispiel dieser Teilreaktion das Prinzip der energetischen Koppelung!	3
1.3	Zeigen Sie die Herkunft der an dieser Reaktion beteiligten Coenzyme (Cofaktoren) auf!	6
2	Der Farbstoff Dimethylgelb besitzt folgende Struktur:	

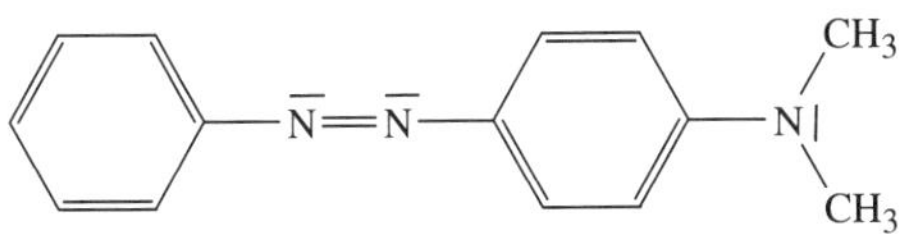

2.1	Formulieren und benennen Sie die Reaktionsschritte, die zur Synthese dieses Farbstoffes führen! Verwenden Sie dabei für die organischen Edukte und die Zwischenprodukte Strukturformeln!	7
2.2	Legen Sie am Beispiel des Dimethylgelbs unter Verwendung von Fachbegriffen den Zusammenhang zwischen Molekülstruktur und Farbigkeit dar!	6
2.3	Beschreiben und erklären Sie ein Verfahren der Textilfärbung!	4
3	Erläutern Sie am Beispiel des Alanins (2-Aminopropansäure) unter Mitverwendung von Strukturformelgleichungen den Ampholytcharakter der Aminosäuren und definieren Sie den Begriff isoelektrischer Punkt!	6
4	Manchen Waschmitteln setzt man Enzyme zu, um eiweißhaltige Verunreinigungen aus Textilien zu entfernen.	
4.1	Begründen Sie die Abhängigkeit der Enzymaktivität von der Temperatur und vom pH-Wert!	6
4.2	Beschreiben Sie einen Versuch, der auf die Proteinnatur des Enzyms hinweist!	3
4.3	Erklären Sie anhand je eines Beispiels die Begriffe Substratspezifität und Wirkungsspezifität von Enzymen!	5
		50

Lösung

1.1

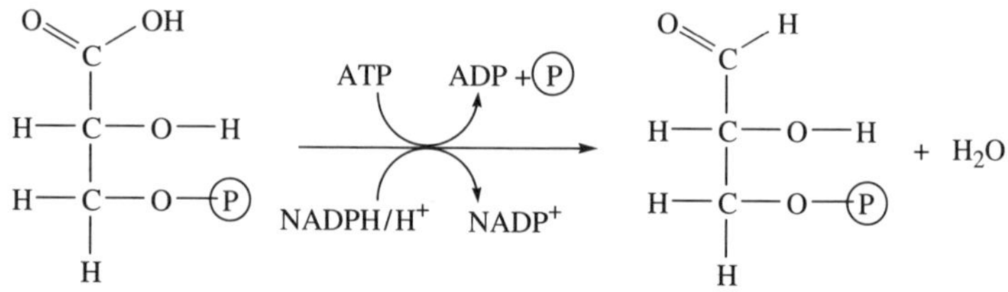

Glycerinsäure-3-phosphat Glycerinaldehyd-3-phosphat

1.2 Die Reduktion von Glycerinsäure-3-phosphat zu Glycerinaldehyd-3-phosphat ist eine endergonische Reaktion. Diese kann im Organismus nur ablaufen, wenn sie mit einer exergonischen Reaktion gekoppelt ist. Hier liefert die Spaltung von Adenosintriphosphat (ATP) die für die Reduktion nötige Energie (Freie Enthalpie).

1.3 Als Coenzyme sind an der Reaktion $NADP^+$/NADPH/H^+ und ATP/ADP beteiligt. $NADP^+$ fungiert im Zuge der Lichtreaktionen der Fotosynthese als Elektronenakzeptor. Die Elektronen werden bei der Fotolyse des Wassers freigesetzt und über die Fotosysteme II und I zum $NADP^+$ transportiert (nichtzyklischer Elektronentransport). Dieses nimmt die Elektronen auf und es entsteht zusammen mit den bei der Fotolyse freigesetzten Protonen NADPH/H^+:

$$NADP^+ + 2\,e^- + 2\,H^+ \longrightarrow NADPH/H^+$$

ATP wird in endergonischer Reaktion aus Adenosindiphosphat und einem Phosphatrest gebildet:

$$ADP + (P) \longrightarrow ATP$$

Die dazu nötige Energie wird bei dem mit der Lichtreaktion verbundenen exergonischen Elektronentransport gewonnen (Fotophosphorylierung).

2.1 Vom Anilin ausgehend lässt sich Dimethylgelb in zwei Reaktionsschritten herstellen. Im 1. Reaktionsschritt (Diazotierung) reagiert Anilin mit salpetriger Säure, die während der Umsetzung aus Natriumnitrit und Salzsäure freigesetzt wird, zum entsprechenden Diazoniumsalz:

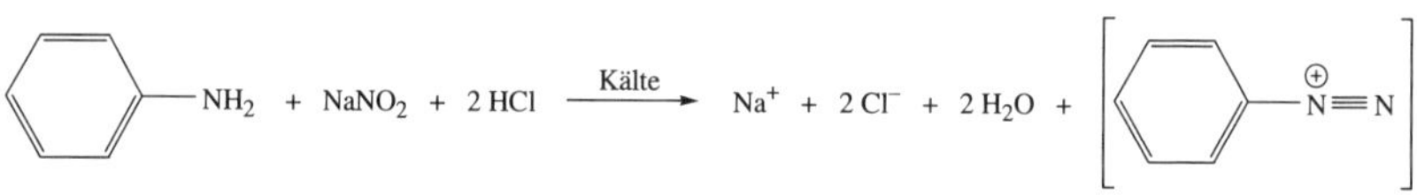

In **eisgekühlter** Lösung (Zurückdrängung der Zersetzung des Diazoniumsalzes unter Stickstoffabspaltung) wird dann das Diazoniumsalz mit der Kupplungskomponente Dimethylanilin zur Reaktion gebracht (**Azokupplung**):

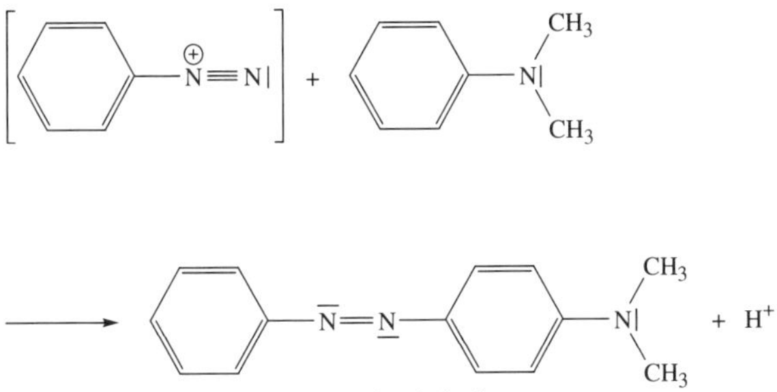

Dimethylgelb

2.2 Eine Verbindung erscheint farbig, wenn sie aus dem kontinuierlichen sichtbaren Spektrum Wellenlängenbereiche **absorbieren** kann.
Atomgruppen, die für die Lichtabsorption und somit für die Farbgebung verantwortlich sind, werden als **chromophore** Gruppen bezeichnet. Hierbei handelt es sich um ungesättigte Gruppen, die allerdings einer Verbindung erst dann Farbigkeit verleihen, wenn mehrmals die gleiche oder mehrere verschiedene in einer Verbindung einen Chromophor bilden, d. h. so angeordnet sind, dass sich ein ausgedehntes mesomeres π-Elektronensystem bilden kann.
Im Dimethylgelb erstreckt sich der Chromophor über die beiden Benzolkerne und die Azogruppierung. Durch die Delokalisation der π-Elektronen wird die zur Anregung der π-Elektronen notwendige Energie soweit erniedrigt, dass schon die Energie des sichtbaren Lichts zur Anregung ausreicht.
Auxochrome sind Gruppen mit freien Elektronenpaaren, hier die $N(CH_3)_2$-Gruppe. Ein freies Elektronenpaar des Stickstoffs kann mit dem delokalisierten π-Elektronensystem des Chromophors in Wechselwirkung treten (+M-Effekt), wodurch die Delokalisation der π-Elektronen verstärkt wird. Die Energiedifferenzen zwischen Grundzustand und angeregten Zuständen werden dadurch noch geringer, sodass langwelligeres Licht zur Anregung ausreicht und es zu einer Farbvertiefung kommt (**bathochromer Effekt**).

2.3 z. B. **Küpenfärbung** mit Indigo. Der wasserunlösliche Farbstoff wird in alkalischer Lösung mit Natriumdithionit in die lösliche Leukoverbindung überführt (Verküpung). Die Lösung dieses Indigoweiß zieht direkt auf die Faser auf. Beim Trocknen an der Luft (Verhängen) bildet sich in einer Oxidation durch Luftsauerstoff der wasserunlösliche, blaue Farbstoff zurück.

3 Gelöstes Alanin kann in Abhängigkeit vom pH-Wert der Lösung als Zwitterionen, Anion oder Kation vorkommen. Der pH-Wert, bei dem es in ganz überwiegenden Maße als Zwitterion vorliegt, ist der **isoelektrische Punkt** des Alanins.
Gibt man zu der wässrigen Alaninlösung, deren pH-Wert dem isoelektrischen Punkt entspricht, eine Lauge und erhöht somit den pH-Wert, wird das nachfolgend formulierte Gleichgewicht nach **rechts** verschoben. Die NH_3^+-Gruppe gibt ein Proton an das Hydroxidion ab, das Zwitterion verhält sich als Säure (Protonendonator):

Setzt man eine Säure zu und erniedrigt somit den pH-Wert, so wird das folgende Gleichgewicht nach **rechts** verschoben. Die Carboxylatgruppe nimmt ein Proton auf, das Zwitterion verhält sich als Base (Protonenakzeptor):

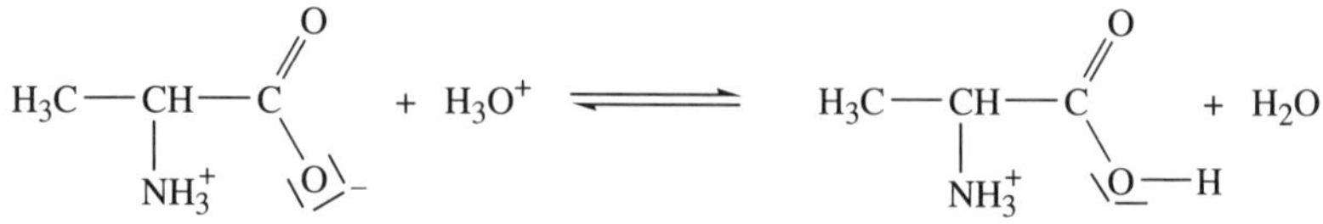

Alanin verhält sich je nach Reaktionsbedingungen als Säure oder Base und zeigt somit **Ampholytcharakter**.

4.1 Abhängigkeit der Enzymaktivität von der **Temperatur**:
Im unteren Temperaturbereich nimmt die Enzymaktivität bei steigender Temperatur zu. Sie folgt hier der Reaktionsgeschwindigkeits-Temperatur-(RGT)-Regel, die als Faustregel besagt, dass eine Temperaturerhöhung von 10 °C die Reaktionsgeschwindigkeit etwa verdoppelt. Mit steigender Temperatur nimmt die Wärmebewegung der Enzym- und Substratmoleküle zu, sodass die Wahrscheinlichkeit für wirksame Zusammenstöße der Reaktionspartner steigt. Das Temperaturoptimum vieler Enzyme liegt bei ca. 40 °C. Wird die Temperatur weiter erhöht, vermindert sich die Enzymaktivität und sinkt schließlich auf Null ab. Dies ist auf zunehmende Hitzedenaturierung, die mit einer irreversiblen Zerstörung der Konformation des Enzyms verbunden ist, zurückzuführen. Das denaturierte Enzym kann mit dem Substrat keinen Enzym-Substratkomplex mehr bilden.

Abhängigkeit der Enzymaktivität vom **pH-Wert**:
Die Abhängigkeit der Enzymaktivität vom pH-Wert wird durch eine Optimumskurve beschrieben. Bei einem bestimmten pH-Wert ist die Aktivität am größten, bei Abweichungen vom pH-Optimum nimmt sie ab. Diese Abhängigkeit lässt sich auf den Eiweißcharakter der Enzyme zurückführen. Enzymproteine sind globuläre Eiweiße, deren Tertiärstruktur auch von elektrostatischen Wechselwirkungen zwischen den ionischen Gruppen der am Proteinaufbau beteiligten sauren und basischen Aminosäuren beeinflusst wird. Bei pH-Wertverschiebungen kann sich in Folge von Protonierung bzw. Deprotonierung dieser Gruppen die Ladungsverteilung im Protein verändern, was eine mehr oder minder starke Veränderung der Tertiärstruktur zur Folge hat. Dies vermindert die Enzymaktivität, da das Substrat schlechter oder gar nicht mehr an das Enzym gebunden werden kann.

4.2 Die Proteinnatur eines Enzyms lässt sich z. B. mit folgenden Reaktionen nachweisen:

- **Biuretprobe**: Mit Cu^{2+}-Ionen ergeben Proteine rotviolett gefärbte Komplexverbindungen.
- **Xanthoproteinreaktion**: Bei Zugabe von konzentrierter Salpetersäure ist Gelbfärbung zu beobachten. Hierbei werden die aromatischen Reste von im Protein enthaltenen aromatischen Aminosäuren nitriert.

4.3 Enzyme setzen nur bestimmte Substrate (Substratspezifität) in spezifischer Weise um (Wirkungsspezifität).

Unter **Substratspezifität** versteht man, dass ein Enzym nur bei der Umsetzung einer bestimmten Substanz katalytisch wirksam ist.

Die Substratspezifität lässt sich mit dem Schlüssel-Schloss-Prinzip erklären.

Nach dieser Modellvorstellung können von einem Enzym nur solche Moleküle gebunden und umgesetzt werden, die wie ein Schlüssel in die Substratbindungsregion des Enzyms = Schloss passen.
So spaltet z. B. Urease Harnstoff in Kohlenstoffdioxid und Ammoniak, nicht aber Thioharnstoff.

Unter **Wirkungsspezifität** versteht man, dass ein an ein Enzym gebundenes Substrat in einer für dieses Enzym spezifischen Weise umgesetzt wird.
So kann zum Beispiel Brenztraubensäure im abbauenden Stoffwechsel auf folgenden Wegen abgebaut werden:

- Reduktion zu Milchsäure (Teilschritt der Milchsäuregärung):

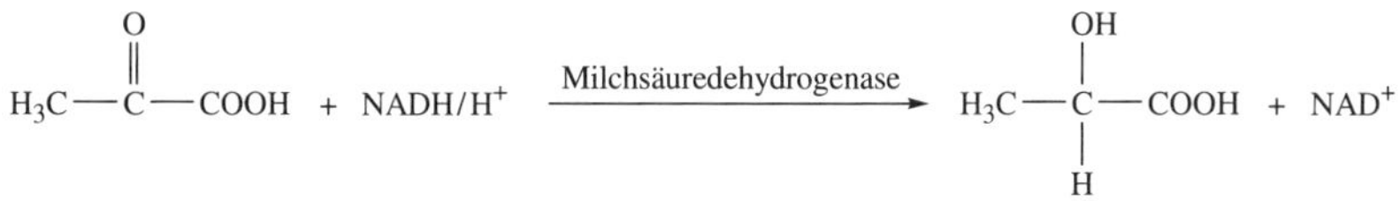

- Decarboxylierung zu Ethanal (Teilschritt der alkoholischen Gärung):

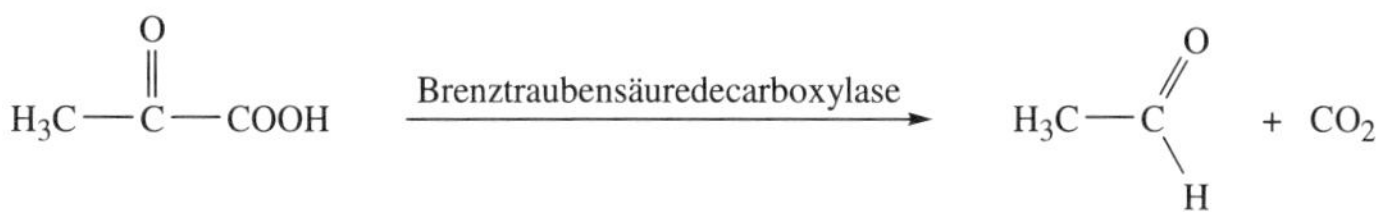

- Oxidative Decarboxylierung zu aktivierter Essigsäure (Teilschritt des Atmungsprozesses) durch einen Multienzymkomplex (Brenztraubensäure-Dehydrogenase-Komplex).

Sind in einer Zelle verschiedene Enzyme vorhanden, die ein Substrat unterschiedlich umsetzen können, so entscheidet über die Art der Umsetzung der Umstand, an welches Enzym das Substrat gebunden wird.

Grundkurs Chemie (Bayern): Abiturprüfung 2002
Aufgabe I

		BE
1	Essig wird im Haushalt unter anderem zum Entfernen von Kalkablagerungen eingesetzt.	
1.1	Erklären Sie den dabei ablaufenden Vorgang unter Mitverwendung einer Reaktionsgleichung!	4
1.2	Erläutern Sie den Säurecharakter der Ethansäure (Essigsäure) und verwenden Sie dabei mesomere Grenzstrukturformeln!	5
1.3	Ethansäure (Essigsäure) entsteht z. B. bei der Reaktion von Ethanal mit angesäuerter Dichromat-Lösung. Leiten Sie für diese Reaktion die Redoxgleichung aus Teilgleichungen her!	5
2	Sowohl in der Natur als auch in der Werkstoffchemie spielen makromolekular gebaute Stoffe eine wichtige Rolle. So spinnen die Raupen des Seidenspinners Kokons aus Proteinfäden. Seit 1939 wird der durch den folgenden charakteristischen Strukturformelausschnitt (Repetiereinheit) beschriebene Kunststoff industriell produziert:	

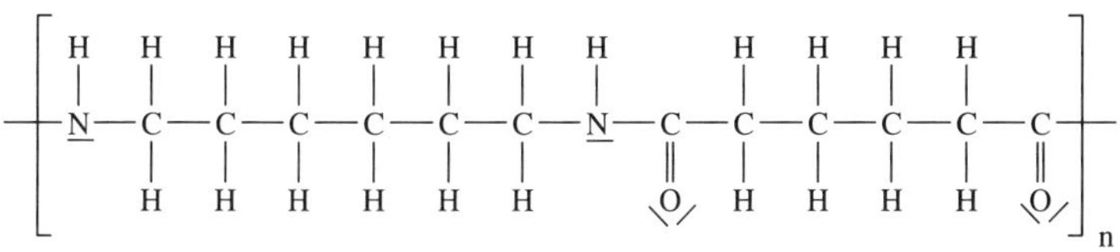

2.1	Zeichnen Sie einen allen Proteinmolekülen gemeinsamen, charakteristischen Strukturformelausschnitt, beschreiben Sie die Geometrie der dargestellten Gruppierung und nennen Sie deren Namen!	5
2.2	Der oben durch einen charakteristischen Strukturformelausschnitt beschriebene Kunststoff wird als Textilfaser sehr geschätzt. Nennen Sie den Typ der Polyreaktion, die zu diesem Kunststoff führt, geben Sie die Strukturfomel der Monomere an und benennen Sie diese!	5
2.3	Geben Sie einen charakteristischen Strukturformelausschnitt (Repetiereinheit) eines Makromoleküls eines Kunststoffs an, der nach einem anderen als dem in Nr. 2.2 vorliegenden Polyreaktionstyp entstanden ist! Benennen Sie das Produkt und den Reaktionstyp und erörtern Sie den Zusammenhang zwischen der Molekülstruktur und den thermischen Eigenschaften des erhaltenen Kunststoffs!	7

3 Der Weg vom Ethen zum Kunststoff PVC führt über 1,2-Dichlorethan als Zwischenprodukt.

3.1 Beschreiben Sie zwei verschiedene chemische Versuche, die den ungesättigten Charakter des Ethens zeigen! 5

3.2.1 Formulieren Sie mit Strukturformeln die Einzelschritte der Reaktion von Ethen zu 1,2-Dichlorethan! 5

3.2.2 Führt man die Chlorierung von Ethen in wässriger Natriumbromid-Lösung durch, so lassen sich weitere Produkte nachweisen. Formulieren Sie die Strukturformeln von zwei weiteren möglichen Produkten und nennen Sie deren Namen! 4

3.2.3 1,2-Dichlorethan entsteht unter geeigneten Bedingungen auch bei der Reaktion von Ethan mit Chlor.
Nennen Sie eine solche Reaktionsbedingung und erläutern Sie deren Bedeutung für den Ablauf der Reaktion! 5

50

Lösung

1.1 Kalk ist Calciumcarbonat. Die im Essig enthaltene Ethansäure setzt aus dem Kalk die unbeständige Kohlensäure frei, die in Wasser und Kohlenstoffdioxid zerfällt; daneben entsteht gelöstes Calciumethanoat:

$$CaCO_3 + 2\,H_3C{-}COOH \longrightarrow H_2O + CO_2 + Ca^{2+} + 2\,H_3C{-}COO^-$$

1.2 Die **Acidität** der Ethansäure ist darauf zurückzuführen, dass

- der –I-Effekt der Carbonylgruppe zu einer verstärkten Polarisierung der Hydroxylgruppe führt, und
- das Ethanoation in stärkerem Maße mesomeriestabilisiert ist als die Ethansäure, was daran erkennbar ist, dass sich zwei **energiegleiche** mesomere Grenzstrukturen formulieren lassen.

Mesomere Grenzstrukturen:

Ethanoation:

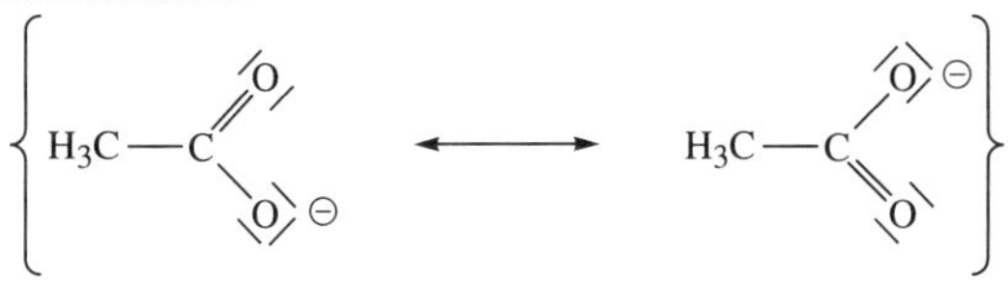

Ethansäure:

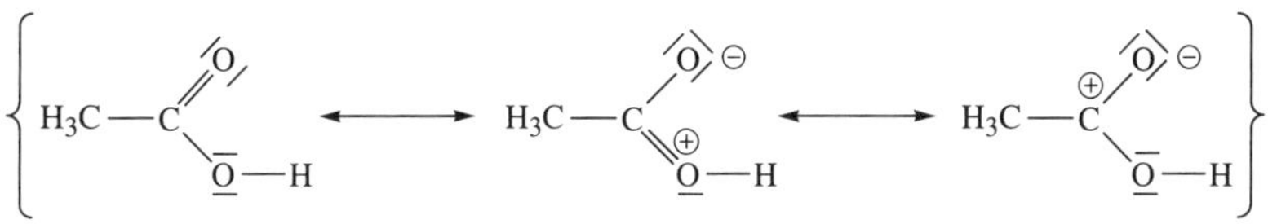

1.3

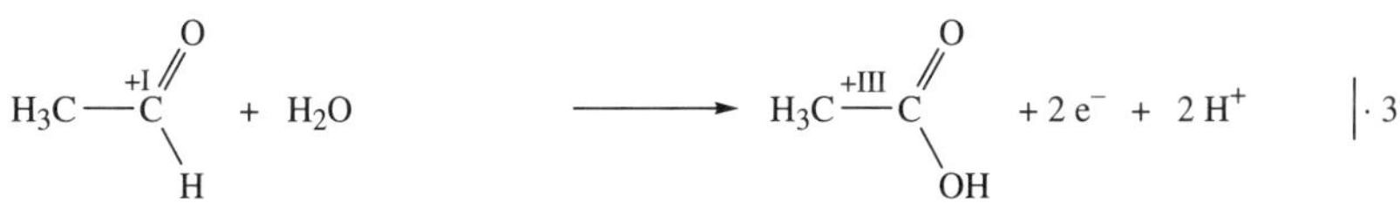

$$\overset{+VI}{Cr_2}O_7^{2-} + 6\,e^- + 14\,H^+ \longrightarrow 2\,\overset{+III}{Cr}{}^{3+} + 7\,H_2O$$

$$3\,H_3C{-}CHO + Cr_2O_7^{2-} + 8\,H^+ \longrightarrow 3\,H_3C{-}COOH + 2\,Cr^{3+} + 4\,H_2O$$

2.1 In Proteinen sind die Aminosäurebausteine durch **Peptidbindungen** miteinander verbunden:

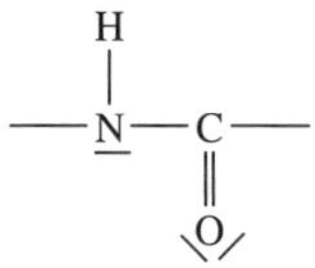

Die Peptidbindung ist **planar** gebaut, d. h. alle beteiligten Atome liegen in einer Ebene. Nach dem Orbitalmodell geht man davon aus, dass das C- und das N-Atom sp^2-hybridisiert sind, wobei sich das freie Elektronenpaar des Stickstoff im sp^2-Hybridorbital befindet. Die Überlappung der p-Orbitale des C-, N- und O-Atoms führt zu einer Delokalisation der Carbonyl-π-Elektronen, was den verkürzten Bindungsabstand zwischen den C- und N-Atomen erklärt.

2.2 Die Textilfaser entsteht in einer Poly**kondensations**-Reaktion aus 1,6-Diaminohexan und Hexandisäure; dabei wird Wasser abgespalten.

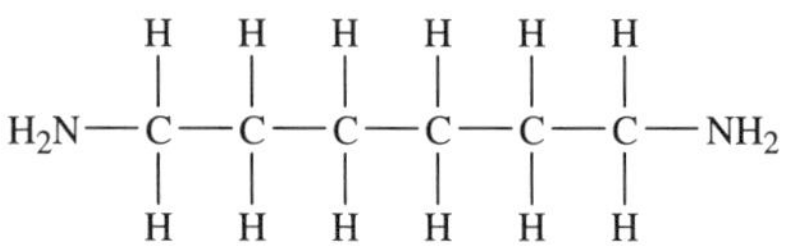

1,6-Diaminohexan

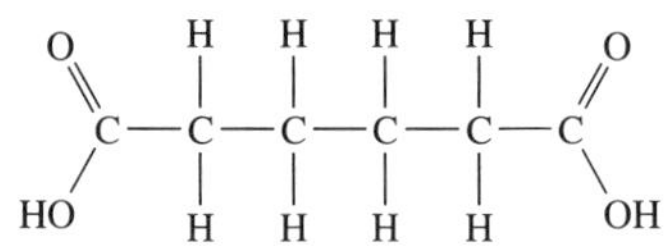

Hexandisäure

2.3

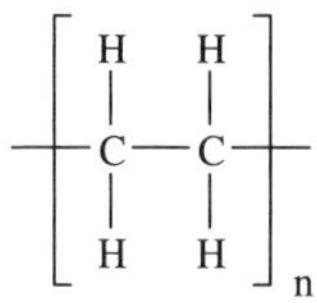

Angegeben ist eine Repetiereinheit aus dem Kunststoff Polyethen (Polyethylen), das in einer **radikalischen Polymerisations**reaktion gebildet wird.
Polyethen gehört seinem thermischen Verhalten nach zu den Thermoplasten. Erhitzt man den Kunststoff, so wird er mit zunehmender Temperatur weich, bis schließlich Schwärzung eintritt. In dem Kunststoff werden die kettenförmigen Makromoleküle durch van-der-Waals'sche Kräfte zusammengehalten. Beim Erwärmen werden diese Sekundärbindungskräfte teilweise überwunden; die Moleküle können aneinander vorbeigleiten, der Kunststoff erweicht.
Bei Erreichen der Zersetzungstemperatur werden Atombindungen innerhalb der Makromoleküle gespalten, sodass die Schwarzfärbung infolge der Freisetzung von Kohlenstoff auftritt.

3.1 **Baeyer-Reaktion:** Ethen entfärbt schwach alkalische, violette Kaliumpermanganat-Lösung. Dabei wird das Ethen oxidiert, die Permanganationen zu Braunstein (MnO_2) reduziert.
Entfärbung von Bromwasser: Leitet man Ethen durch rotbraunes Bromwasser, so ist Entfärbung zu beobachten. Brom wird zu 1,2-Dibromethan an Ethen gebunden.

3.2.1

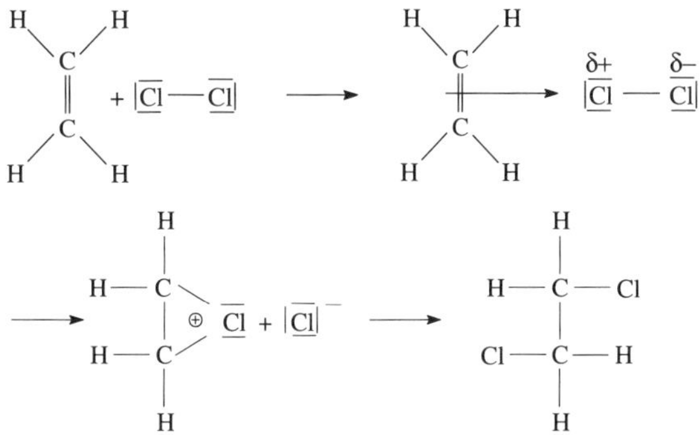

Zunächst tritt die π-Elektronenwolke des Ethens in lose Wechselwirkungen mit dem Chlormolekül, wodurch es zur **Polarisierung** des Chlormoleküls kommt. Nach heterolytischer Spaltung des Chlormoleküls (das bindende Elektronenpaar wird vom negativ polarisierten Chloratom übernommen) wird das elektrophile Chlorkation Cl^+ über das Elektronenpaar der π-Bindung gebunden und es bildet sich ein **cyclischer σ-Komplex**.
Im abschließenden Reaktionsschritt lagert sich in einem „Rückseitenangriff" ein Chloridion Cl^- an den σ-Komplex. Die Bindung wird über ein Elektronenpaar des Chloridions hergestellt. Es entsteht 1,2-Dichlorethan.

3.2.2 In wässriger Natriumbromid-Lösung können Bromidionen oder Hydroxidionen (die in geringem Maße im Wasser enthalten sind) mit den Chloridionen um die Anlagerung an den σ-Komplex konkurrieren. Dabei können 1-Brom-2-Chlorethan bzw. 2-Chlorethanol entstehen:

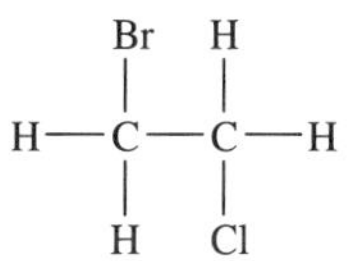

1-Brom-2-chlorethan

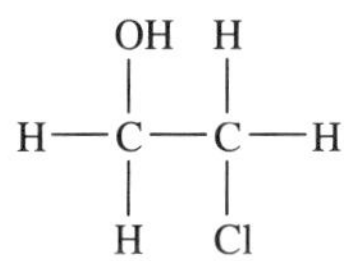

2-Chlorethanol

3.2.3 Die Reaktion von Ethan mit Chlor verläuft nach dem Mechanismus der **radikalischen Substitution**. Um die Radikalkettenreaktion in Gang zu setzen, sind Chlorradikale nötig; um diese durch Spaltung von Chlormolekülen zu erhalten, ist **Licht** geeigneter Wellenlänge bzw. eine ausreichend **hohe Temperatur** nötig.

Grundkurs Chemie (Bayern): Abiturprüfung 2002
Aufgabe II

		BE
1	Aminosäuren existieren auf der Erde seit mindestens drei Milliarden Jahren. Auch in Meteoriten wurden sie nachgewiesen.	
1.1	Von der Aminosäure Lysin (2,6-Diaminohexansäure) existieren optische Isomere, von der Aminosäure Glycin (Aminoethansäure) dagegen nicht. Begründen Sie diesen Befund unter Mitverwendung von Fischer-Projektionsformeln der genannten Aminosäuren!	6
1.2	Ein Gemisch der Aminosäuren Glycin und Lysin wird bei pH = 7 durch Elektrophorese getrennt.	
1.2.1	Erläutern Sie unter Mitverwendung einer beschrifteten Skizze das Prinzip der Elektrophorese!	5
1.2.2	Geben Sie unter Mitverwendung von Strukturformeln das Ergebnis der Elektrophorese des genannten Gemisches an und begründen Sie Ihre Aussagen! Isoelektrische Punkte: IEP(Glycin) = 5,97; IEP(Lysin) = 9,82	4
2	Fette sind wichtige nachwachsende Rohstoffe zur Herstellung von Tensiden.	
2.1	Formulieren Sie, ausgehend von einem Fettmolekül eigener Wahl, die Strukturformelgleichung für die Reaktion bei der Seifenherstellung!	4
2.2	Erklären Sie unter Mitverwendung je einer Reaktionsgleichung, wie Säuren bzw. hartes Wasser die Waschwirkung einer Seife beeinflussen!	6
2.3	Manche Waschmittel können aufgrund ihres Enzymanteils nur bei mittleren Temperaturen bis ca. 40 °C eingesetzt werden. Begründen Sie diesen Sachverhalt unter Einbeziehung eines beschrifteten Diagramms!	7
2.4	Zeigen Sie zwei Maßnahmen auf, durch die die Gewässerbelastung durch Waschmittel in den letzten Jahrzehnten vermindert werden konnte!	4
3	Bei der Vergärung von Traubenmost durch Hefepilze wird aus Glucose Ethanol gebildet, das sich in der wässrigen Hefesuspension anreichert.	
3.1	Begründen Sie ausführlich die gute Wasserlöslichkeit von Ethanol!	4
3.2	Formulieren Sie mit Strukturformeln die Reaktionsschritte für die Bildung von Ethanol aus Brenztraubensäure (2-Oxopropanäure)! Für die beteiligten Coenzyme (Cosubstrate) sind die üblichen Kurzformen zu verwenden.	4
3.3	Ethanol wird durch das Enzym Alkoholdehydrogenase oxidiert. Stellen Sie in einem beschrifteten Diagramm den Zusammenhang zwischen Abbaugeschwindigkeit und Alkoholkonzentration dar und erläutern Sie den Kurvenverlauf!	6
		50

Lösung

1.1 Während Lysin ein Chiralitätszentrum besitzt, fehlt ein solches beim Glycin.

Das Chiralitätszentrum im Lysin ist das C-Atom 2, bei dem es sich um ein **asymmetrisches** C-Atom handelt, da es mit 4 verschiedenen Atomen oder Atomgruppen verbunden ist. Als Folge des chiralen Molekülbaus existieren zwei verschiedene Isomere (optische Isomere = Enantiomere), die sich wie Bild und Spiegelbild verhalten.
Im Glycin fehlt ein asymmetrisches C-Atom.
In der Fischer-Projektion muss die höchstoxidierte Gruppe (mit der höchsten Oxidationszahl, hier die Carboxylgruppe) oben stehen. Das Isomer, bei dem die NH_2-Gruppe dann rechts steht, ist die D-Form, wo sie links steht die L-Form:

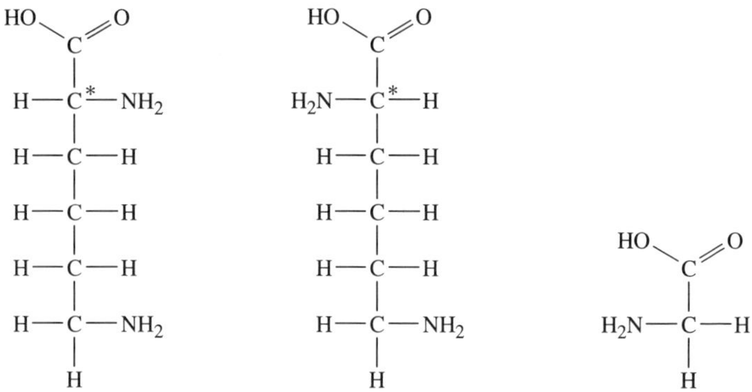

D-Lysin L-Lysin Glycin

1.2.1 Die Elektrophorese ist ein Trennungsverfahren, bei dem die unterschiedliche Wanderungsrichtung und -geschwindigkeit geladener Teilchen in einem elektrischen Feld genutzt wird. Man trägt das zu trennende Gemisch an der Startlinie auf einen völlig von einer Pufferlösung benetzten Streifen aus Celluloseacetat auf, und legt eine Gleichspannung von ca. 250 V an den Elektroden an.

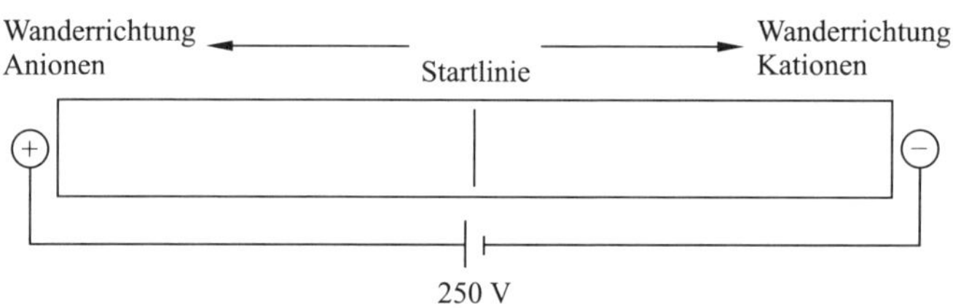

1.2.2

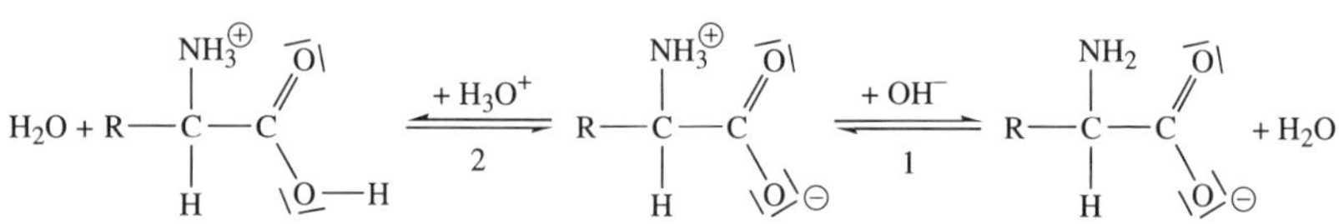

Kation Aminosäure-Zwitterion Anion

Gibt man zu der wässrigen Aminosäure-Lösung, in der die Aminosäure in zwitterionischer Form vorliegt, eine **Lauge** und erhöht somit den pH-Wert, wird das Gleichgewicht 1 nach rechts verschoben. Die NH_3^+-Gruppe gibt ein Proton an das Hydroxidion ab; das Zwitterion verhält sich als Säure (Protonendonator).
Setzt man eine **Säure** zu und erniedrigt somit den pH-Wert, so wird das Gleichgewicht 2 nach links verschoben. Die Carboxylatgruppe nimmt ein Proton auf; das Zwitterion verhält sich als Base (Protonenakzeptor).

Glycin hat seinen isoelektrischen Punkt bei 5,97. Da die Lösung bei pH = 7 stärker basisch ist, liegt Glycin überwiegend in Form von **Anionen** vor, die im Gleichspannungsfeld zur Anode wandern.
Lysin hat seinen isoelektrischen Punkt bei 9,82. Da die Lösung bei pH = 7 stärker sauer ist, liegt Lysin überwiegend in Form von **Kationen** vor, die im Gleichspannungsfeld zur Kathode wandern.

2.1 Kocht man ein Fett z. B. mit Natronlauge, so erhält man **Seifen** (Alkalisalze der Fettsäuren), z. B.:

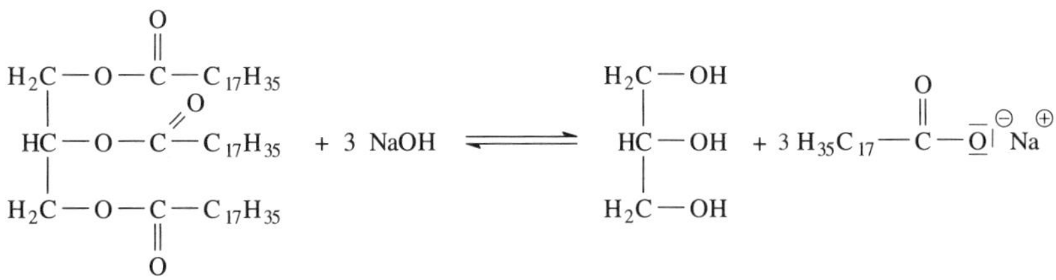

2.2 In saurem Milieu wird das Protolysegleichgewicht

nach rechts verschoben und es kommt zur Ausfällung der Seife.

Seifen sind **härteempfindlich**, d. h. sie bilden mit im Wasser befindlichen Calcium- und Magnesiumionen (allg.: Me^{2+}) schwerlösliche Kalk- bzw. Magnesiumseife:

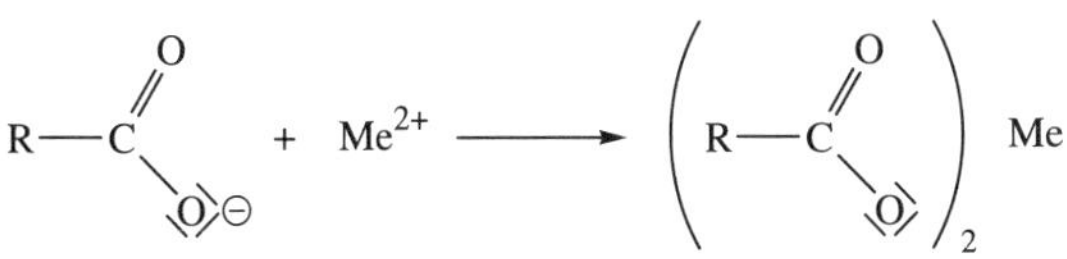

Die Waschaktivität eines Teils der eingesetzten Seife geht dadurch verloren. Die ausgefällte Erdalkaliseifen können sich auf Gewebe absetzen und dieses hart und unansehnlich machen.

2.3 Die Aktivität von Enzymen, die entweder Proteine sind oder einen Proteinanteil besitzen, ist temperaturabhängig:

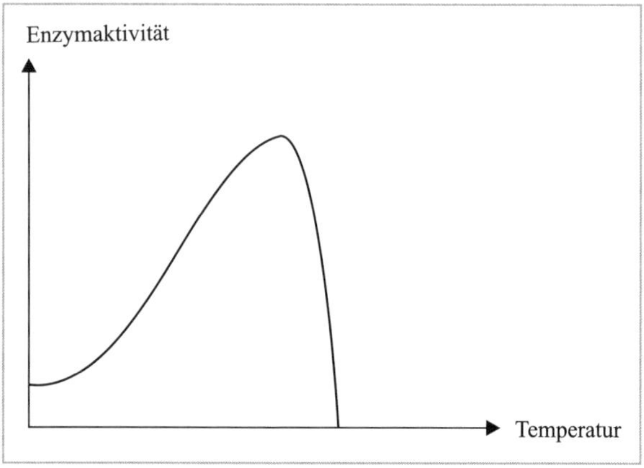

Im unteren Temperaturbereich nimmt die Enzymaktivität bei steigender Temperatur zu. Sie folgt hier der Reaktionsgeschwindigkeits-Temperatur-**(RGT)-Regel**, die als Faustregel besagt, dass eine Temperaturerhöhung von 10 °C die Reaktionsgeschwindigkeit **etwa verdoppelt**. Mit steigender Temperatur nimmt die Wärmebewegung der Enzym- und Substratmoleküle zu, sodass die Wahrscheinlichkeit für wirksame Zusammenstöße der Reaktionspartner steigt. Das Temperaturoptimum vieler Enzyme liegt bei ca. 40 °C. Wird die Temperatur weiter erhöht, vermindert sich die Enzymaktivität und sinkt schließlich auf Null ab. Dies ist auf zunehmende **Hitzedenaturierung**, die mit einer irreversiblen Zertsörung der Konformation des Enzyms verbunden ist, zurückzuführen. Das denaturierte Enzym kann mit dem Substrat keinen Enzym-Substratkomplex mehr bilden.

2.4
- Ersatz biologisch nicht abbaubarer Tenside durch solche, die mindestens zu 80 % biolgisch abbaubar sind (z. B. lineare Alkylbenzolsulfonate).
- Ersatz von Polyphosphaten (die als Wasserenthärtungsmittel bis zu 40 % Anteil an einem Waschmittel hatten und wesentlich zur Gewässereutrophierung beitragen) durch Aluminiumsilikate (Zeolithe). In den Zeolithen werden die für die Wasserhärte verantwortlichen Erdalkaliionen gegen Alkaliionen ausgetauscht.

3.1 Die Löslichkeit eines molekularen Stoffs in Wasser hängt davon ab, ob die Moleküle des Lösestoffs, hier des Ethanols und des Wassers, in ausreichendem Maße miteinander in Wechselwirkung treten können, oder ob dies, da die Anziehungskräfte zwischen den Molekülen des Lösestoffs untereinander stärker sind, nicht möglich ist.

Im Ethanolmolekül gibt es zum einen die polare OH-Gruppe, die mit Wassermolekülen **Wasserstoffbrückenbindungen** ausbildet, zum anderen den unpolaren Ethylrest, der mit dem Wasser nicht in Wechselwirkung treten kann. Die OH-Gruppe hat hydrophilen, der kleine Ethylrest hydrophoben Charakter.
Beim Ethanol bestimmt die **hydrophile** OH-Gruppe das Lösungsverhalten. Durch die Ausbildung von Wasserstoffbrückenbindungen zwischen Wasser- und Alkoholmolekülen können die schwachen van-der-Waals'schen Anziehungskräfte zwischen den kurzen Alkylresten überwunden werden; Ethanol löst sich gut in Wasser.

3.2 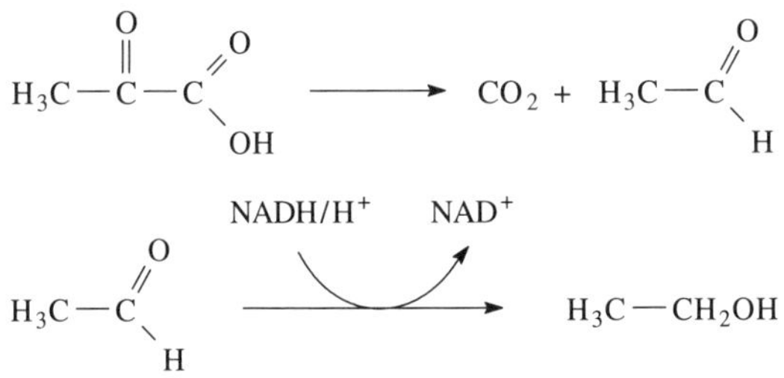

3.3 Alkohol ist das Substrat für die Alkoholdehydrogenase. Der Einfluss der Substratkonzentration auf die Abbaugeschwindigkeit, die mit der Enzymaktivität gleichgesetzt werden kann, zeigt folgendes Diagramm:

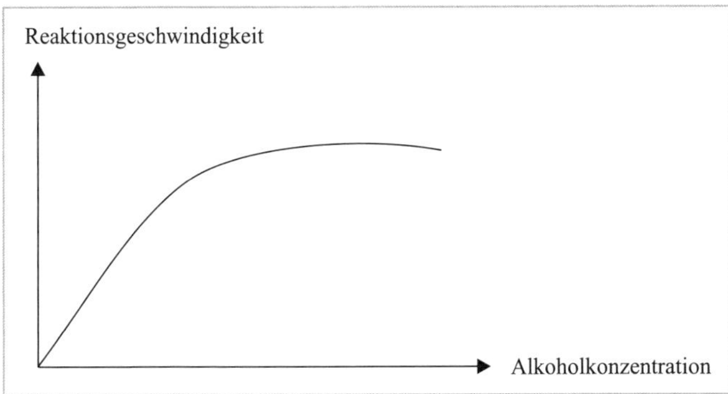

Bei niedrigen Alkoholkonzentrationen ist die Reaktionsgeschwindigkeit **proportional** der Alkoholkonzentration. Solange noch nicht an der Reaktion beteiligte Enzymmoleküle vorliegen, werden diese bei Erhöhung der Alkoholkonzentration am Substratumsatz beteiligt.

Bei zunehmender Alkoholkonzentration steigt der Substratumsatz langsamer an und nähert sich schließlich einem **Maximalwert**. Diese Sättigung ist darauf zurückzuführen, dass bei den entsprechenden, hohen Alkoholkonzentrationen alle Enzymmoleküle in einem Enzym-Substrat-Komplex gebunden und so bereits am katalytischen Prozess beteiligt sind.

Grundkurs Chemie (Bayern): Abiturprüfung 2002
Aufgabe III

BE

1 Das früher zum Färben von Butter verwendete Anilingelb (4-Aminoazobenzol) hat folgende Molekülstruktur:

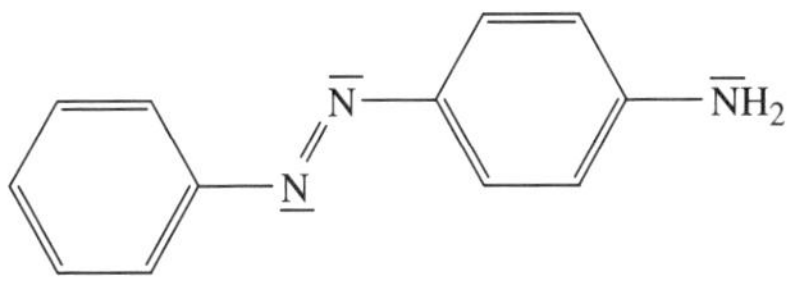

1.1 Erläutern Sie die Schritte der Synthese dieses Farbstoffs aus Anilin und den erforderlichen anorganischen Chemikalien unter Mitverwendung von Reaktionsgleichungen! 7

1.2 Erklären Sie die Bedeutung der verschiedenen Molekülteile für die Farbigkeit dieser Verbindung! 7

2 Carbonsäureester werden unter anderem als Aromastoffe in der Lebensmittelindustrie eingesetzt.

2.1 Der aus Ethansäure (Essigsäure) und Propan-1-ol gebildete Ester riecht birnenartig. Geben Sie die Strukturformelgleichung für die Estersynthese an! Zeigen Sie eine Möglichkeit auf, die Esterausbeute zu erhöhen, und begründen Sie das Vorgehen! 5

2.2 Der Ester aus Nr. 2.1 weist eine niedrigere Siedetemperatur auf, als jedes der beiden Edukte. Begründen Sie diesen Befund! 4

2.3 Eine Monocarbonsäure A reagiert mit Ethanol zu einem Ester mit der Summenformel $C_6H_{10}O_2$.
Leiten Sie die Summenformel der Säure A ab, zeichnen Sie die Strukturformeln der möglichen nicht zykischen Isomere und benennen Sie diese! 7

3 D(+)-Galactose- und D(+)-Glucose-Moleküle unterscheiden sich nur durch die Stellung der Hydroxygruppe am C^4-Atom.

3.1 Zeichnen Sie die Fischer-Projektionsformel der offenkettigen Form des D(+)-Galactose-Moleküls und legen Sie dar, welche Informationen die Symbole „D" und „(+)" enthalten! 5

3.2 Entscheiden Sie, ob mit Galactose das Phänomen „Mutarotation" gezeigt werden kann! Begründen Sie Ihre Entscheidung unter Mitverwendung geeigneter Strukturformeln! 7

3.3 In einem Disaccharid ist ein β-Glucopyranose-Baustein mit einem Galactopyranose-Baustein 1,4-glycosidisch verknüpft. Zeichnen Sie die Haworth-Projektionsformel des Disaccharidmoleküls! Beschreiben Sie die Durchführung der Fehling-Probe mit dem Disaccharid und begründen Sie das Ergebnis! 8

50

Lösung

1.1 Vom Anilin ausgehend lässt sich Anilingelb in zwei Reaktionsschritten herstellen. Im 1. Reaktionsschritt (**Diazotierung**) reagiert Anilin mit salpetriger Säure, die während der Umsetzung aus Natriumnitrit und Salzsäure freigesetzt wird, zum entsprechenden Diazoniumsalz:

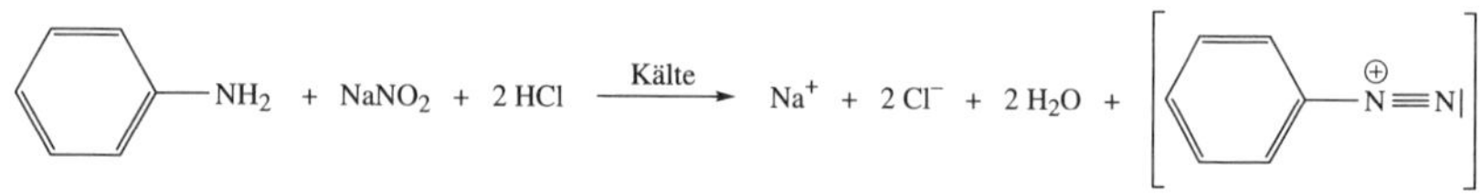

In eisgekühlter Lösung (Zurückdrängung der Zersetzung des Diazoniumsalzes unter Stickstoffabspaltung) wird dann das Diazoniumsalz mit der Kupplungskomponente, hier ebenfalls Anilin, zur Reaktion gebracht (**Azokupplung**):

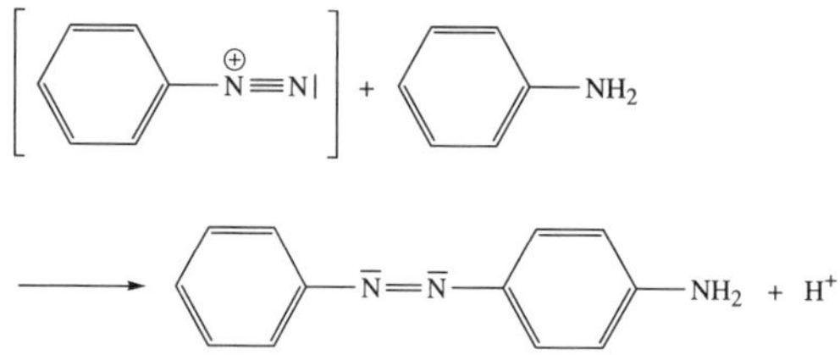

1.2 Eine Verbindung ist farbig, wenn sie aus dem kontinuierlichen sichtbaren Spektrum Wellenlängenbereiche **absorbieren** kann.
Atomgruppen, die für die Lichtabsorption und somit für die Farbgebung verantwortlich sind, werden als **chromophore Gruppen** bezeichnet. Hierbei handelt es sich um ungesättigte Gruppen, die allerdings einer Verbindung erst dann Farbigkeit verleihen, wenn mehrmals die gleiche oder mehrere verschiedene in einer Verbindung einen **Chromophor** bilden, d. h. so angeordnet sind, dass sich ein ausgedehntes mesomeres π-Elektronensystem bilden kann.
Im Anilingelb erstreckt sich der Chromophor über die beiden Benzolkerne und die Azogruppierung.
Durch die Delokalisation der π-Elektronen, wird die zur Anregung dieser Elektronen notwendige Energie soweit erniedrigt, dass schon jene des sichtbaren Lichts hierzu ausreicht.

Auxochrome sind Gruppen mit freien Elektronenpaaren, hier die NH_2-Gruppe.
Ein freies Elektronenpaar des Stickstoffs kann mit dem delokalisierten π-Elektronensystem des Chromophors in Wechselwirkung treten (+M-Effekt), wodurch die Delokalisation der π-Elektronen verstärkt wird. Die Energiedifferenzen zwischen Grundzustand und angeregten Zuständen werden dann noch geringer, sodass langwelligeres Licht zur Anregung ausreicht und es zu einer Farbvertiefung kommt (**bathochromer** Effekt).

2.1 Ethansäure reagiert mit Propan-1-ol in säurekatalysierter Reaktion zu Ethansäurepropylester:

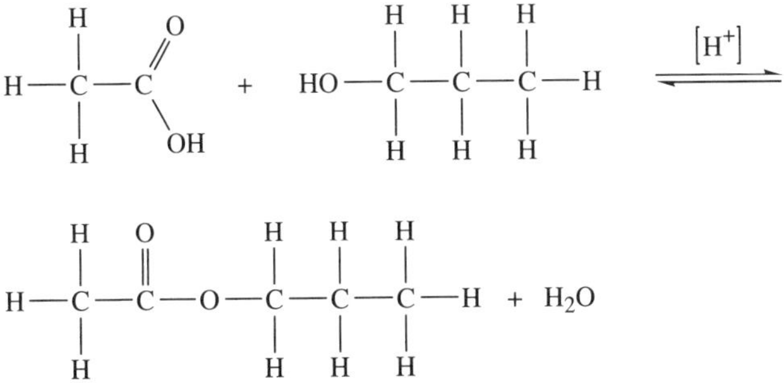

Nach dem **Prinzip vom kleinsten Zwang** lässt sich die Lage des Gleichgewichts durch Erniedrigung der Konzentration eines Endprodukts, z. B. durch Abdestillieren des Esters oder Bindung des Wassers durch Schwefelsäurezusatz, nach rechts verschieben. Die Erniedrigung der Konzentration eines Endprodukts ist ein Zwang, dem durch verstärkte Nachbildung des Endproduktes entgangen werden kann, d. h. das Gleichgewicht verschiebt sich nach rechts.

2.2 Die Höhe des Siedepunkts einer molekularen Verbindung hängt von der Stärke der **zwischenmolekularen Kräfte** ab. Zwischen den Carboxylgruppen der Säure-, bzw. zwischen den Hydroxylgruppen der Alkoholmoleküle wirken starke Wasserstoffbrückenbindungen, die zwischen Estermolekülen nicht ausgebildet werden können. Um die Alkohol- bzw. Säuremoleküle von einander zu trennen, ist mehr Energie notwendig, was sich in den höheren Siedepunkten ausdrückt.

2.3 Da bei der Bildung des Esters mit der Summenformel $C_6H_{10}O_2$ Wasser abgespalten wird, besitzen die Ausgangsstoffe 6 C-, 12 H- und 3 O-Atome ($C_6H_{10}O_2 + H_2O$). Da einer der Ausgangsstoffe Ethanol C_2H_5OH ist, hat die Säure die Summelformel $C_4H_6O_2$. Dieser Formel lassen sich folgende Isomere zuordnen:

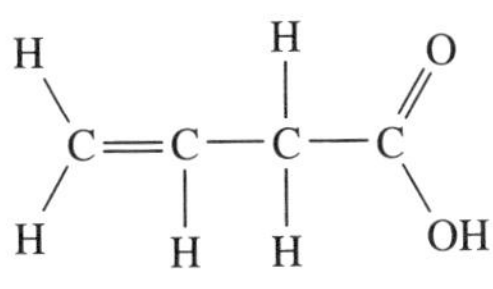

But-3-en-säure

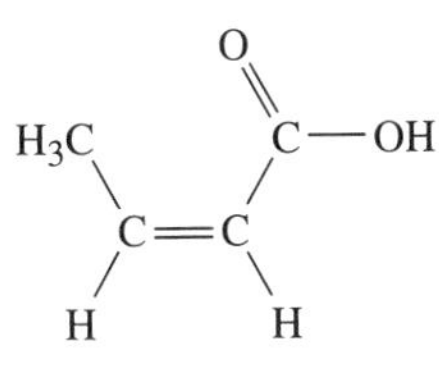

cis-But-2-en-säure

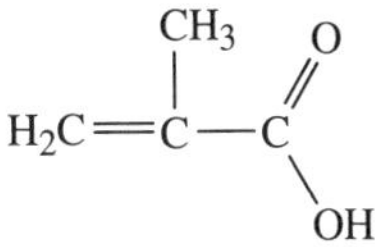

2-Methylpropensäure

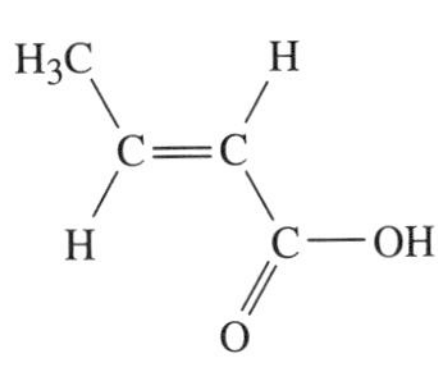

trans-But-2-ensäure

3.1 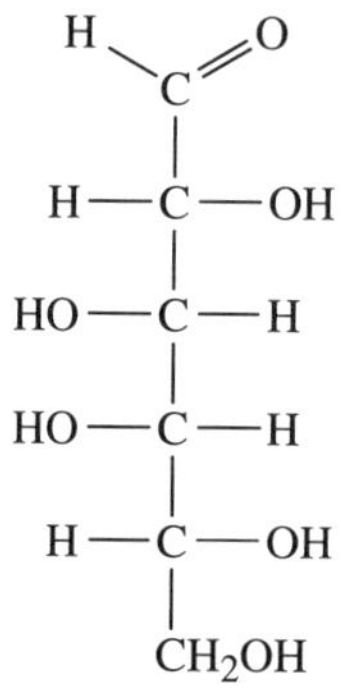

„D“: Das Monosaccharid gehört zur D-Reihe, d. h. die OH-Gruppe an C-Atom 5 (das Kohlenstoffatom, das am weitesten von der Aldehydgruppe entfernt und noch asymmetrisch ist) steht in der offenkettigen Fischer-Projektionsformel **rechts**.

„(+)“: Eine wässrige Lösung der Verbindung dreht die Ebene des linear polarisierten Lichts nach rechts (**im Uhrzeigersinn**).

3.2 Die Erscheinung, dass frisch hergestellte Lösungen bestimmter Zucker eine kontinuierliche Änderung ihres optischen Drehvermögens zeigen, bis sich ein konstanter Endwert einstellt hat, nennt man **Mutarotation**; Galactose zeigt Mutarotation.
Frisch bereitete Lösungen von α- bzw. β-D-Galactose haben verschiedene spezifische Drehwinkel. Untersucht man die Lösungen im Polarimeter, so zeigt sich, dass sich die Drehwinkel kontinuierlich ändern, bis sich in beiden Fällen der **gleiche** konstante Endwert einstellt.
Die Mutarotation ist darauf zurückzuführen, dass sich in beiden Lösungen ein Gleichgewichtsgemisch gleicher Zusammensetzung bildet, das α -D-Galactose, β -D-Galactose und eine geringe Menge der offenkettigen Aldehydform enthält. Diese kann sich aus den heterozyklischen Ringmolekülen bilden, da sich die Ringe am Kohlenstoffatom 1 öffnen können. Über die Aldehydform erfolgt die Umwandlung der **Anomeren** ineinander:

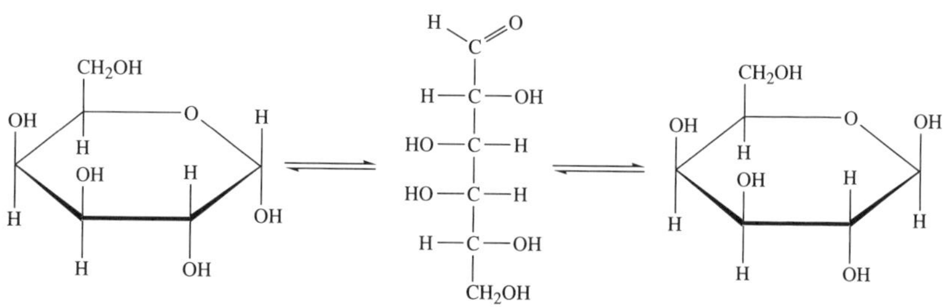

Das Gleichgewichtsgemisch hat eine spezifische Drehung, die dem konstanten Endwert entspricht.

3.3

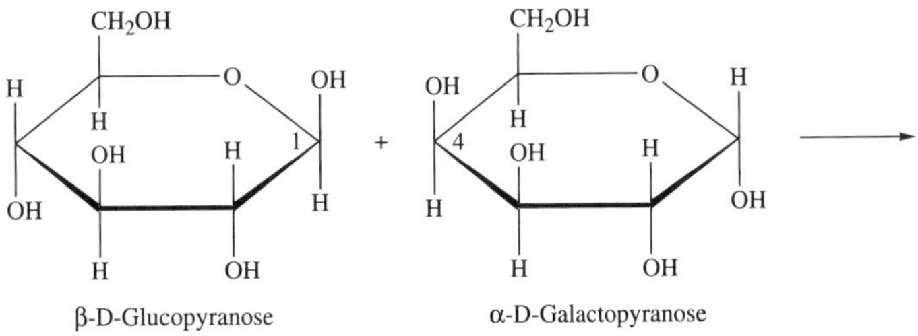

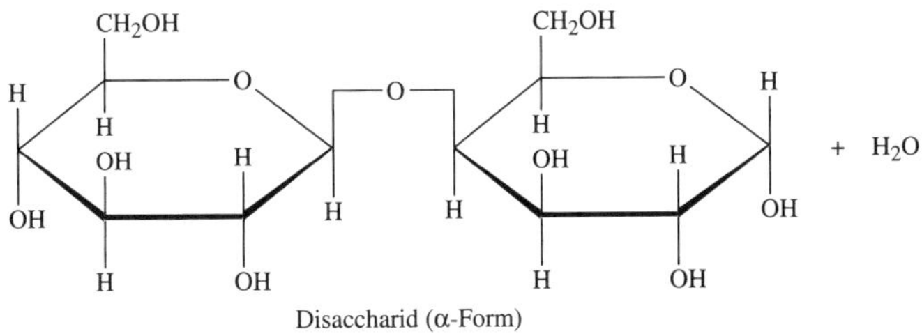

Bei der Fehling-Probe gibt man die Fehling'schen Lösungen I (Kupfer(II)-sulfat-Lösung) und II (Lösung von Natriumhydroxid und des organischen Salzes Natriumkaliumtartrat, dessen Anionen Cu^{2+}-Ionen komplex binden können) zusammen. Es entsteht ein tiefblauer Kupfer-Komplex.
Setzt man nun ein reduzierendes Disaccharid zu und erhitzt, so kommt es zu einer Rotbraunfärbung durch ausfallendes Kupfer(I)-oxid.
Bei dem beschriebenen Disaccharid ist an der Ausbildung der **glykosidischen Bindung** nur die OH-Gruppe des anomeren Kohlenstoffatoms des Glucosebausteins beteiligt. In wässriger Lösung kann sich ein Gleichgewicht zwischen α-, β- und offenkettiger Form des Disaccharids einstellen, da im Disaccharid der Galactosering vorliegt, dessen OH-Gruppe am anomeren Kohlenstoffatom nicht durch eine glykosidische Bindung blockiert ist. Da die offenkettige Form die oxidierbare Aldehydgruppe besitzt, hat das Disaccharid reduzierende Eigenschaften, ergibt also eine **positive** Fehling-Probe.

Grundkurs Chemie (Bayern): Abiturprüfung 2002
Aufgabe IV

		BE
1	Die Triebkraft chemischer Reaktionen war lange Zeit Gegenstand wissenschaftlicher Diskussionen. Eine Hypothese war, nur exotherme Vorgänge könnten freiwillig ablaufen.	
1.1	Schildern Sie ein Experiment, das diese Hypothese widerlegt, und begründen Sie das Versuchsergebnis!	6
1.2	Erläutern die den Begriff „energetische Koppelung" an einem Beispiel!	4
2	D. I. Arnon konnte 1958 nachweisen, dass bei der Fotosynthese lichtabhängige und lichtunabhängige Reaktionsfolgen ablaufen.	
2.1	Beschreiben Sie ein Experiment, das diese Erkenntnis stützt!	7
2.2	Geben Sie unter Mitverwendung einer Skizze eine Übersicht über den Ablauf der Lichtreaktionen der Fotosynthese!	7
3	Obwohl Erdöl im Gegensatz zu Kohle für eine unmittelbare Nutzung ungeeignet ist, spielt es als Energieträger und Rohstoff für die chemische Industrie derzeit eine dominierende Rolle.	
3.1	Der erste Schritt der Verarbeitung des Rohöls ist die Destillation. Erläutern Sie die Notwendigkeit und das Prinzip dieses Verfahrens!	4
3.2	Das bei der Destillation erhaltene Rohbenzin ist noch nicht als Treibstoff für moderne Ottomotoren geeignet. Begründen Sie diese Tatsache und erläutern Sie ein petrochemisches Verfahren, mit dem aus Rohbenzin Kraftfahrzeugbenzin gewonnen werden kann!	5
3.3	Zeigen Sie an einem Beispiel die Verwendung pflanzlicher Produkte zur Gewinnung von Treibstoffen auf und erläutern Sie ökologische Aspekte dieses Vorgehens!	4
4	Propan und Propadien (C_3H_4) sind bei Raumtemperatur gasförmige Kohlenwasserstoffe.	
4.1	Zeichnen Sie die Strukturformel des Propadienmoleküls und beschreiben Sie, ausgehend von den Hybridisierungszuständen der Kohlenstoffatome, die Bindungsverhältnisse in diesem Molekül!	7
4.2	Stellen Sie die Gleichung für die Reaktion auf, die vom Propadien zum Propan führt!	3
4.3	Propan wird an Stelle von Halogenkohlenwasserstoffen als Treibmittel in Sprays verwendet. Legen Sie an einem Beispiel den Zusammenhang zwischen Eigenschaften von Halogenkohlenwasserstoffen und der daraus resultierenden Umweltbelastung dar!	3
		50

Lösung

1.1 Man mischt in einem Erlenmeyerkolben Bariumhydroxid mit Ammoniumthiocyanat. Unter starker Abkühlung des Systems zerfließen die Feststoffe in spontaner Reaktion zu einer Suspension, wobei gasförmiges Ammoniak entsteht.
Hier läuft eine endtotherme Reaktion offensichtlich **spontan** ab, wobei die aus der Umgebung aufgenommene Wärme genutzt wird, um aus enthalpieärmeren Ausgangsstoffen enthalpiereichere Produkte zu bilden.
Erklärbar wird der Reaktionsverlauf aus der Erkenntnis, dass nicht nur die Enthalpieänderung ΔH bei der Abschätzung, ob eine Reaktion spontan abläuft oder nicht, betrachtet werden darf. Vielmehr ist für eine Beurteilung auch die **Entropieänderung** ΔS zu berücksichtigen.
Die Entropie S lässt sich anschaulich als **Maß für den Unordnungszustand** eines Systems verstehen. In einem System hoher Ordnung besitzen die Teilchen des Systems nur geringe Bewegungsmöglichkeiten; seine Entropie ist gering. In einem System geringer Ordnung besitzen die Teilchen mehr Möglichkeiten zu ungeordneter Bewegung; die Entropie eines solchen Systems ist hoch.
Nimmt die Entropie während der Reaktion zu, so bekommt die Entropieänderung ΔS ein positives Vorzeichen. Die Änderung des Energiegehalts, die aus der Entropieänderung resultiert, errechnet sich als Produkt:

$\Delta S\ [J \cdot mol^{-1} \cdot K^{-1}] \cdot T\ [K]$ (Temperatur in K)

Nach GIBBS und HELMHOLTZ wird die Differenz aus Enthalpieänderung ΔH und Energie, die sich aus der Entropieänderung ergibt, als Änderung der freien Enthalpie ΔG bezeichnet:

$\Delta G = \Delta H - \Delta S \cdot T$

Ist ΔG negativ, so nennt man die Reaktion exergonisch; sie verläuft spontan.
Bei der oben geschilderten Reaktion, ist ΔH zwar positiv, die Entropiezunahme durch Zusammenbruch der Kristallgitter und Freisetzung gasförmigen Ammoniaks aber so groß, dass **ΔG insgesamt negativ** wird. Die endotherme Reaktion ist also exergonisch und läuft spontan ab.

1.2 In Organismen laufen eine Fülle exergonischer und endergonischer Prozesse ab. Da endergonische Vorgänge nicht freiwillig ablaufen, müssen sie immer an eine exergonische Reaktion gekoppelt sein.
An solchen **energetisch gekoppelten** Reaktionen ist das ATP/ADP-System beteiligt. Die Bildung von ATP ist endergonisch. Die Bildung von ATP wird daher z. B. beim Glucosabbau in der Glykolyse mit der exergonischen Bildung von Brenztraubensäure aus Phosphoenolbrenztraubensäure gekoppelt:

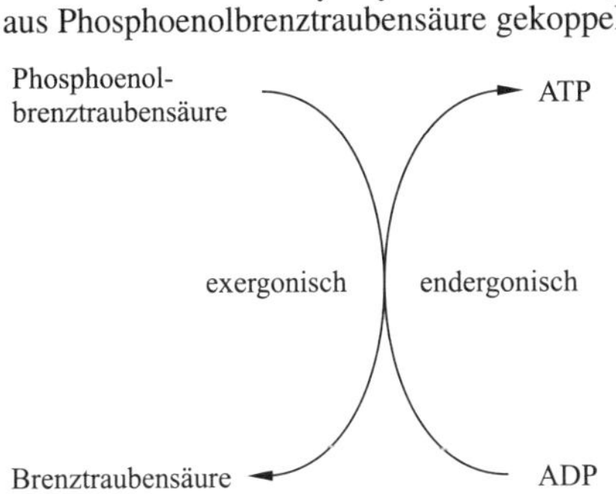

2.1 Die Untersuchung der Abhängigkeit der Fotosyntheserate von der **Temperatur** bei unterschiedlichen **Beleuchtungsstärken** liefert einen Hinweis darauf, dass den lichtabhängigen Reaktionen licht**un**abhängige, dafür aber temperaturabhängige Prozesse folgen:

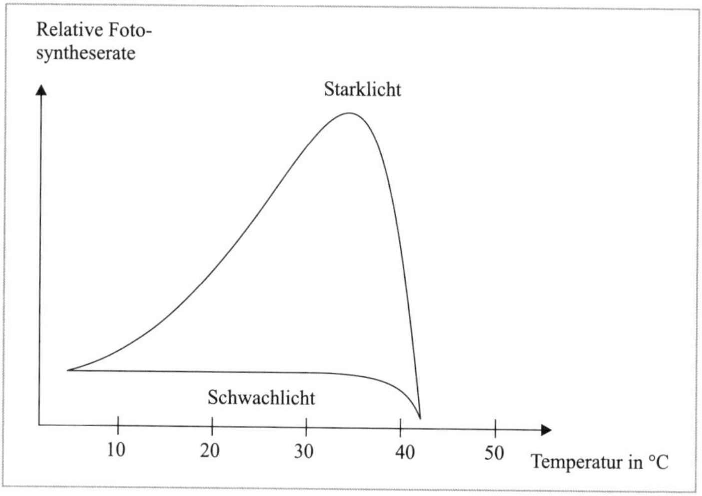

Bei **Starklicht** steigt die Fotosyntheserate mit zunehmender Temperatur stark an; sie folgt hier der **RGT-Regel** (Reaktionsgeschwindigkeit-Temperatur-Regel), die als Faustregel besagt, dass eine Temperaturerhöhung von 10 °C die Reaktionsgeschwindigkeit etwa verdoppelt.
Nach Überschreiten des Temperaturoptimums sinkt sie dann sehr stark ab und geht auf Null zurück.
Bei **Schwachlicht** hat eine Temperatursteigerung bis ca. 40 °C keinen Einfluss auf die Fotosyntheserate; bei höherer Temperatur sinkt sie dann ebenfalls auf Null.

Unter der Annahme, dass die Lichtreaktionen Zwischenprodukte liefern, die für den Ablauf der Dunkelreaktion benötigt werden, lässt sich der Kurvenverlauf wie folgt interpretieren:
Bei Schwachlicht liefern die Lichtreaktionen so wenig Zwischenprodukte, dass diese in der Dunkelreaktion selbst bei niedrigen Temperaturen sofort vollständig umgesetzt werden können. Die durch die Temperatursteigerung bewirkte Kapazitätssteigerung der Dunkelreaktion bleibt ungenutzt, da die geringe Lichtintensität die Stoffproduktion in der Lichtreaktion begrenzt.
Bei Starklicht liefern die Lichtreaktionen mehr Zwischenprodukte als von der Dunkelreaktion bei niedriger Temperatur verarbeitet werden können. Mit ansteigender Temperatur wächst jedoch die Kapazität der Dunkelreaktion und somit der Ausstoß an Fotosyntheseprodukten.

2.2

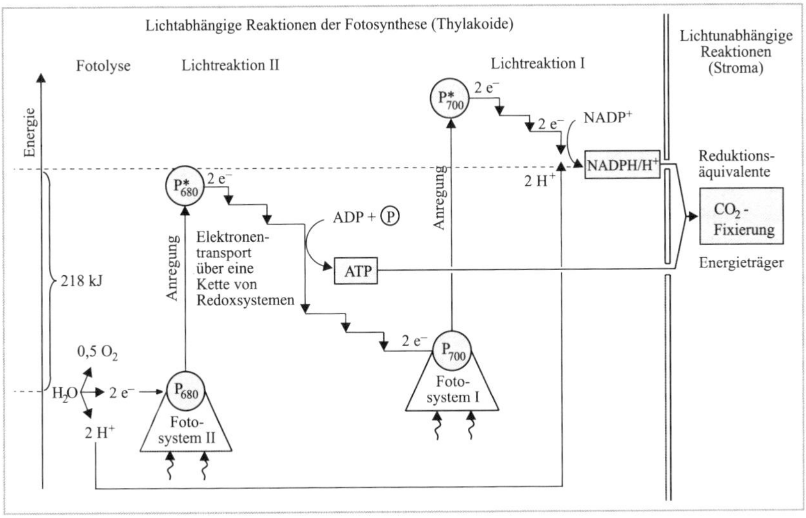

An den **Lichtreaktionen** der Fotosynthese sind zwei Pigmentsysteme, das Fotosystem I und Fotosystem II beteiligt.
Pigmentmoleküle von Fotosystem I können durch Absorption von Lichtquanten angeregt und damit in die Lage versetzt werden, energiereiche Elektronen an nachgeschaltete Redoxsysteme abzugeben (1. Lichtreaktion). Diese Elektronen werden schließlich zur Reduktion von $NADP^+$ verwendet, wobei mit den Protonen, die bei der Fotolyse des Wassers entstehen, Reduktionsäquivalente $NADPH/H^+$ gebildet werden:

$$NADP^+ + 2\,e^- + 2\,H^+ \longrightarrow NADPH/H^+$$

Auch Chlorophyllmoleküle des Fotosystems II werden durch Absorption von Lichtquanten angeregt und geben energiereiche Elektronen ab (2. Lichtreaktion). Diese gelangen über Redoxsysteme zum Fotosystem I und gleichen hier das durch die 1. Lichtreaktion entstandene Elektronendefizit aus.
Das Fotosystem II gleicht seinen Elektronenverlust durch Elektronen, die bei der Fotolyse des Wassers frei werden, aus:

$$2\,H_2O \longrightarrow 4\,H^+ + O_2 + 4\,e^-$$

Insgesamt kommt es also zu einem Elektronentransport vom Wasser zu $NADP^+$ (**nichtzyklischer Elektronentransport**).

Daneben besteht auch die Möglichkeit, dass Elektronen des angeregten Chlorophylls des Fotosystems I in einem Kreisprozess über eine Reihe von Redoxsystemen wieder zu Chlorophyllmolekülen im Grundzustand zurücktransportiert werden (**zyklischer Elektronentransport**).
Beide Formen des Elektronentransports sind mit ATP-Bildung gekoppelt (**Fotophosphorylierung**). Die bei dem Elektronentransport freiwerdende Energie kann teilweise für die endergonische Bildung von ATP genutzt werden.

3.1 Erdöl besteht hauptsächlich aus einem Gemisch von Kohlenwasserstoffen, das erst noch in verwendungsfähige Produkte aufgetrennt werden muss.
Durch Destillation lässt sich das Erdöl in verschiedene **Fraktionen** trennen. Dazu wird das Erdöl auf etwa 400 °C erhitzt und das entstehende Dampf-Flüssigkeitsgemisch in einen gekühlten Fraktionierturm geleitet. Die Dämpfe steigen in dem Turm nach oben, kühlen dabei ab und kondensieren. Das Kondensat sammelt sich auf den als Glockenböden konstruierten Zwischenböden. Durch die Konstruktion der Zwischenböden müssen die aufsteigenden Dämpfe das auf dem Glockenboden angesammelte Kondensat durchströmen, wodurch die Trennung zwischen leicht- und schwerflüchtigen Stoffen verbessert wird:

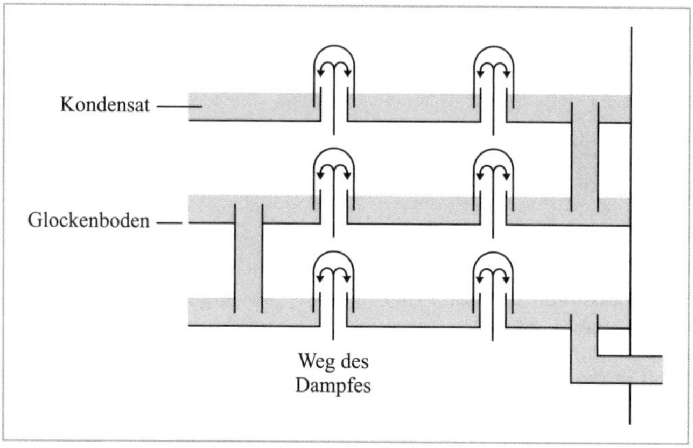

Je niedriger der Siedepunkt der einzelnen Dampfbestandteile ist, um so höher können sie bis zur Kondensation in dem Fraktionierturm nach oben steigen.
Die nach Siedebereichen getrennten Fraktionen werden schließlich aus dem Turm abgezogen.

3.2 Das gewonnene Rohbenzin hat für moderne Ottomotoren eine zu geringe Klopffestigkeit. Beim **Reformieren** an einem Platinkatalysator (Platinum-Reforming-Verfahren = Platforming) werden aus klopfanfälligen n-Alkanen und Cycloalkanen klopffeste i-Alkane (verzweigte Alkane) und Aromaten erzeugt. Dabei können z. B. folgende Reaktionen ablaufen:
Isomerisierung (Umwandlung in ein Molekül gleicher Summenformel, aber anderer Strukturformel), z. B.:

$$\underset{\text{Heptan}}{CH_3{-}(CH_2)_5{-}CH_3} \longrightarrow \underset{\text{2,3-Dimethylpentan}}{CH_3{-}CH(CH_3){-}CH(CH_3){-}CH_2{-}CH_3}$$

Dehydrocyclisierung (Bildung eines ringförmigen aromatischen Moleküls unter Wasserstoffabspaltung), z. B.:

$$\underset{\text{n-Heptan}}{CH_3{-}(CH_2)_5{-}CH_3} \longrightarrow \underset{\text{Toluol}}{C_6H_5{-}CH_3} + 4\,H_2$$

Dehydrierung (Wasserstoffabspaltung), z. B.:

$$\underset{\text{Cyclohexan}}{C_6H_{12}} \longrightarrow \underset{\text{Benzol}}{C_6H_6} + 3\,H_2$$

3.3 Der Einsatz von Pflanzenölen (z. B. aus Raps, Sonnenblumen) als Kraftstoff wird erprobt. Die Öle lassen sich jedoch nicht in herkömmlichen, sondern nur in speziell konzipierten Motoren einsetzen.
In einer als **Umesterung** bezeichneten Reaktion reagiert z. B. Rapsöl mit Methanol unter Bildung von Glycerin und Fettsäuremethylester. Der Ester lässt sich mit herkömmlichen Dieselöl mischen. Mit diesem Gemisch können normale Dieselmotoren betrieben werden.

Wenngleich der Einsatz dieser neuen Kraftstoffe erst in der Erprobungsphase steckt, hätte der Einsatz nachwachsender Rohstoffe im Energiesektor eine Reihe positiver Begleiteffekte:

- Reduktion der Verbrauchs an fossilen Energieträgern, mit dem Ziel der Verringerung der **CO_2-Belastung** der Atmosphäre. Bei der Verbrennung der neuen Kraftstoffe wird zwar auch CO_2 freigesetzt; die Pflanze hat jedoch (relativ kurze Zeit vorher) zur Erzeugung der energiereichen Ausgangsstoffe CO_2 im Zuge der Fotosynthese aufgenommen.
- Schonung **fossiler** Ressourcen.
- Weniger Umweltbelastung bei der Produktion und Verbrennung der Kraftstoffe.
- Langfristige Rohstoffsicherung; mehr **Unabhängigkeit** von importierten Energieträgern.
- Zusätzliche Einkommens- und Produktionsmöglichkeiten für die **Landwirtschaft**.

4.1 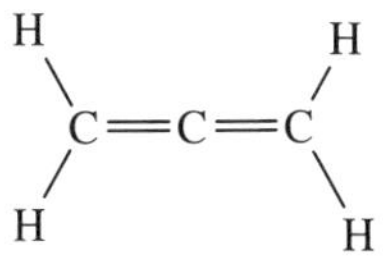

Die C-Atome 1 und 3 sind sp^2-, C-Atom 2 ist sp-hybridisiert.
Bei den C-C-σ-Bindungen überlappen sp^2- mit sp-Hybridorbitalen. Die C-Atome sind somit linear angeordnet. Die nicht an der Hybridisierung beteiligten p-Orbitale von C-Atom 2 stehen senkrecht zueinander. Sie überlappen bei der Ausbildung der π-Bindungen jeweils mit einem parallel stehenden p-Orbital an C^1 und C^3. Dies ist nur möglich, wenn die sp^2-Hybridorbitale von C^1 und C^3 in zueinander senkrechten Ebenen liegen. Da die C-H-σ-Bindungen durch Überlappung je eines sp^2-Hybridorbitals mit einem s-Orbital des Wasserstoffs entstehen, befinden sich auch die H-Atome an C^1 und die an C^2 ebenfalls in zueinander senkrechten Ebenen.

4.2 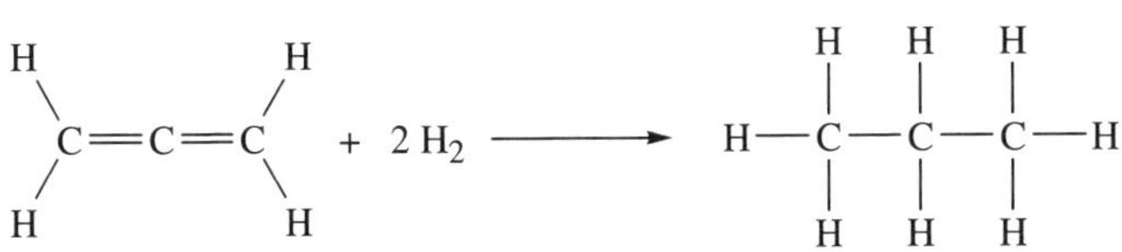

4.3 Früher fanden häufig Fluorchlorkohlenwasserstoffe (**FCKW**), wie z. B. CF_2Cl_2 Anwendung als Treibmittel.
Aufgrund ihrer großen Flüchtigkeit und ihrer langen Lebensdauer in der Atmosphäre (z. T. über 150 Jahre) gelangen die FCKW in höhere Schichten der Atmosphäre. Dort können sie durch kurzwellige UV-Strahlung gespalten werden. Die dabei freigesetzten Chlorradikale bauen **Ozon** (O_3) zu O_2-Molekülen ab:

$$CF_2Cl_2 \longrightarrow CF_2Cl\bullet + Cl\bullet$$
$$Cl\bullet + O_3 \longrightarrow ClO\bullet + O_2$$
$$ClO\bullet + O\bullet \longrightarrow Cl\bullet + O_2$$

Eine ausgedünnte Ozonschicht („**Ozonloch**") hat nur noch eine verminderte Schutzfunktion gegenüber der energiereichen UV-Strahlung (UV-B und UV-C) aus dem Weltraum.

Grundkurs Chemie (Bayern): Abiturprüfung 2003
Aufgabe I

BE

1 Mit einer Totalsynthese der Saccharose gelang vor 50 Jahren der endgültige Beweis für die Struktur ihres Moleküls. Bestimmte Mikroorganismen können durch 1,6-glykosidische Verknüpfung je eines α-D-Glucopyranose-Bausteins mit einem D-Fructofuranose-Baustein das isomere Disaccharid Palatinose synthetisieren.

1.1 Zeichnen Sie die Haworth-Projektionsformel des Saccharose- und eines Palatinose-Moleküls! 4

1.2 Eines der beiden isomeren Disaccharide aus Nr. 1 zeigt Mutarotation. Nennen Sie das Disaccharid, beschreiben Sie das Experiment zum Nachweis der Mutarotation und erläutern Sie die Beobachtungen unter Verwendung von Strukturformelausschnitten! 10

2 Es gibt vier strukturisomere, nicht zyklische Moleküle mit der Summenformel C_4H_8.

2.1 Zeichnen Sie die Strukturformeln der Moleküle und benennen Sie diese! 4

2.2 Formulieren Sie mit Strukturformeln die Einzelschritte der Reaktion eines der Moleküle unter Nr. 2 mit Brom bei Raumtemperatur und im Dunkeln! 5

2.3 Der Baeyer-Reaktion ist ein Nachweis für das Vorhandensein von C,C-Mehrfachbindungen in organischen Molekülen. Beschreiben Sie die Durchführung des Versuchs sowie die Beobachtungen und formulieren Sie die Teilgleichung für die Reduktion! 7

3 Die bifunktionelle Verbindung 2-Hydroxypropansäure (Milchsäure) zeigt die charakteristischen Reaktionen ihrer funktionellen Gruppen.

3.1 Die Verbindung kann sowohl mit Ethanol als auch mit Ethansäure je einen Ester bilden.
Formulieren Sie die Strukturformelgleichungen für beide Reaktionen! 4

3.2 Erläutern Sie am Beispiel der Milchsäure die Chiralität von Molekülen und definieren Sie den Begriff „optische Aktivität" allgemein! 6

4 Glycerinaldehyd-3-phosphat und Glycerinsäure-3-phosphat treten sowohl in der Glykolyse als auch im Calvin-Zyklus auf.

4.1 Formulieren Sie die Strukturformelgleichung für die wechselseitige Umwandlung beider Stoffe

a) bei der Glykolyse und
b) im Calvin-Zyklus!

Für die beteiligten Coenzyme (Cofaktoren) ist die übliche Kurzschreibweise zu verwenden. 6

4.2 Vergleichen Sie die beiden Umwandlungsreaktionen

a) hinsichtlich des Reaktionstyps und
b) hinsichtlich der Energetik! 4

50

Lösung

1.1

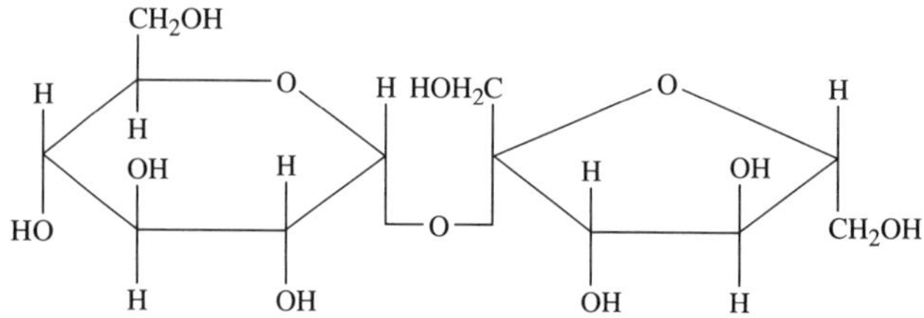

Saccharose

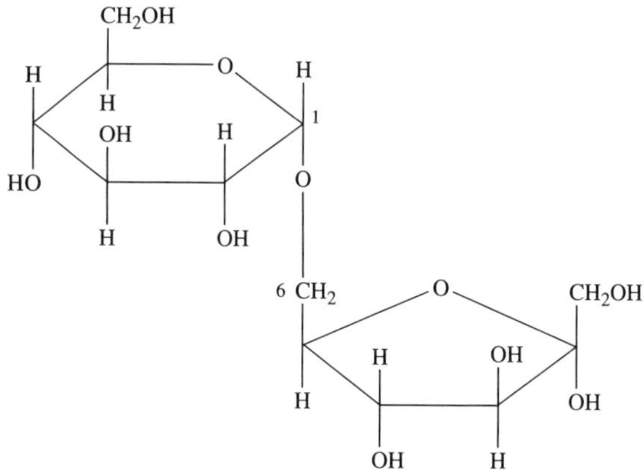

Palatinose (α-Form)

1.2 **Palatinose zeigt Mutarotation**

Geht man z. B. von einer wässrigen Lösung von reiner α-Palatinose aus, so lagert sich im Laufe der Zeit α-Palatinose über die offenkettige Form in β-Palatinose um und es stellt sich ein dynamisches Gleichgewicht zwischen diesen drei Formen der Palatinose ein. α- und β-Palatinose haben unterschiedliche Drehwinkel für die Schwingungsebene linear polarisierten Lichts. Da sich bis zur Einstellung des Gleichgewichtzustandes die Konzentrationen von α- und β-Palatinose kontinuierlich ändern, ändert sich auch der Drehwinkel des Gemisches, was man in einem Polarimeter nachweisen kann. Ein konstanter Endwert wird erreicht, wenn sich der Gleichgewichtzustand eingestellt hat. Gleichgewichtseinstellung zwischen α- und β-Form der Palatinose (Molekülausschnitte):

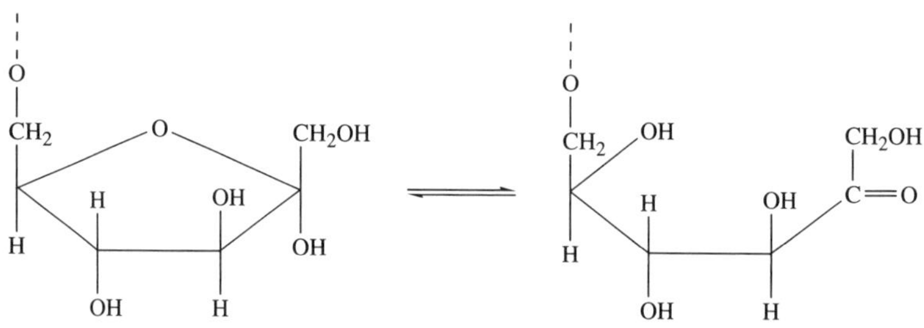

α-Form

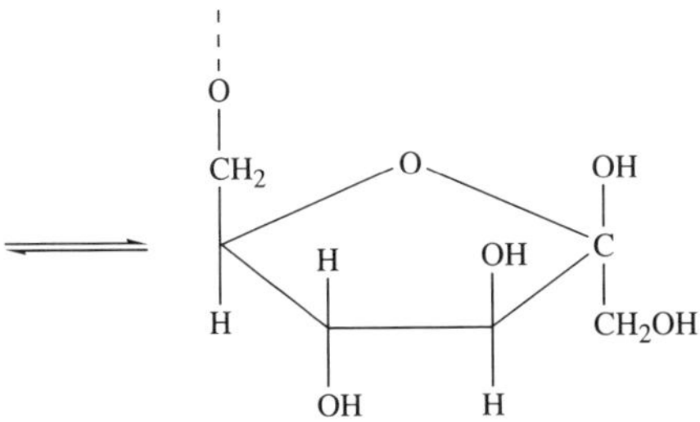

β-Form

2.1

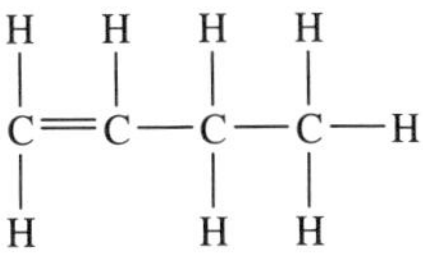

1-Buten
(But-1-en)

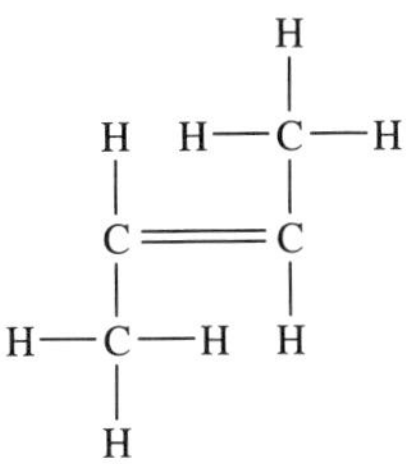

trans-2-Buten
(trans-But-2-en)

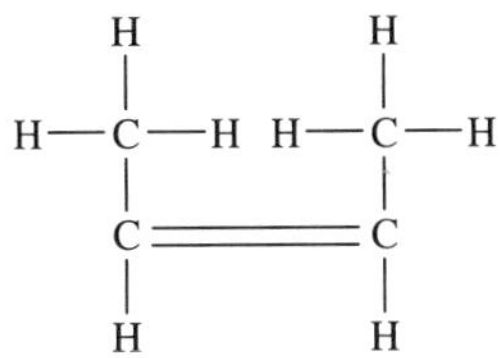

cis-2-Buten
(cis-But-2-3n)

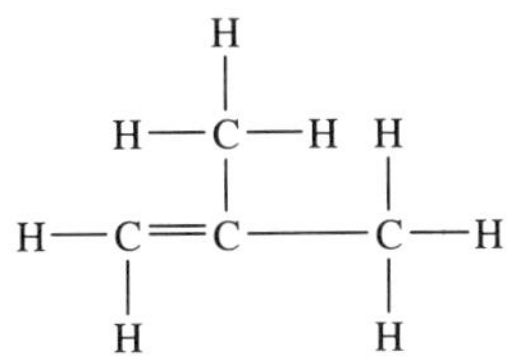

Methylpropen

2.2 1-Buten (But-1-en) reagiert mit Brom in einer elektrophilen Addition:

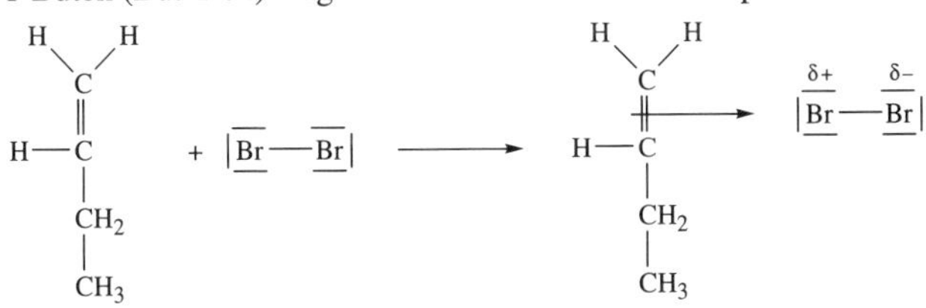

π-Komplex

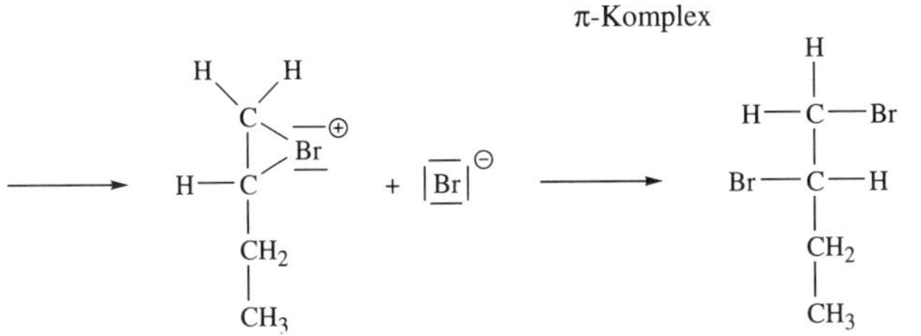

σ-Komplex

1,2-Dibrombutan

2.3 Verbindungen mit C,C-Mehrfachbindungen entfärben eine schwach alkalische, violett geärbte Kaliumpermanganatlösung. Dabei wird die organische Verbindung oxidiert und die Permanganationen werden zu Braunstein (MnO_2) reduziert:

$$\overset{+VII}{Mn}O_4^- + 3\,e^- + 2\,H_2O \longrightarrow \overset{+IV}{Mn}O_2 + 4\,OH^-$$

3.1

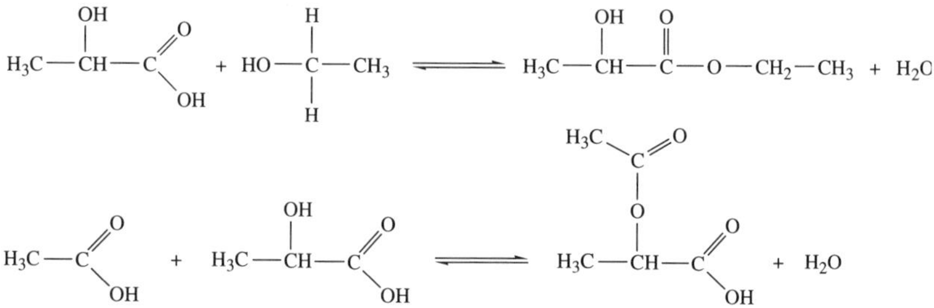

3.2 **Chiralität:**

Von der Milchsäure existieren zwei verschiedene Isomere (Enantiomere), die sich wie Bild und Spiegelbild verhalten und sich nicht zur Deckung bringen lassen. Da auch unsere Hände sich wie Bild und Spiegelbild verhalten, nennt man diese Asymmetrie Chiralität (Händigkeit).

Ein chiraler Molekülbau ist gegeben, wenn im Molekül ein asymmetrisches Kohlenstoffatom vorliegt, d. h. ein C-Atom, das mit vier verschiedenen Atomen oder Atomgruppen verknüpft ist.

Bei der Milchsäure ist dies C-Atom 2, das jeweils mit einer Carboxyl-, Methyl- und Hydroxylgruppe und mit einem Wasserstoffatom verknüpft ist.

Enantiomere sind optisch aktiv, d. h. sie sind in der Lage die Schwingungsebene linear polarisierten Lichts zu drehen.

4.1 **Glykolyse:**

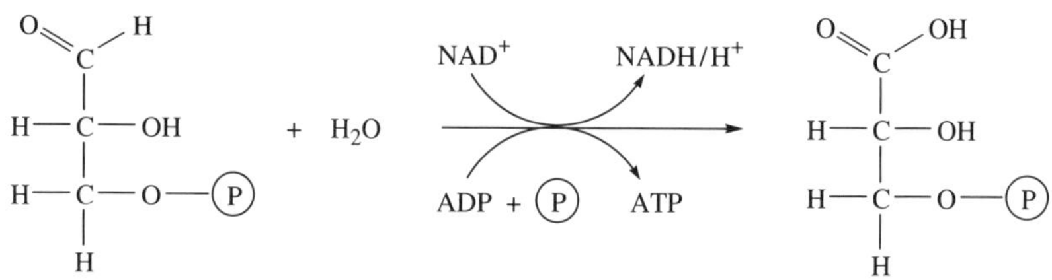

Glycerinaldehyd-3-phosphat

Glycerinsäure-3-phosphat

Calvin-Zyklus:

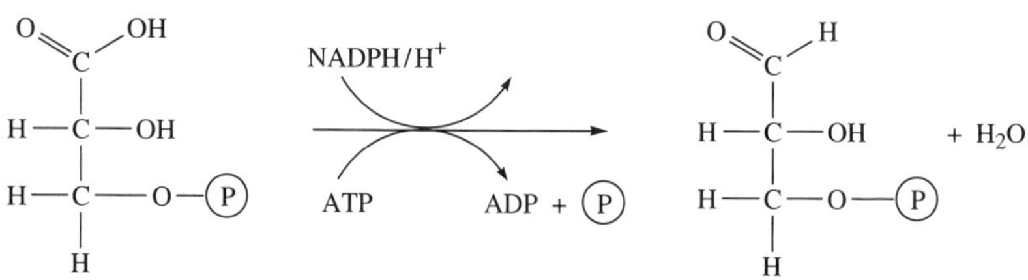

4.2 a) In der Glykolyse wird Glycerinaldehyd-3-phosphat zu Glycerinsäure-3-phosphat oxidiert, wobei NAD^+ zu $NADH/H^+$ reduziert wird.
Im Calvin-Zyklus wird Glycerinsäure-3-phoshat zu Glycerinaldehyd-3-phosphat reduziert, wobei $NADPH/H^+$ zu $NADP^+$ oxidiert wird.

b) Die Oxidation des Glycerinaldehyd-3-phosphats in der Glykolyse ist exergonisch; die frei werdende Energie kann z. T. zum Aufbau von ATP genutzt werden.
Die Reduktion des Glycerinsäure-3-phosphats im Calvin-Zyklus ist endergonisch und wird durch ATP-Spaltung ermöglicht.

		BE
1	In der aktuellen Energie- und Rohstoffsituation werden auch nachwachsende pflanzliche Energieträger eingesetzt, um den Verbrauch fossiler Vorräte einzudämmen.	
1.1	Erläutern Sie anhand einer beschrifteten Skizze ein Verfahren zur Erdöldestillation!	5
1.2	Beschreiben Sie je ein Verfahren zur a) Entschwefelung von Erdöldestillaten, b) Gewinnung von Rohbenzin aus schwerem Heizöl und c) Erhöhung der Qualität (Klopffestigkeit) von Benzin!	7
1.3	„Biodiesel" wird aus Rapsöl hergestellt. Dabei werden in einem ersten Reaktionsschritt die Fettsäuren (R_1COOH, R_2COOH, R_3COOH) durch Hydrolyse freigesetzt und anschließend in einem zweiten Schritt mit Methanol verestert. Das Gemisch der entstehenden Fettsäuremethylester ist dann der eigentliche Biodieselkraftstoff.	
1.3.1	Erstellen Sie für die beiden Schritte die Reaktionsgleichungen unter Verwendung von Strukturformeln!	5
1.3.2	Erklären Sie zwei Möglichkeiten, wie man die Veresterung der Fettsäuren mit Methanol zugunsten einer möglichst hohen Produktausbeute beeinflussen kann!	3
1.3.3	Begründen Sie die flüssige Konsistenz des Rapsöls bei Raumtemperatur!	4
2	Bei der Oxidation von Glycerin (Propan-1,2,3-triol) können drei isomere Kohlenhydrate mit der Summenformel $C_3H_6O_3$ entstehen.	
2.1	Zeichnen Sie die Fischer-Projektionsformeln der drei Isomeren und benennen Sie diese!	3
2.2	Bei jedem der drei Kohlenhydrate verläuft die Silberspiegel-Probe positiv.	
2.2.1	Beschreiben Sie die experimentelle Durchführung der Silberspiegel-Probe mit positivem Ergebnis!	4
2.2.2	Begründen Sie das positive Ergebnis der Silberspiegel-Probe bei allen drei Substanzen!	5
2.3	Formulieren Sie für eines der drei Kohlenhydrate die Teilgleichungen für den Oxidations- und den Reduktionsvorgang bei der Silberspiegel-Probe und fassen Sie beide zu einer Gesamtgleichung zusammen!	6
3	Methan kann durch Reaktion mit Chlor in Tetrachlormethan überführt werden.	
3.1	Beschreiben Sie unter Verwendung einer Skizze die Bindungsverhältnisse im Methan-Molekül! Verwenden Sie dazu das Orbitalmodell und gehen Sie vom Hybridisierungszustand des Kohlenstoff-Atoms aus!	5
3.2	Tetrachlormethan wurde in Deutschland bis 1964 als Feuerlöschmittel verwendet. Nehmen Sie kurz Stellung zur ökologischen Problematik der Verwendung von Halogenalkanen!	3
		50

Lösung

1.1 Durch Destillation lässt sich das Erdöl in verschiedene Fraktionen trennen. Dazu wird das Erdöl auf etwa 400 °C erhitzt und das entstehende Dampf-Flüssigkeitsgemisch in einen gekühlten Fraktionierturm geleitet.

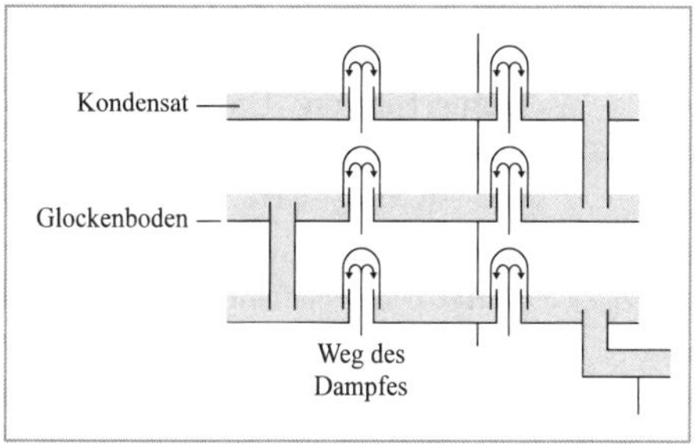

Die Dämpfe steigen in dem Turm nach oben, kühlen sich dabei ab und kondensieren. Das Kondensat sammelt sich auf den als Glockenböden konstruierten Zwischenböden.
Durch die Konstruktion der Zwischenböden müssen die aufsteigenden Dämpfe das auf dem Glockenboden angesammelte Kondensat durchströmen, wo durch die Trennung zwischen leicht- und schwerflüchtigen Stoffen verbessert wird. Je niedriger der Siedepunkt der einzelnen Dampfbestandteile ist, umso höher können sie bis zur Kondensation in dem Fraktionierturm nach oben steigen. Die nach Siedebereichen getrennten Fraktionen werden schließlich aus dem Turm abgezogen.

1.2 a) Zur Senkung des Schwefelgehalts werden die entsprechenden Erdölprodukte einer katalytischen, hydrierenden Druckentschwefelung unterzogen:
Die schwefelreiche Fraktion wird bei 380 °C und hohem Druck mit Wasserstoff angereichert über einen (Kobalt-Molybdän-)Katalysator geleitet. Dabei werden die organischen Schwefelverbindungen in Kohlenwasserstoffe und Schwefelwasserstoff umgewandelt.

Beispiel:

$$H_3C-CH_2-SH + H_2 \longrightarrow H_3C-CH_3 + H_2S$$

Der giftige Schwefelwasserstoff wird abgetrennt und partiell zu Schwefel und Wasser oxidiert.
Ein Teil des Schwefelwasserstoffs wird zunächst zu Schwefeldioxid verbrannt:

$$2\,H_2S + 3\,O_2 \longrightarrow 2\,H_2 + 2\,SO_2$$

Der nicht oxidierte Schwefelwasserstoff reduziert das gebildete Schwefeldioxid zu Wasser und Schwefel:

$$SO_2 + 2\,H_2S \longrightarrow 2\,H_2O + 3\,S$$

b) **Crackverfahren**
Aus Heizöl lässt sich Rohbenzin gewinnen, indem man es einem thermischen oder katalytischen Crackprozess unterzieht.
Beim katalytischen Verfahren wird die Erdölfraktion bei 450–550 °C unter leichtem Druck kurzzeitig mit einem fein verteilten Katalysatorgemisch (Al_2O_3/SiO_2) in Kontakt gebracht, wobei größere Moleküle in, als Treibstoff geeignete, niedermolekulare Kohlenwasserstoffe und Kohlenstoff gespalten werden, z. B.:

$$C_{16}H_{34} \longrightarrow C_7H_{16} + C_8H_{18} + C$$

Neben unverzweigten Molekülen können auch verzweigte Kohlenwasserstoffe und Aromaten entstehen, die die Klopffestigkeit des Kraftstoffs erhöhen.

c) Beim Reformieren an einem Platinkatalysator (Platinum-Reforming-Verfahren = Platforming) werden aus klopfanfälligen n-Alkanen und Cycloalkanen klopffeste i-Alkane (verzweigte Alkane) und Aromaten erzeugt.Dabei können z. B. folgende Reaktionen ablaufen:

Isomerisierung (Umwandlung in ein Molekül gleicher Summenformel, aber anderer Strukturformel), z. B.:

$$CH_3-(CH_2)_5-CH_3 \longrightarrow CH_3-CH(CH_3)-CH(CH_3)-CH_2-CH_3$$

n-Heptan → 2,3-Dimenthylpentan

Dehydrocyclisierung (Bildung eines ringförmigen aromatischen Moleküls unter Wasserstoffabspaltung), z. B.:

$$CH_3-(CH_2)_5-CH_3 \longrightarrow C_6H_5-CH_3 + 4\,H_2$$

n-Heptan → Toluol

Dehydrierung (Wasserstoffabspaltung), z. B.:

$$C_6H_{12} \longrightarrow C_6H_6 + 3\,H_2$$

Cyclohexan → Benzol

1.3.1

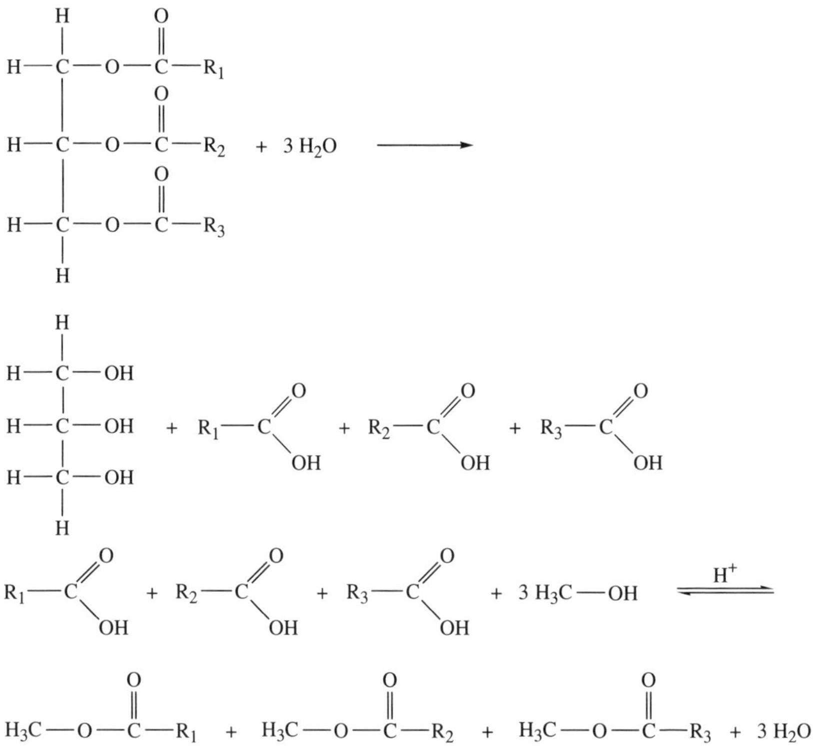

1.3.2 Nach dem Prinzip vom kleinsten Zwang gibt es folgende Möglichkeiten, die Lage des Gleichgewichts nach rechts zu verschieben:

- Erhöhung der Konzentration eines Ausgangsstoffs
  Erhöht man z. B. die Konzentration des Alkohols, so wird dadurch auf das System ein Zwang ausgeübt; es weicht diesem Zwang aus, indem verstärkt Alkohol unter Esterbildung verbraucht wird, bis die ursprüngliche Gleichgewichtslage wieder erreicht ist.
- Erniedrigung der Konzentration eines Endprodukts, z. B. durch Abdestillieren des Esters oder Bindung des Wassers durch Schwefelsäurezusatz.

1.3.3 Die natürlich vorkommenden, ungesättigten Fettsäuren besitzen an der Doppelbindung stets cis-Konfiguration, was eine Krümmung des Moleküls an dieser Stelle und damit einen sperrigen Bau zur Folge hat.
Fettmoleküle des Rapsöls, die ungesättigte Fettsäurereste besitzen, ordnen sich daher nicht gut zu einem Kristallgitter zusammen. Da die Moleküle nicht eng beieinander liegen, sind die gegenseitigen Anziehungskräfte gering, das Schmelzintervall des Fettes liegt niedrig und die Moleküle sind bereits bei Raumtemperatur leicht gegeneinander verschiebbar.

2.1

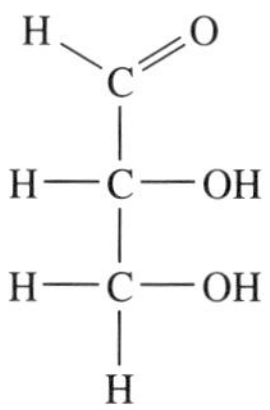

D-2,3-Dihydroxypropanal

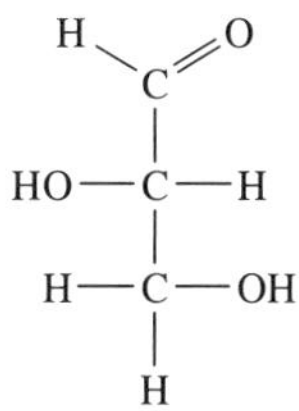

L-2,3-Dihydroxypropanal

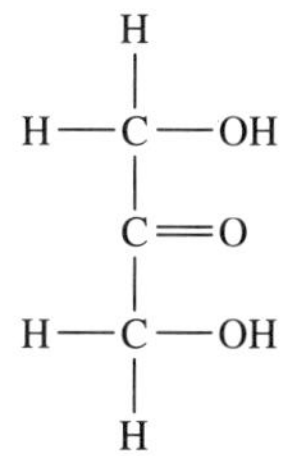

1,3-Dihydroxypropanon

2.2.1 Zu einer Silbernitratlösung gibt man Ammoniakwasser. Zunächst fällt Silberhydroxid aus, das sich aber unter Bildung des Silberdiamminkomplexes wieder löst. Gibt man nun eine Lösung des zu untersuchenden Kohlenhydrats hinzu, so scheidet sich bei positivem Ausgang beim Erhitzen ein Silberspiegel an der Reagenzglaswand ab.

2.2.2 Die Enantiomere des 2,3-Dihydroxypropanals besitzen beide die oxidierbare Aldehydgruppe und haben somit reduzierende Eigenschaften.
In alkalischer Lösung (die Silberspiegelprobe verläuft im Basischen!) kann aus 1,3-Dihydroxypropanon über die Endiolform ebenfalls 2,3-Dihydroxypropanal gebildet werden kann (Keto-Endiol-Tautomerie).

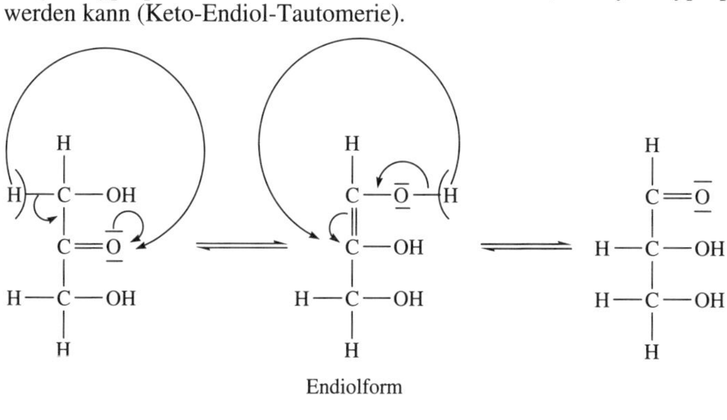

Endiolform

2.3 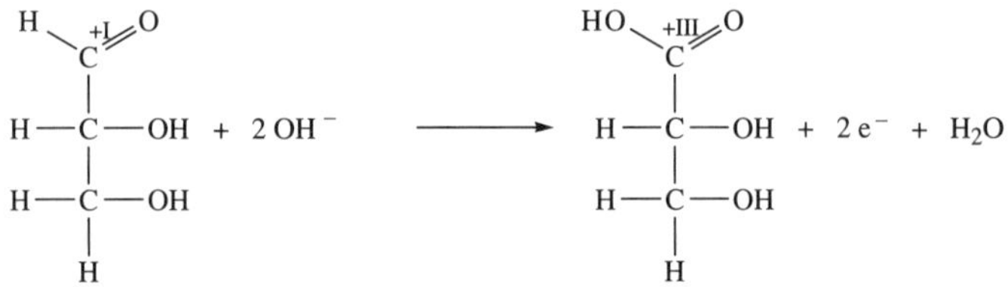

Oxidation

$[Ag(NH_3)_2]^+ + e^- \longrightarrow Ag + 2\,NH_3$ | · 2 Reduktion

$H_2COH{-}CHOH{-}CHO + 2[Ag(NH_3)_2]^+ + 2\,OH^- \longrightarrow H_2COH{-}CHOH{-}COOH + 2\,Ag + H_2O + 4\,NH_3$

3.1 Im Methan ist das Kohlenstoffatom sp^3-hybridisiert. Die vier sp^3-Hybridorbitale, die in die Ecken eines Tetraeders orientiert sind, überlappen mit je einem s-Orbital eines Wasserstoffatoms unter Ausbildung von vier σ-Bindungen:

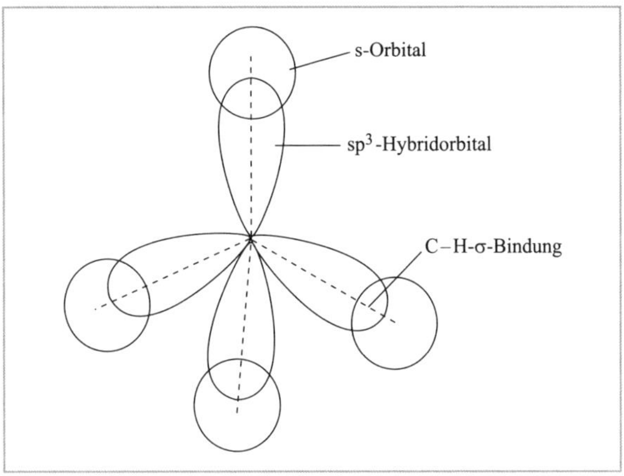

3.2 Halogenalkane, wie z. B. Chlorkohlenwasserstoffe besitzen große Flüchtigkeit. Sie können leicht Böden und sogar Beton durchdringen, was zu ausgedehnten Verunreinigungen, auch des Grundwassers führen kann. Sie besitzen z. T. hohe Toxität. Einige Vertreter werden als cancerogen eingestuft. Ihr lipophiler Charakter führt zu einer Anreicherung in bestimmten Geweben, vor allem im Fettgewebe von Organismen. Aufgrund ihrer meist sehr großen Beständigkeit, können sie in Nahrungsketten um ein Vielfaches ihrer ursprünglichen Konzentration angereichert werden.

Grundkurs Chemie (Bayern): Abiturprüfung 2003
Aufgabe III

		BE
1	Die bei der Fotosynthese produzierte Glucose wird von der Pflanze unter anderem zu Amylose und Cellulose weiter verarbeitet.	
1.1	Erstellen Sie je eine Gesamtgleichung für die lichtabhängigen bzw. lichtunabhängigen Reaktionen der Fotosynthese!	4
1.2	Zeichnen Sie charakteristische Strukturformelausschnitte der Makromoleküle der Amylose und der Cellulose und charakterisieren Sie die jeweils vorliegenden Verknüpfungsarten der Monomere!	5
1.3	Vergleichen Sie Amylose und Cellulose hinsichtlich ihrer Molekülgestalt und ihrer Wasserlöslichkeit und begründen Sie jeweils den Unterschied!	8
1.4	Stellen Sie die biologische Bedeutung von Amylose und Cellulose an je einem Beispiel dar!	3
2	Die Aminosäuresequenz bestimmt maßgeblich die Eigenschaften eines Proteins.	
2.1	Serin (Ser) und Tyrosin (Tyr) sind Aminocarbonsäuren, die sich nur in ihrem Rest R unterscheiden: Ser: $-CH_2OH$, Tyr: $-CH_2C_6H_4OH$ (1,4-Stellung der Ringsubsitutenten). Formulieren Sie die Strukturformelgleichung für die Bildung eines Tripeptids aus den Aminosäuren Serin und Tyrosin!	5
2.2	Geben Sie in Kurzschreibweise die Aminosäuresequenzen aller Tripeptide an, an deren Aufbau beide Aminosäuren beteiligt sind!	2
2.3	Im Vergleich zu anderen organischen Stoffen weisen Aminosäuren ungewöhnlich hohe Schmelztemperaturen auf. Erklären Sie diesen Befund unter Verwendung einer Strukturformel!	4
2.4	Aminosäuren sind Ampholyte. Das Tyrosin kann in wässriger Lösung zwei Protonen abgeben, Serin jedoch nur eines. Jede der beiden Aminosäuren kann nur ein Proton aufnehmen. Begründen Sie diesen Sachverhalt unter Verwendung mesomerer Grenzstrukturformeln!	9
3	Harnstoff wird unter dem katalytischen Einfluss von Urease hydrolytisch in Kohlenstoffdioxid und Ammoniak gespalten.	
3.1	Zu je 10 ml der folgenden, jeweils gleich konzentrierten Harnstofflösungen wird jeweils 1 ml einer Ureaselösung hinzugefügt: a) Harnstofflösung von 20 °C b) Harnstofflösung von 30 °C c) Harnstofflösung von 95 °C d) Harnstofflösung von 20 °C mit einem Zusatz eines wasserlösl. Quecksilbersalzes. In allen Ansätzen wird die Harnstoffkonzentration bei den angegebenen Temperaturen 30 Minuten lang kontinuierlich bestimmt. Zeichnen Sie für jeden der Ansätze a bis d den erwarteten Kurvenverlauf in ein Zeit-Konzentrations-Diagramm und begründen Sie Ihre Zuordnung!	6
3.2	Thioharnstoff ($S = C(NH_2)_2$) wird trotz großer struktureller Ähnlichkeit mit Harnstoff ($O = C(NH_2)_2$) unter dem Einfluss von Urease nicht umgesetzt. Begründen Sie diesen Befund unter Verwendung einer Modellvorstellung zu Enzymwirkung!	4
		50

Lösung

1.1 **Lichtreaktionen:**

$$12\,H_2O + 12\,NADP^+ + 18\,ADP + 18\,Ⓟ \xrightarrow[\text{Chlorophyll}]{\text{Licht}} 6\,O_2 + 12\,NADPH/H^+ + 18\,ATP$$

Dunkelreaktion:

$$6\,CO_2 + 12\,NADPH/H^+ + 18\,ATP \longrightarrow C_6H_{12}O_6 + 12\,NADP^+ + 18\,ADP + 18\,Ⓟ + 6\,H_2O$$

1.2 In der Amylose sind D-Glucopyranosebausteine 1,4-α- und in der Cellulose 1,4-β-glykosidisch miteinander verknüpft:

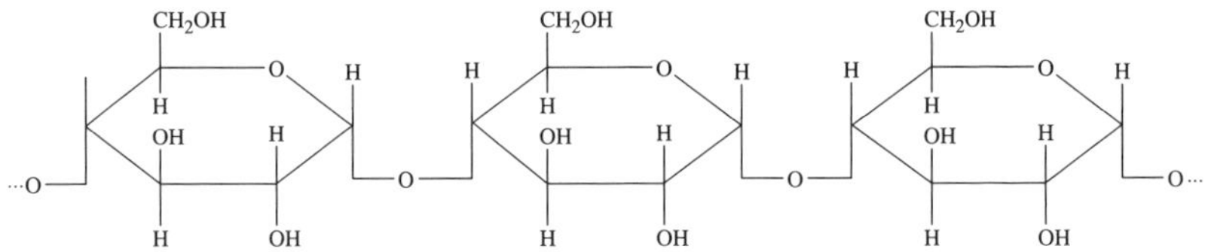

Amylose

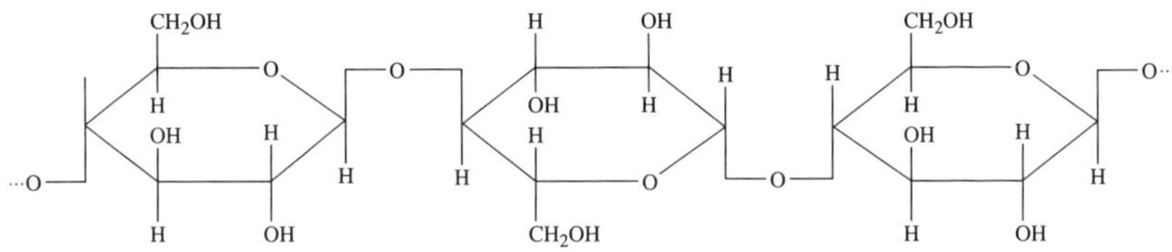

Cellulose

1.3 **Amylose:** Die 1,4-α-glykosidische Verknüpfung der D-Glucopyronoseeinheiten bedingt eine **schraubige** Aufwindung des Makromoleküls. Amylose ist in warmen Wasser löslich. Die Wassermoleküle können mit den OH-Gruppen der Amylose unter Ausbildung von Wasserstoffbrückenbindungen in Wechselwirkungen treten und die Makromoleküle hydratisieren.
Cellulose: Hier sind die D-Glucopyranoseeinheiten 1,4-β-glykosidisch verknüpft, was zu einem **linearen** Molekülbau führt. Die linearen Makromoleküle können sich gut parallel zueinander zu so genannten Elementarfibrillen zusammen lagern, in denen die Makromoleküle durch Wasserstoffbrückenbindungen zwischen den OH-Gruppen benachbarter Moleküle zusammen gehalten werden. Wassermoleküle können nur unzureichend zwischen die zusammen gelagerten Makromoleküle eindringen, sodass es nicht zu einer ausreichenden Hydratisierung kommt.

1.4 Amylose ist der wichtigste pflanzliche Reservestoff. Die bei der Fotosynthese gebildete Glucose wird in dieser Form gespeichert.
Cellulose ist ein pflanzlicher Gerüststoff, der wesentlich am Aufbau pflanzlicher Zellwände beteiligt ist.

2.1

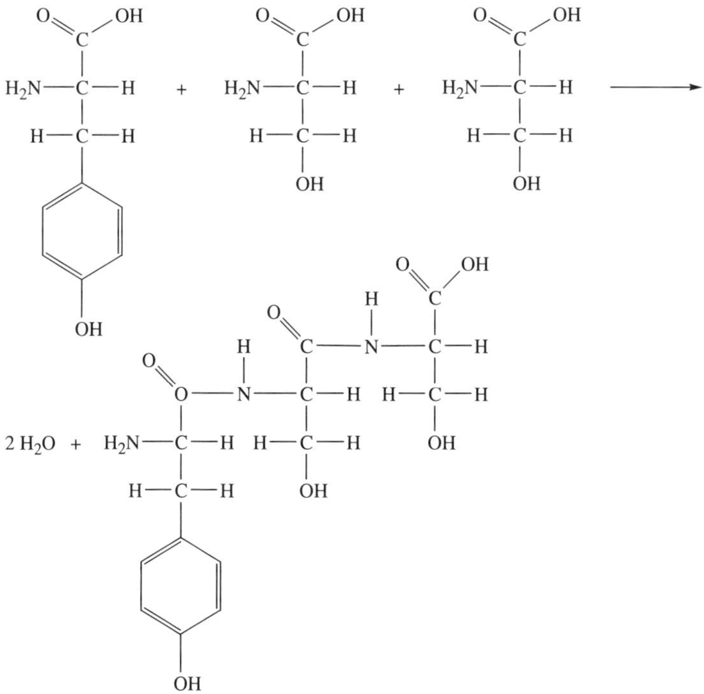

2.2 Ser-Ser-Tyr; Tyr-Ser-Ser; Ser-Tyr-Ser; Tyr-Tyr-Ser; Ser-Tyr-Tyr; Tyr-Ser-Tyr

2.3 Die Aminosäuren liegen im festen Zustand in zwitterionischer Struktur vor:

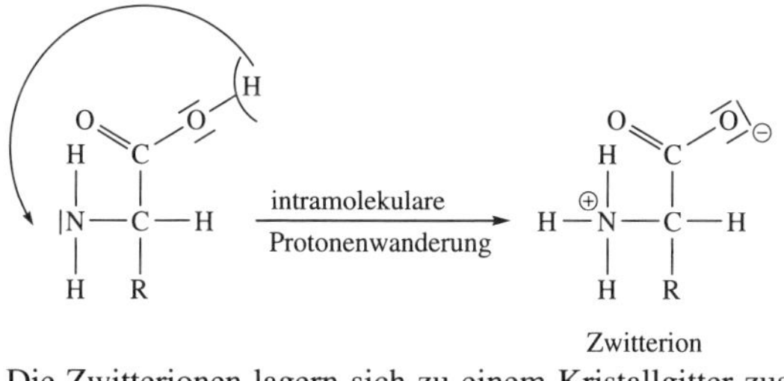

Die Zwitterionen lagern sich zu einem Kristallgitter zusammen. In dem Kristallgitter wirken recht starke elektrostatische Anziehungskräfte zwischen den Zwitterionen (salzartiger Charakter). Erst bei hoher Temperatur werden die Zwitterionen gegeneinander verschiebbar; der Stoff schmilzt.

2.4 Bei beiden Aminosäuren kann die Ammoniumgruppe (NH_3^+-Gruppe) ein Proton abgeben. Darüber hinaus ist das an der phenolischen OH-Gruppe möglich, da dabei der gebundene Phenolring in die besser mesomeriestabilisierte Phenolatgruppe übergeht. Die OH-Gruppe des Serins kann kein Proton abgeben, weil damit keine Mesomeriestabilisierung verbunden ist.
Bei beiden Aminosäuren ist die Carboxlatgruppe zur Protonenaufnahme in der Lage.

Tyrosin:

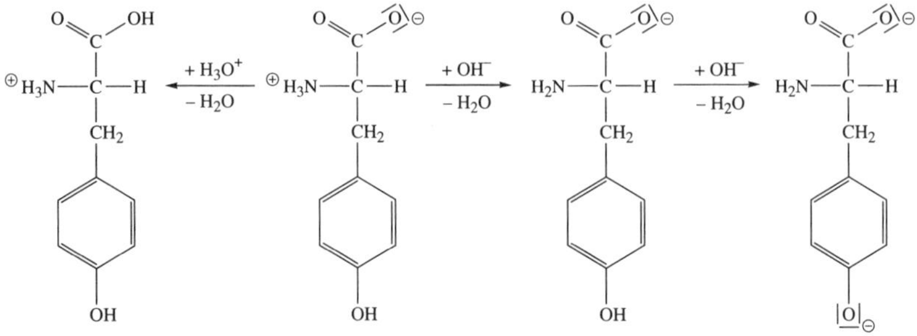

Mesomeriestabilisierung des gebundenen Phenolations:

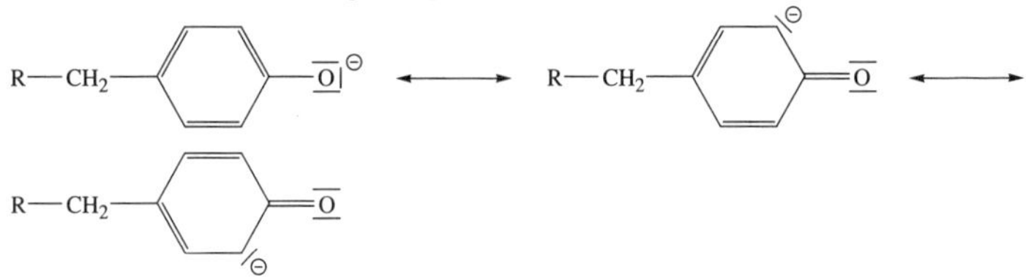

Serin:

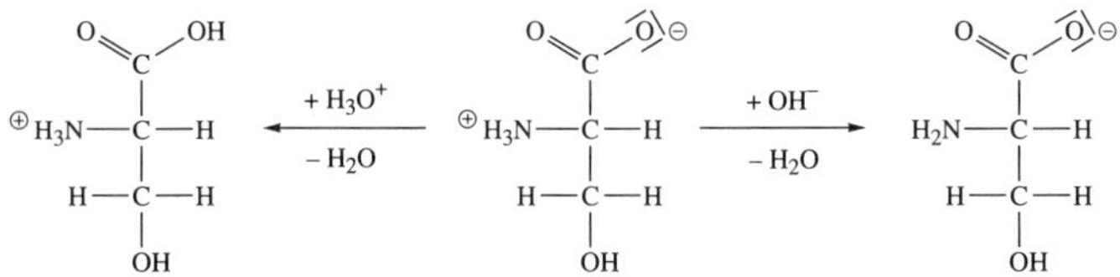

3.1

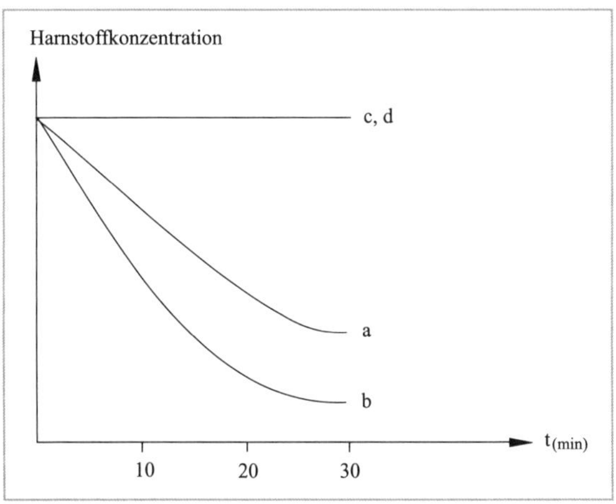

In den Lösungen a und b sinkt die Harnstoffkonzentration, da dieser enzymatisch in Ammoniak und Kohlenstoffdioxid gespalten wird. Gemäß der RGT-Regel erfolgt der Abbau in der 10 °C wärmeren Lösung b schneller als in Lösung a.

In Lösungen c und d sinkt die Harnstoffkonzentration nicht, da sich infolge von Hitzedenaturierung bzw. Schwermetallsalzvergiftung der räumliche Bau des Enzyms so verändert hat, dass kein Enzym-Substratkomplex mehr gebildet werden kann.

3.2 Thioharnstoff kann von Urease nicht umgesetzt werden, da Urease substratspezifisch ist, d. h. nur ein Substrat, und das ist Harnstoff, umsetzen kann. Die Substratspezifität lässt sich mit dem Schlüssel-Schloss-Prinzip erklären. Nach dieser Modellvorstellung können von einem Enzym nur solche Moleküle gebunden und umgesetzt werden, die wie ein Schlüssel in die Substratbindungsregion des Enzyms = Schloss passen. Trotz struktureller Ähnlichkeit erfüllt Thioharnstoff diese Anforderung nicht:

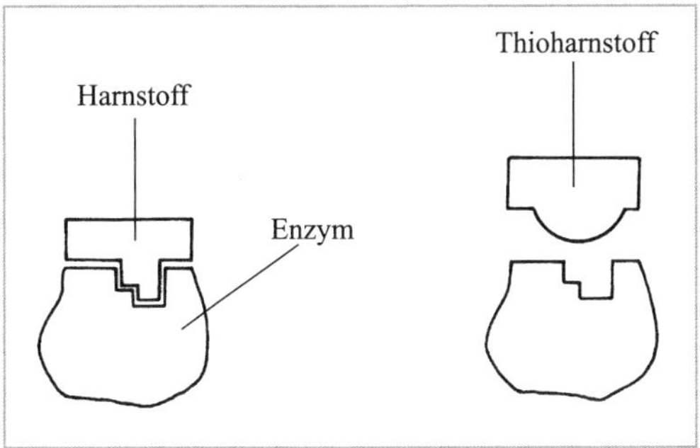

Grundkurs Chemie (Bayern): Abiturprüfung 2003
Aufgabe IV

		BE
1	Zu Ethanol gibt es eine isomere Verbindung.	
1.1	Erstellen Sie die Strukturformel des Ethanols und seines Isomeren! Vergleichen Sie die Siedetemperaturen beider Verbindungen und begründen Sie Ihre Antwort!	6
1.2	Im Gegensatz zu Ethanol reagiert die isomere Verbindung nicht mit dem Alkalimetall Natrium. Begründen Sie den Unterschied! Formulieren Sie die Gleichung für die Reaktion von Ethanol mit Natrium und benennen Sie das organische Produkt!	7
2	Alkohole lassen sich aufgrund ihrer chemischen Eigenschaften in verschiedene Klassen einteilen.	
2.1	Zeichnen Sie die Strukturformeln für die Moleküle a) des einfachsten sekundären und b) des einfachsten tertiären Alkohols und benennen Sie diese!	4
2.2	Die beiden Alkohole aus Nr. 2.1 werden in getrennten Versuchen jeweils mit einer angesäuerten Dichromat-Lösung gemischt und erwärmt. Schildern Sie die jeweiligen Versuchsbeobachtungen und leiten Sie für die jeweils ablaufende Reaktion die Summengleichung aus Teilgleichungen her!	8

3 Ein Mol Benzol bzw. drei Mol Cyclohexen werden jeweils durch drei Mol Wasserstoff zu Cyclohexan hydriert. Dabei werden folgende Energiebeträge freigesetzt: 209 kJ bzw. 360 kJ. Erstellen Sie die Strukturformelgleichungen für beide Reaktionen und ordnen Sie jedem der beiden Vorgänge den Betrag der Reaktionsenthalpie zu! Begründen Sie Ihre Entscheidung! 10

4 Seifen spielen als Waschmittelbestandteil nur noch eine untergeordnete Rolle.

4.1 Geben Sie die Strukturformel eines Seifen- und eines Alkylbenzolsulfonat-Anionen an! Zeigen Sie auf, dass die zugehörigen Substanzen grenzflächenaktiv sind und fertigen Sie dazu eine beschriftete Skizze an! 8

4.2 Bei längerem Kochen mit Seifenlösung wird das Keratin der Schafwolle hydrolysiert. Geben Sie für die dabei ablaufende Hydrolysereaktion eine Gleichung unter Verwendung eines Strukturformelausschnitts an und legen Sie die Bedeutung der Seifenlösung für die Hydrolysereaktion dar! 7

50

Lösung

1.1

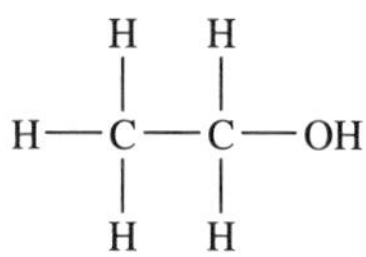

Ethanol

Ethanol hat einen höheren Siedepunkt als Dimethylether.
In Ethanol ist ein Wasserstoffatom an ein Sauerstoffatom gebunden. Infolge des hohen Elektronegativitätsunterschieds zwischen Wasserstoff und Sauerstoff ist diese Bindung stark polar. Es können sich daher zwischen den Alkoholmolekülen (neben den van der Waals'schen-Anziehungskräften zwischen Alkylresten) Wasserstoffbrückenbindungen ausbilden.

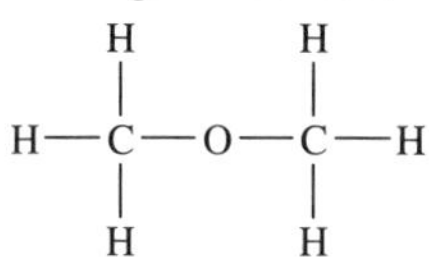

Dimethylether

Dimethylether enthält nur an Kohlenstoff gebundene Wasserstoffatome, die nicht ausreichend positiv polarisiert sind, um Wasserstoffbrückenbindungen zu den Sauerstoffatomen benachbarter Ethermoleküle ausbilden können.
Da beim Ethanol stärkere intermolekulare Anziehungskräfte zu überwinden sind, hat Ethanol den höheren Siedepunkt.

1.2 Bei der Reaktion von Ethanol mit Natrium wird Wasserstoff frei. Da die O-H-Bindung stark polar ist, kann ein Proton abgespalten werden. Die Protonen werden von Natrium zu Wasserstoff reduziert:

$$2\,C_2H_5OH \;+\; 2\,Na \longrightarrow 2\,\underset{\text{Natriumethanolat}}{C_2H_5O^-Na^+} \;+\; H_2$$

Infolge der geringen Polarität der C-H-Bindungen kann es beim Dimethylether nicht zur Protonenabgabe kommen.

2.1

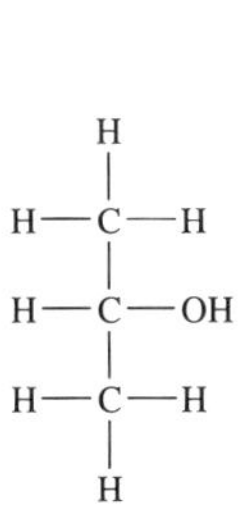

2-Propanol (Propan-2-ol)
sekundärer Alkohol

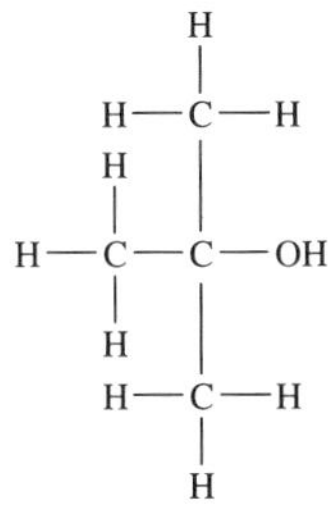

Methyl-2-propanol (Methylpropan-2-ol)
tertiärer Alkohol

2.2 2-Propanol (Propan-2-ol) lässt sich zu Propanon oxidieren. Die Dichromationen, durch die die Lösung orange gefärbt wird, werden dabei zu Chromionen reduziert. Dies wird beim Erhitzen an der auftretenden Grünfärbung erkennbar.

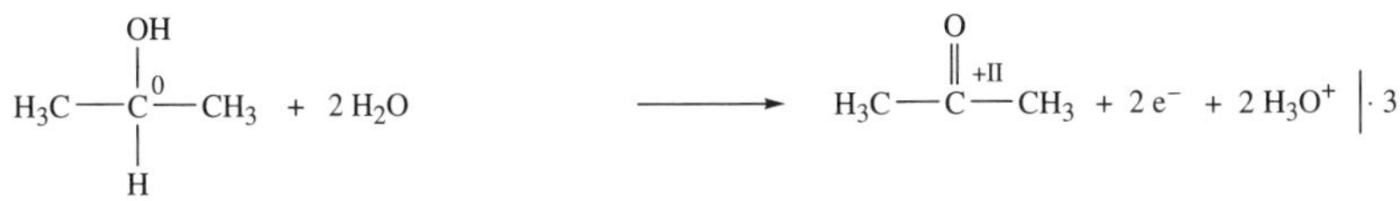

$$\overset{+VI}{Cr_2}O_7^{2-} + 6\,e^- + 14\,H_3O^+ \longrightarrow 2\,\overset{+III}{Cr^{3+}} + 21\,H_2O$$

$$3\,H_3C{-}CHOH{-}CH_3 + Cr_2O_7^{2-} + 8\,H_3O^+ \longrightarrow 3\,H_3C{-}CO{-}CH_3 + 2\,Cr^{3+} + 15\,H_2O$$

Tertiäre Alkohole lassen sich (ohne Spaltung von C–C-Bindungen) nicht oxidieren.

3

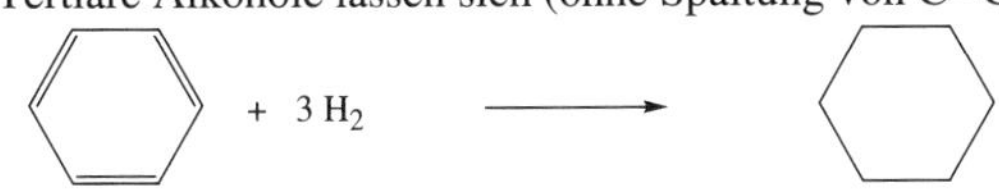

Benzol

Cyclohexen

Fasst man Benzol als Cyclohexatrien auf, so wären sowohl bei der Reaktion von 1 mol Benzol als auch von 3 mol Cyclohexen mit Wasserstoff 3 mol Doppelbindungen zu hydrieren. Folglich könnte man bei beiden Reaktionen die gleiche Hydrierungsenthalpie erwarten.
Bei der Hydrierung von Benzol werden jedoch nur 209 $kJ \cdot mol^{-1}$ frei wird. Der Grund dafür ist der, dass im Benzol keine lokalisierten π-Bindungen vorliegen, sondern die sechs π-Elektronen ideal delokalisiert sind. So ist 1 mol Benzol infolge Mesomeriestabilisierung energieärmer als 1 mol Cyclohexatrien bzw. 3 mol Cyclohexen. Bei der Reaktion zum noch energieärmeren Cyclohexan wird daher weniger Hydrierungsenthalpie frei gesetzt.

4.1

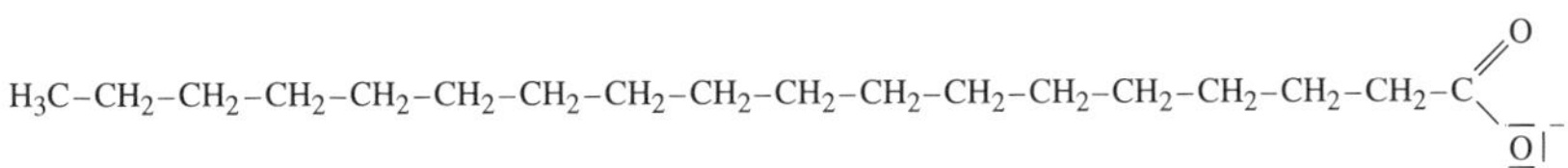

Seifenanion

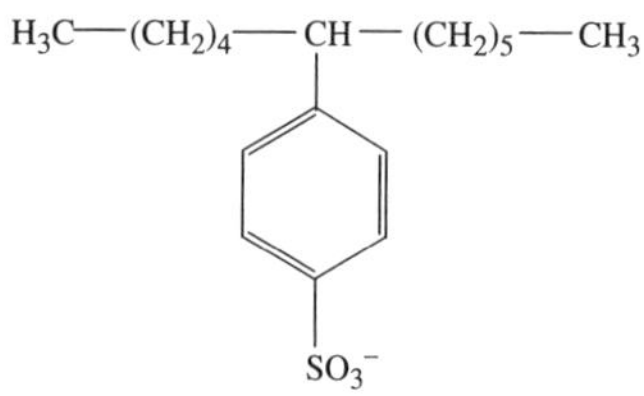

Alkylbenzolsulfonat

Sowohl die Fettsäureanionen als auch das Alkylbenzolsulfonation sind grenzflächenaktiv. An der Grenzfläche von z. B. Wasser-Öltröpfchen dringen die hydrophoben Alkylreste der Seifenanionen in das gleichfalls hydrophobe Öl, während die Carboxylatgruppen aus dem Tröpfchen herausragen und mit den Dipolmolekülen des Wassers in Wechselwirkung treten. Die Tröpfchenoberfläche wird somit hydratisiert (Grenzflächenaktivität). Da sich an der Tröpfchenoberfläche die negativ geladenen Carboxylatgruppen befinden, können sich die Öltröpfchen infolge Abstoßung gleichnamiger Ladungen nicht miteinander vereinigen und bleiben fein emulgiert.

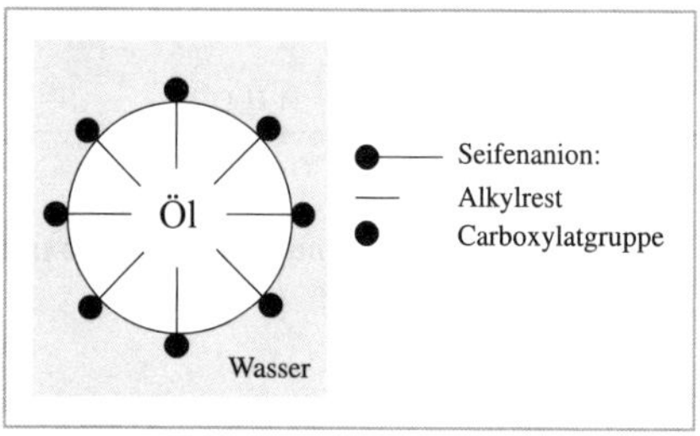

4.2 Beim Kochen eines Proteins in Seifenlösung kommt es zu einer baseninduzierten hydrolytischen Spaltung der Peptidbindungen.
Die an der Reaktion beteiligte Seifenlösung reagiert basisch, da die Fettsäuren sehr schwache Säuren sind und somit die korrespondierenden Fettsäureanionen ausreichend starke Basen sind, um Wasser Protonen zu entziehen. Die Hydroxidionen greifen die Peptidbindungen an. Im Gegensatz zur säurekatalysierten ist die baseninduzierte Hydrolyse kein Gleichgewichtsprozess, da der letzte Reaktionsschritt, in dem die Carboxylgruppe der Aminosäure in die stark mesomeriestabilisierte Carboxylatgruppe überführt wird, praktisch irreversibel ist:

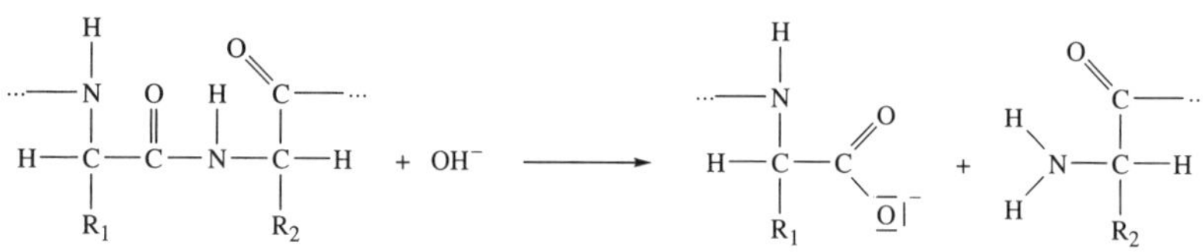

Grundkurs Chemie (Bayern): Abiturprüfung 2004
Aufgabe I

BE

1 Alkanole kann man als Alkylderivate des Wassers betrachten.

1.1 Alkanole und Wasser gehen ähnliche Reaktionen ein und haben vergleichbare Eigenschaften.
Belegen Sie dies durch die ausführliche Beschreibung je eines Beispiels zum Reaktionsverhalten und zu den Eigenschaften! Verwenden Sie zur Erläuterung Ihrer Aussagen auch chemische Gleichungen und Strukturformeln! 8

1.2 Manche Oxidationsprodukte von Alkanolen können wieder mit Alkanolen unter Bildung sauerstoffhaltiger Folgeprodukte reagieren.
Beschreiben Sie an einem selbst gewählten Beispiel, ausgehend von einem Alkanol, mithilfe von Strukturformelgleichungen den Syntheseweg für eines dieser Folgeprodukte! Benennen Sie die beteiligten organischen Verbindungen! 8

2 Das Monosaccharid Mannose ist ein Zwischenprodukt bei der Synthese von Vitamin C.
Das D-Mannose-Molekül unterscheidet sich vom D-Glucose-Molekül nur durch die Konfiguration am C^2-Atom.

2.1 Die D-Mannose zeigt Mutarotation.
Beschreiben Sie einen Versuch, der diesen Befund belegt, und erläutern Sie die Beobachtungen unter Mitverwendung von Haworth-Projektionsformeln für D-Mannopyranose-Moleküle! 9

2.2 Geben Sie die Haworth-Projektionsformel eines reduzierenden Disaccharids an, das aus je einem D-Glucopyranose- und einem D-Mannopyranose-Baustein gebildet wurde!
Beschreiben Sie die Bindung zwischen den beiden Bausteinen und erläutern Sie die reduzierende Wirkung des Disaccharids! 7

3 Rapssamen weisen einen hohen Gehalt an fettem Öl auf. Derzeit gewinnt Rapsöl zunehmend Bedeutung als nachwachsender Rohstoff für die Treibstoffherstellung. Die folgende Tabelle zeigt einen Ausschnitt aus dem Fettsäureprofil für Industrieraps:

Erucasäure	48 %	$CH_3(CH_2)_7CH{=}CH(CH_2)_{11}COOH$
Ölsäure	15 %	$CH_3(CH_2)_7CH{=}CH(CH_2)_7COOH$
Linolsäure	13,5 %	$CH_3(CH_2)_4CH{=}CHCH_2CH{=}CH(CH_2)_7COOH$
Linolensäure	8 %	$CH_3(CH_2CH{=}CH)_3(CH_2)_7COOH$
Icosensäure	5 %	$CH_3(CH_2)_7CH{=}CH(CH_2)_9COOH$

Rapsöl kann nicht unmittelbar als Kraftstoff genutzt werden. Erst der aus Rapsöl durch Umesterung mit Methanol entstehende Rapsölmethylester (RME) erfüllt die Voraussetzungen für moderne Dieselmotoren.

3.1 Geben Sie unter Verwendung der in der Tabelle enthaltenen Informationen die Strukturformel eines heteroaciden Fettmoleküls an, das im Rapsöl vorkommen könnte, und formulieren Sie unter Verwendung dieses Moleküls die Strukturformelgleichung für die Bildung von RME! 6

3.2 Aus Rapsöl soll ein bei Raumtemperatur festes Produkt hergestellt werden. Nennen Sie eine Möglichkeit und erläutern Sie unter Mitverwendung einer dazu gehörenden Strukturformelgleichung ausführlich die Veränderung des Aggregatzustands! 8

3.3 Die Produktion immer größerer Mengen an Rapsöl findet unter dem Gesichtspunkt der Umweltverträglichkeit Befürworter und Gegner. Nennen Sie je ein Argument pro und contra und begründen Sie sachlich Ihre Einstellung dazu! 4

50

Lösung

1.1 **Ähnliches Verhalten von Wasser und Alkanolen bei der Reaktion mit Natrium:**
Sowohl Wasser als auch Alkohole kann man als sehr schwache Protonendonatoren (Brönsted-Säuren) betrachten. Die abgegebenen Protonen werden von dem starken Reduktionsmittel Natrium zu Wasserstoff reduziert:

$$2\,H_2O + 2\,Na \longrightarrow 2\,Na^+ + 2\,OH^- + H_2$$

$$R{-}OH + 2\,Na \longrightarrow 2\,Na^+ + 2\,R{-}\overline{\underline{O}}|^- + H_2$$

Ähnliche Eigenschaften von Wasser und Alkanolen:
Sowohl in Wasser als auch in Alkanolen ist die O-H-Bindung stark polarisiert. Da Sauerstoff eine höhere Elektronegativität als Wasserstoff hat, kommt es zu einer Elektronenpaarverschiebung: Am Sauerstoff tritt eine negative, am Wasserstoff eine positive Teilladung auf. Die elektrostatischen Anziehungskräfte zwischen dem negativ polarisierten Sauerstoffatom eines Moleküls und einem positiv polarisierten Wasserstoffatoms eines anderen Moleküls werden als „Wasserstoffbrückenbindungen" bezeichnet.
Da beim Sieden die zwischenmolekularen Kräfte überwunden werden müssen, hat Wasser, zwischen dessen Molekülen Wasserstoffbrückenbindungen ausgebildet werden, einen unerwartet hohen Siedepunkt (im Vergleich zu Schwefelwasserstoff, in dessen Molekülen aufgrund der geringeren Elektronegativität des Schwefels die S–H-Bindung zu gering polarisiert ist, als dass zwischenmolekulare Wasserstoffbrückenbindungen ausgebildet werden könnten.)
Vergleicht man Alkanole mit Alkanen ähnlicher Molekülmasse, so haben die Alkanole höhere Siedepunkte. Zwischen den unpolaren Alkanmolekülen wirken nur schwache van-der-Waals-Kräfte; zwischen Alkanolmolekülen wirken neben van-der-Waals-Kräften zwischen den Alkylresten zusätzlich Wasserstoffbrückenbindungen zwischen den Hydroxylgruppen.

Wasserstoffbrückenbindungen zwischen Wassermolekülen:

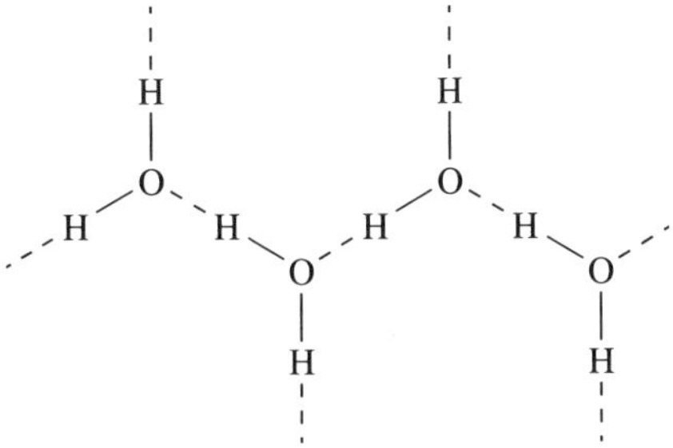

Wasserstoffbrückenbindungen zwischen Alkoholmolekülen:

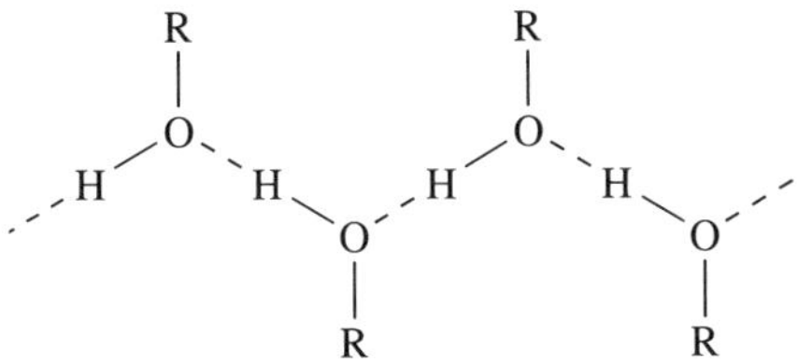

1.2 Primäre Alkohole lassen sich – über die Zwischenstufe der Aldehyde – z. B. mit schwefelsaurer Kaliumpermanganatlösung zu Carbonsäuren oxidieren.

z. B. Oxidation von Ethanol zu Ethansäure:

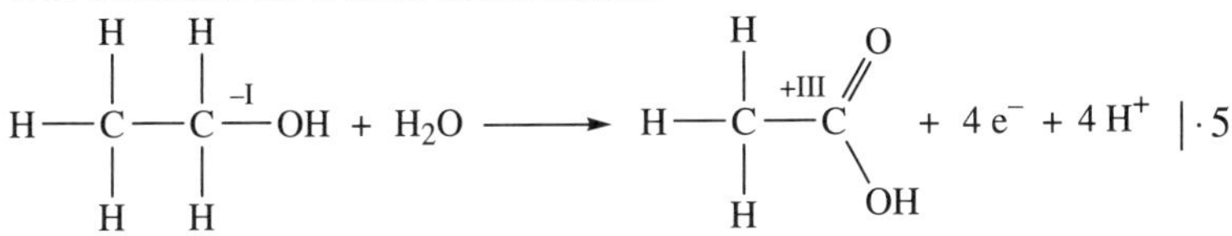

$$\overset{+VII}{Mn}O_4^- + 5\,e^- + 8\,H^+ \longrightarrow \overset{+II}{Mn}{}^{2+} + 4\,H_2O \qquad |\cdot 4$$

$$5\,H_3C{-}CH_2OH + 4\,MnO_4^- + 12\,H^+ \longrightarrow 5\,H_3C{-}COOH + 4\,Mn^{2+} + 16\,H_2O$$

Ethanol kann mit Ethansäure in einer säurekatalysierten Gleichgewichtsreaktion zu Ethansäureethylester und Wasser regieren:

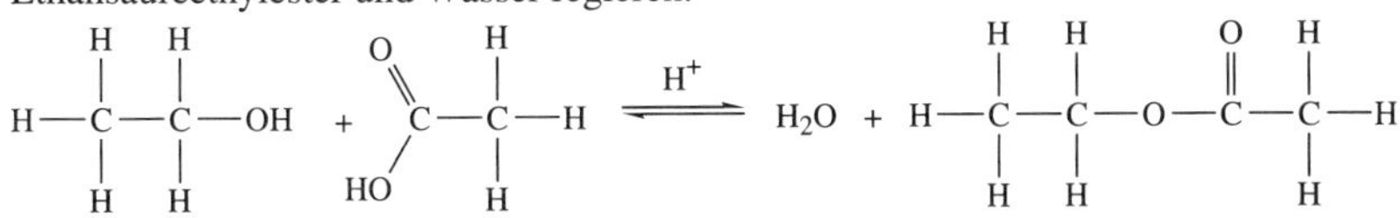

Ethansäureethylester

(*Alternativlösung:* Primäre Alkohole lassen sich z. B. mit schwefelsaurer Kaliumpermanganatlösung zu Aldehyden, sekundäre Alkohole zu Ketonen oxidieren; sowohl Aldehyde als auch Ketone können in einer nucleophilen Addition mit Alkohol zu Halbacetalen bzw. Halbketalen reagieren.)

2.1 Mutarotation ist die Erscheinung, dass frisch hergestellte Lösungen bestimmter Zucker eine kontinuierliche Änderung ihres optischen Drehvermögens zeigen, bis sich ein konstanter Endwert einstellt. D-Mannose zeigt Mutarotation.

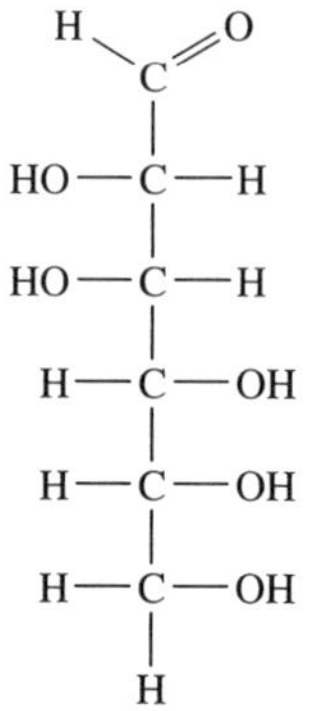

offenkettige Aldehydform der D-Mannose

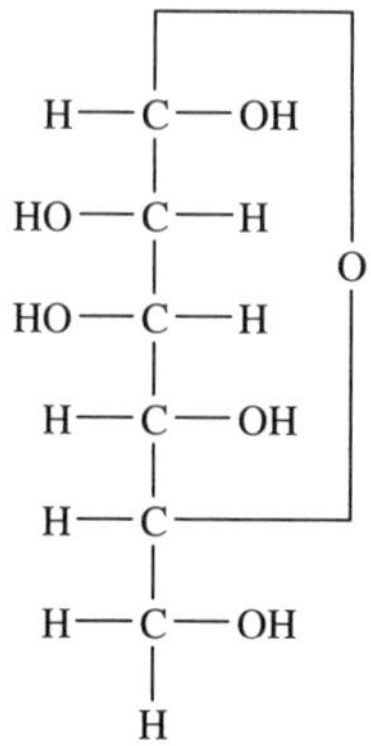

α-D-Mannopyranose Fischer-Projektionsformel

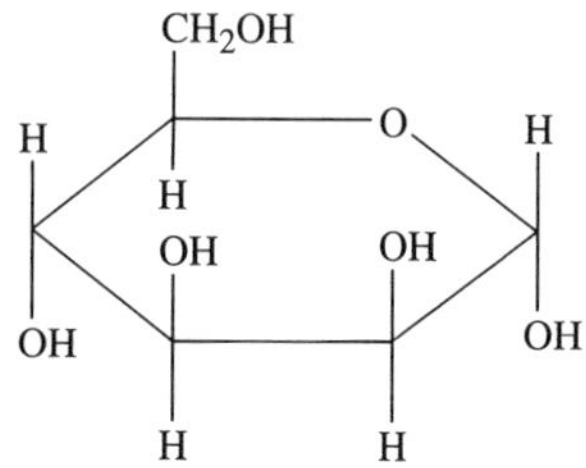

α-D-Mannopyranose Haworth-Projektionsformel

Frisch bereitete Lösungen von α- bzw. β-D-Mannose haben verschiedene spezifische Drehwinkel. Untersucht man die Lösungen im Polarimeter, zeigt sich, dass sich die Drehwinkel kontinuierlich ändern, bis sich in beiden Fällen der gleiche konstante Endwert einstellt.
Die Mutarotation ist darauf zurückzuführen, dass sich in beiden Lösungen ein Gleichgewichtsgemisch gleicher Zusammensetzung bildet, das α-D-Mannose, β-D-Mannose und eine geringe Menge offenkettiger Aldehydform enthält.
Diese kann sich aus den heterozyklischen Ringmolekülen bilden, da sich diese an Kohlenstoffatom 1 öffnen können. Über die Aldehydform erfolgt die Umwandlung der Anomeren ineinander. Das Gleichgewichtsgemisch hat eine spezifische Drehung, die dem konstanten Endwert entspricht.

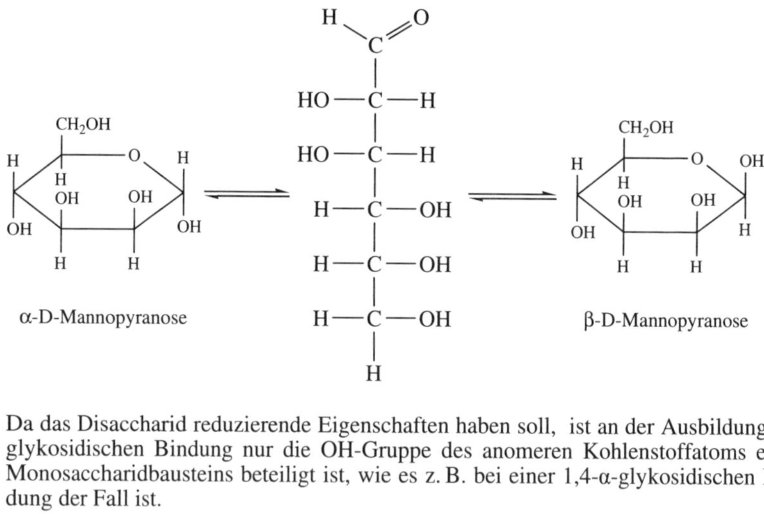

α-D-Mannopyranose β-D-Mannopyranose

2.2 Da das Disaccharid reduzierende Eigenschaften haben soll, ist an der Ausbildung der glykosidischen Bindung nur die OH-Gruppe des anomeren Kohlenstoffatoms eines Monosaccharidbausteins beteiligt ist, wie es z. B. bei einer 1,4-α-glykosidischen Bindung der Fall ist.

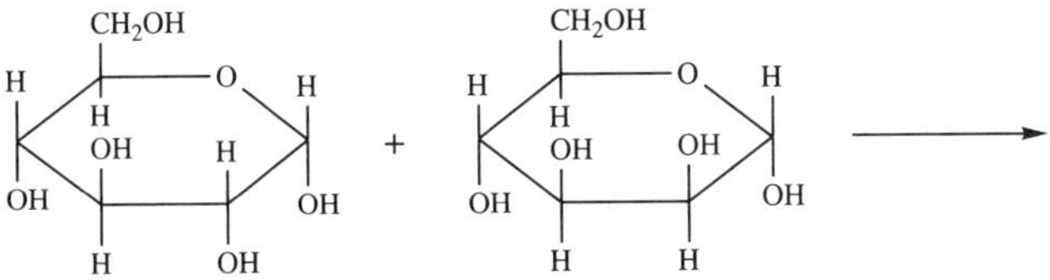

α-D-Glucopyranose α-D-Mannopyranose

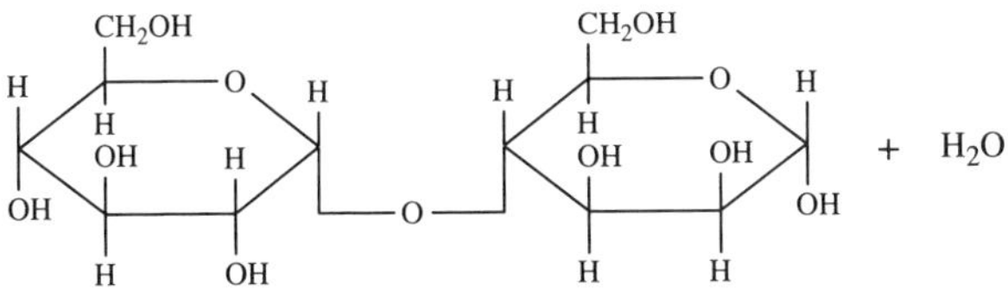

Disaccharid (α-Form)

Da im Disaccharid die OH-Gruppe am anomeren Kohlenstoffatom des Mannoserings nicht durch die glykosidische Bindung blockiert ist, kann sich in wässriger Lösung ein Gleichgewicht zwischen α-, β- und offenkettiger Form des Disaccharids einstellen. Da die offenkettige Form die oxidierbare Aldehydgruppe besitzt, hat das Disaccharid reduzierende Eigenschaften, ergibt also z. B. eine positive Fehling-Probe.

3.1 Ein heteroacides Fettmolekül enthält (mindestens zwei) verschiedene Fettsäurereste, z. B.:

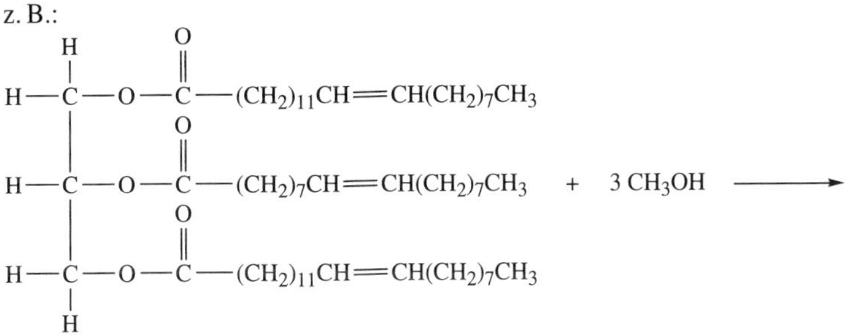

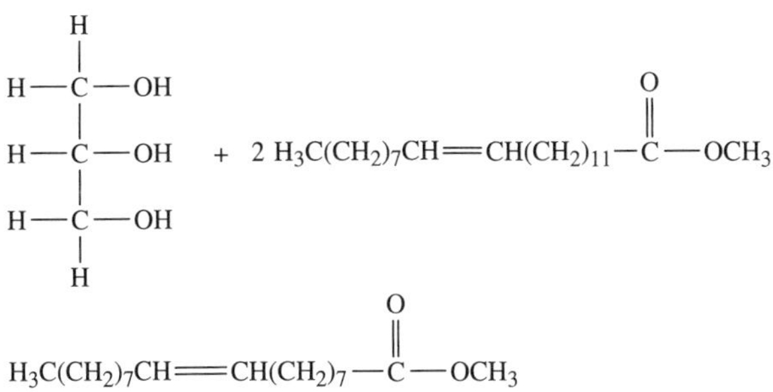

Bei der Umesterung entstehen neben Glycerin verschiedene Fettsäuremethylester (RME).

3.2 Ein festes Produkt lässt sich durch katalytische Hydrierung der im Rapsöl vorkommenden ungesättigten Fettsäurereste herstellen.

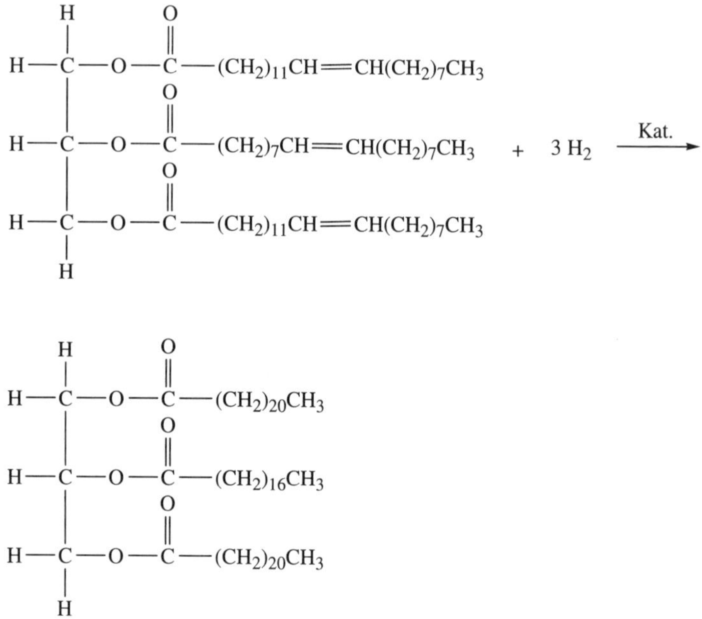

Die ungesättigten Fettsäuren des Rapsöls besitzen an der Doppelbindung stets cis-Konfiguration, was eine Krümmung des Moleküls an dieser Stelle und damit einen sperrigen Bau zur Folge hat.
Fettmoleküle, die ungesättigte Fettsäurereste besitzen, ordnen sich daher nicht gut zu einem Kristallgitter zusammen. Da die Moleküle nicht eng beieinander liegen, sind die gegenseitigen Anziehungskräfte gering und die Moleküle bereits bei Raumtemperatur leicht gegeneinander verschiebbar.
Nach der Hydrierung liegen die Fettsäurereste als gestreckte Zick-Zack-Ketten (sp^3-Hybridisierung der C-Atome) vor, die sich gut parallel zueinander lagern können. Fettmoleküle, die gesättigte Fettsäurereste enthalten, ordnen sich daher gut zu einem Kristallgitter an. Die zwischen den stark angenäherten Molekülen auftretenden Anziehungskräfte reichen aus, um die Moleküle auf ihren Plätzen im Gitter festzuhalten. Das Fett ist daher bei Raumtemperatur fest.

3.3 **Argument pro Rapsölproduktion:**
Der Einsatz von aus Rapsöl hergestelltem „Biodiesel“ führt zu einer Reduktion der Verbrauchs an fossilen Energieträgern mit dem Ziel der Verringerung der CO_2-Belastung der Atmosphäre. Bei der Verbrennung der neuen Kraftstoffe wird zwar auch CO_2 freigesetzt; die Pflanze hat jedoch (relativ kurze Zeit vorher) zur Erzeugung der energiereichen Ausgangsstoffe CO_2 im Zuge der Fotosynthese aufgenommen.

Argument contra Rapsölproduktion:
Eine wirtschaftlich lohnende Vermarktung von Rapsöl könnte zu einer Ausweitung der Rapsanbauflächen führen. Große Rapsfelder sind Monokulturen und bringen die für diese Anbauform typischen Probleme (z. B. ökologische Instabilität, einseitige Bodennutzung, Artenarmut etc.) mit sich.

Grundkurs Chemie (Bayern): Abiturprüfung 2004
Aufgabe II

BE

1 Das folgende Diagramm zeigt den Verlauf der Siedetemperaturen in der homologen Reihe der n-Alkane und der n-Alkanole:

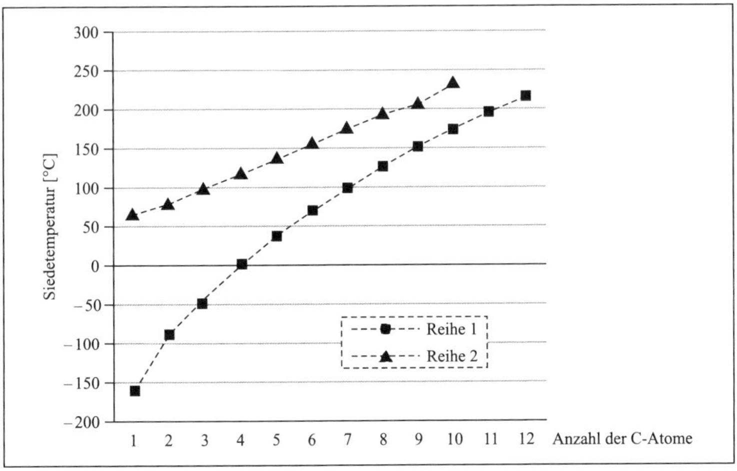

1.1 Ordnen Sie Graphen und Stoffklassen einander zu und begründen Sie Ihre Zuordnung unter Einbeziehung des jeweiligen Molekülbaus! 5

1.2 Beschreiben und begründen Sie den Verlauf der Siedetemperaturkurve der homologen Reihe der n-Alkane! 5

1.3 In einem Glasgefäß werden einige Tropfen Brom mit 100 mL Hexan gemischt und bei Raumtemperatur dem Sonnenlicht ausgesetzt. Nach erfolgter Reaktion hält man ein angefeuchtetes Universalindikatorpapier über die Öffnung des Reaktionsgefäßes. Beschreiben Sie die Versuchsbeobachtungen und begründen Sie diese auf der Grundlage des Reaktionsmechanismus! 7

2 Kunststoffe sind aus dem modernen Leben nicht mehr wegzudenken.

2.1 Mehrweg-Getränkeflaschen werden häufig aus dem Kunststoff Polyethenterephthalat (PET) hergestellt. Als Ausgangsstoffe für dessen Synthese dienen Terephthalsäure (1,4-Benzoldicarbonsäure: $HOOC-C_6H_4-COOH$) und Ethan-1,2-diol.
Benennen Sie den Typ der Polyreaktion und formulieren Sie einen charakteristischen Strukturformelausschnitt (Repetiereinheit) von PET! Geben Sie die Stoffklasse an, der man PET aufgrund der Monomerverknüpfung zuordnen kann, und erläutern Sie das Verhalten dieses Kunststoffs beim Erwärmen! 8

2.2 Durch Polymerisation von But-2-ensäure entsteht ein Kunststoff, der thermoplastische Eigenschaften aufweist. Durch Weiterreaktion mit Ethan-1,2-diol kann aus dem Thermoplasten ein neuer, duroplastischer Kunststoff entstehen. Erläutern Sie die Veränderung des thermischen Verhaltens unter Mitverwendung geeigneter Strukturformelausschnitte! 5

3 Chitin hat bei verschiedenen wirbellosen Tieren eine ähnliche Stützfunktion wie Cellulose bei Pflanzen. In Pilzen ist Chitosan am Aufbau des stützenden Gerüsts der Zellwände beteiligt. Es eignet sich auch hervorragend für Lebensmittelverpackungen. Die folgenden Formelbilder zeigen kleine Ausschnitte aus den Molekülen des Chitins und des Chitosans:

Chitin

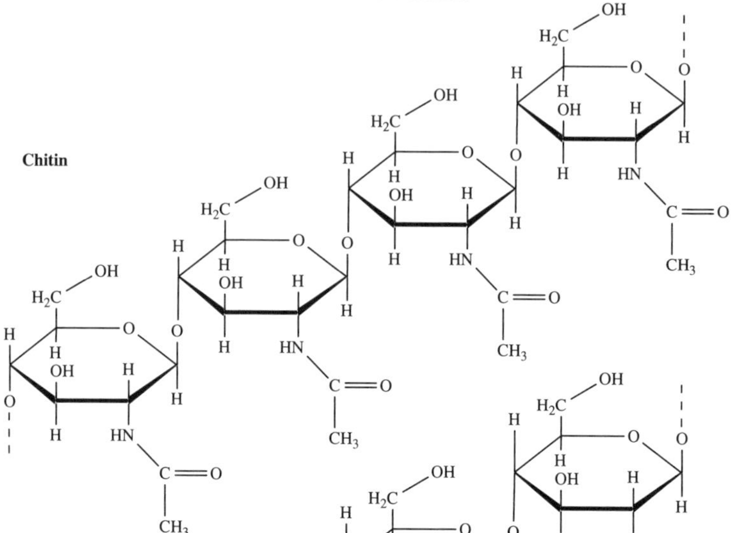

Chitosan

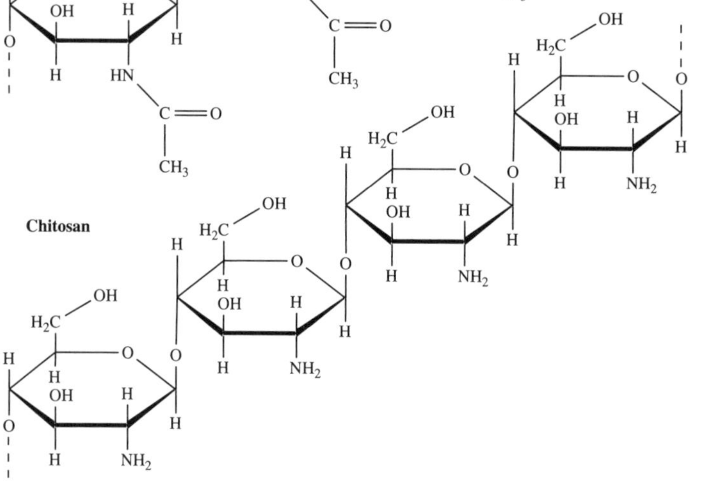

3.1 Vergleichen Sie das Chitosan-Molekül mit einem Cellulose-Molekül und begründen Sie die jeweilige Funktion aus dem Molekülbau! 10

3.2 Aus Chitosan lässt sich Chitin herstellen, das in einer Folgereaktion vollständig verestert werden kann.
Formulieren Sie für beide Vorgänge unter Verwendung geeigneter Strukturformelausschnitte die jeweilige Reaktionsgleichung! 6

3.3 Lebensmittelverpackungen aus Chitosan sind unter anderem deshalb umweltfreundlich, weil sie enzymatisch abbaubar sind.
Erläutern Sie die Wirkungsweise von Enzymen mithilfe einer geeigneten Modellvorstellung! 4

50

Lösung

1.1 Reihe 1 ist den n-Alkanen, Reihe 2 den n-Alkanolen zuzuordnen.
n-Alkane haben im Vergleich zu n-Alkanolen gleicher Kohlenstoffatomzahl niedrigere Siedetemperaturen, da zwischen den Molekülen der n-Alkane nur schwache van-der-Waals-Kräfte wirken, während zwischen n-Alkanolmolekülen zusätzlich Wasserstoffbrückenbindungen zwischen den polaren Hydroxylgruppen zu überwinden sind.

1.2 Mit zunehmender Kohlenstoffatomzahl und damit zunehmender Molekülmasse werden die zwischenmolekularen van-der-Waals-Kräfte stärker, was zu einer Zunahme der Siedetemperatur führt.
Die Siedetemperaturdifferenzen werden mit zunehmender Kettenlänge geringer. Während sich beim Übergang von Methan zu Ethan die Molekülmasse durch die neu hinzu kommende CH_2-Gruppe fast verdoppelt (Methan 16 u, Ethan 30 u), ist die Masse des auf das Butan (58 u) folgenden Pentans (72 u) nur um etwa 1/4 größer.
Da mit zunehmender Kettenlänge der prozentuale Massenzuwachs immer kleiner wird, werden die Siedetemperaturdifferenzen fortschreitend geringer.

1.3 **Beobachtungen:** Das rotbraune Brom wird entfärbt; das Indikatorpapier verfärbt sich säurespezifisch rot.
Erklärung: Hexan reagiert mit Brom nach dem Mechanismus der radikalischen Substitution. Dabei wird zunächst das Brommolekül unter dem Einfluss des Sonnenlichts in Bromatome (Bromradikale) zerlegt, was zur Entfärbung führt.

Kettenstart: Homolytische Spaltung der Brommoleküle durch Lichtenergie

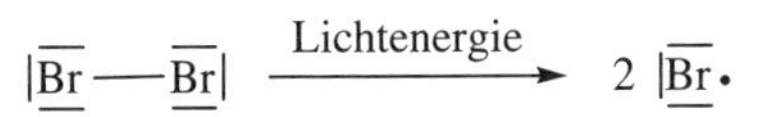

Reaktionskette:

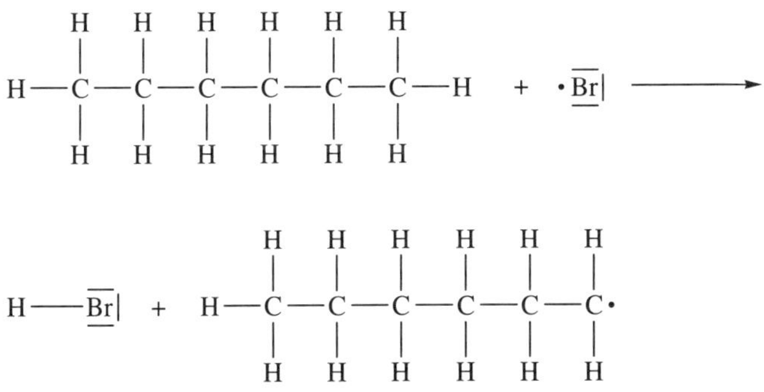

Die Bromradikale greifen das Hexan an, wobei es im Zuge einer Kettenreaktion wiederholt zur Abspaltung eines Wasserstoffatoms und zur Bildung von Bromwasserstoff kommt. Dieser verfärbt das Indikatorpapier säurespezifisch rot.

2.1 Terephthalsäure und Ethan-1,2-diol reagieren in einer Polykondensationsreaktion unter Wasserabspaltung zu PET. Es gehört somit zu den Polykondensationskunststoffen.

Repetiereinheit:

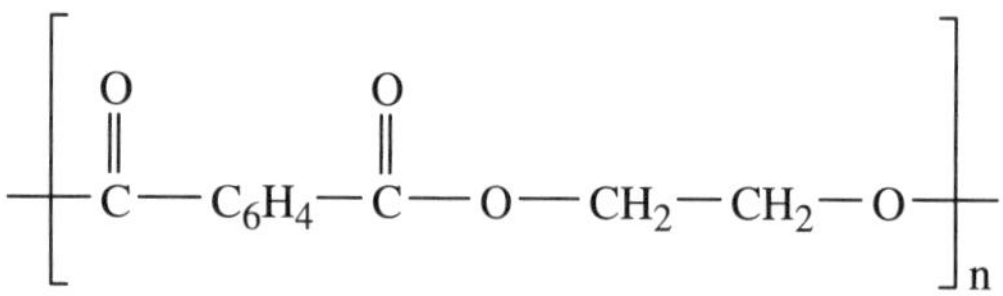

Die entstehenden Makromoleküle sind linear gebaut und unvernetzt. Seinem thermischen Verhalten nach gehört PET daher zu den Thermoplasten. Erhitzt man es, so wird es mit zunehmender Temperatur weicher, bis schließlich Schwärzung eintritt. Im PET werden die Makromoleküle durch van-der-Waals-Kräfte und Dipol-Dipol-Wechselwirkungen zusammengehalten. Beim Erwärmen werden diese Sekundärbindungskräfte teilweise überwunden; die Moleküle können aneinander vorbeigleiten, der Kunststoff erweicht.
Bei Erreichen der Zersetzungstemperatur werden Atombindungen innerhalb der Makromoleküle gespalten, sodass infolge Freisetzung von Kohlenstoff Schwarzfärbung auftritt.

2.2 Durch Polymerisation von But-2-ensäure entstehen zunächst lineare Makromoleküle, was die thermoplastischen Eigenschaften bedingt.

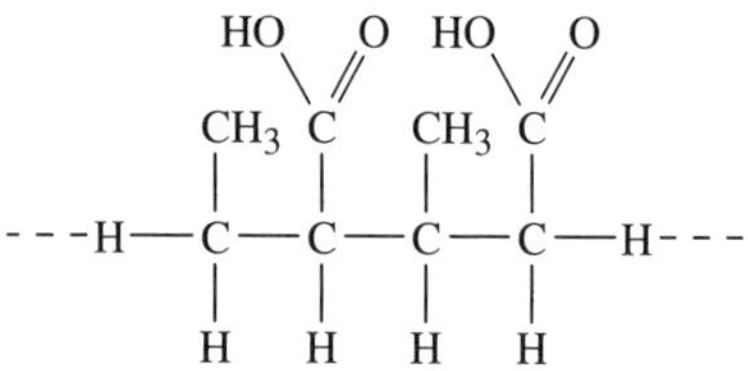

Über die Carboxylgruppen können die linearen Moleküle bei der Reaktion mit Ethan-1,2-diol dreidimensional vernetzt werden. Der entstehende Kunststoff hat duroplastische Eigenschaften.

Duroplaste erweichen beim Erwärmen nicht. Da die Vernetzung unter Ausbildung von Atombindungen erfolgt, stellt die Kunststoffprobe quasi ein einziges Molekül dar, in dem sich beim Erwärmen keine Molekülabschnitte verschieben können. Wird der Zersetzungstemperaturbereich erreicht kommt es auch hier zur Spaltung von Atombindungen; der Duroplast zersetzt sich ohne vorher weich geworden zu sein.

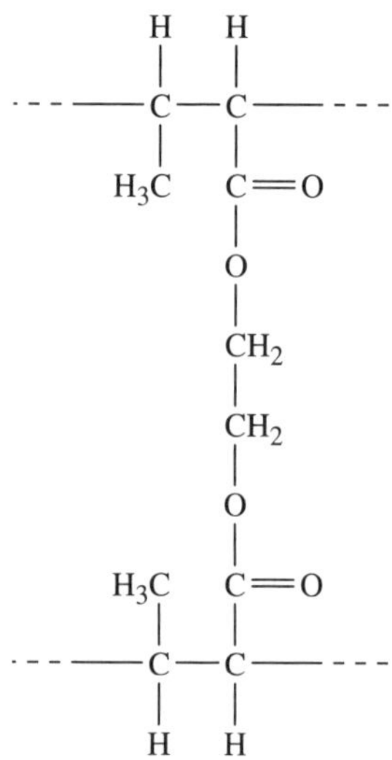

3.1 In Cellulose und Chitosan sind die Monomeren 1,4-β-glykosidisch miteinander verknüpft. Am C^2-Atom der Bausteine befindet sich jedoch beim Chitosan eine Aminogruppe, während es bei der Cellulose eine Hydroxylgruppe trägt.
Beide Stoffe eignen sich als Gerüstsubstanzen, da sich auf Grund der 1,4-β-glykosidischen Verknüpfung lineare Makromoleküle bilden. Der Zusammenhalt benachbarter Makromoleküle durch Wasserstoffbrückenbindungen führt zu wasserunlöslichen Fasern hoher Zugfestigkeit.

3.2 Bei der Umwandlung von Chitosan in Chitin reagiert Ethansäure mit der Aminogruppe, wobei unter Wasserabspaltung eine Säureamidbindung (Peptidbindung) eingegangen wird:

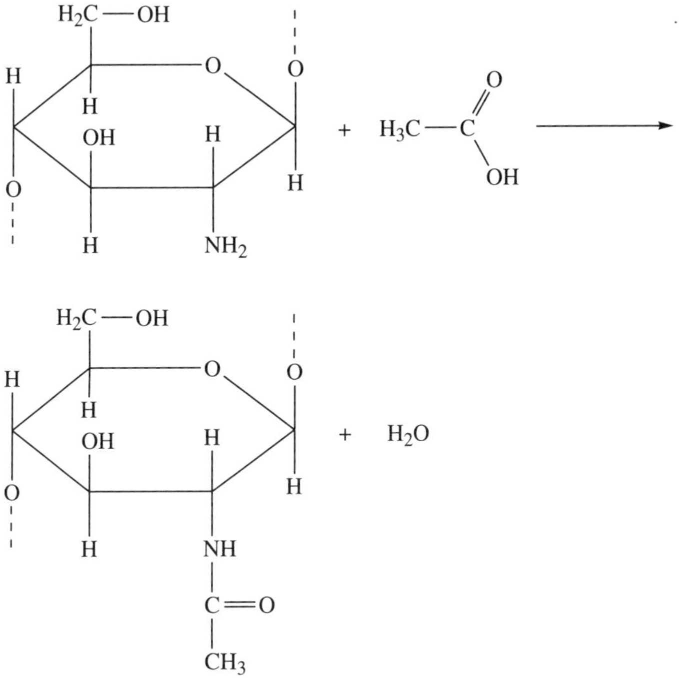

Bei der anschließenden Veresterung reagieren die freien Hydroxylgruppen des Makromoleküls mit Ethansäure unter Wasserabspaltung:

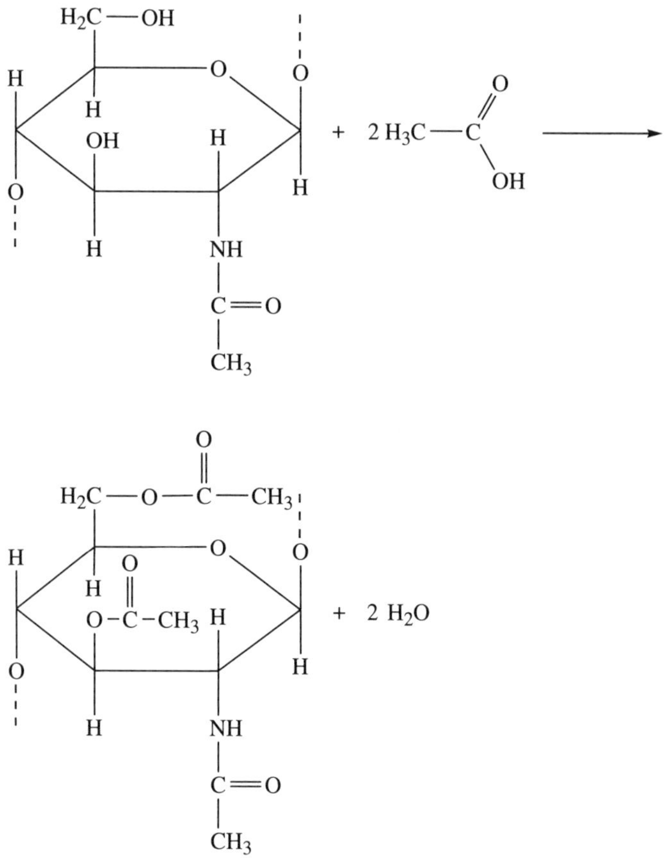

3.3 Enzyme können nur solche Stoffe (Substrate) umsetzen, die sie zu einem Enzym-Substrat-Komplex binden können. Enzyme sind substratspezifisch.
Die Substratspezifität lässt sich mit dem Schlüssel-Schloss-Prinzip erklären. Nach dieser Modellvorstellung können von einem Enzym nur solche Moleküle gebunden und umgesetzt werden, die wie ein Schlüssel in die Substratbindungsregion des Enzyms (= Schloss) passen. Da bestimmte Mikroorganismen über die „passenden" Enzyme verfügen, kann Chitosan umweltfreundlich abgebaut werden.

Grundkurs Chemie (Bayern): Abiturprüfung 2004
Aufgabe III

BE

1 Die Summenformel organischer Verbindungen enthält nur begrenzte Informationen über deren Moleküle. So gibt es verschiedene Verbindungen mit der Summenformel $C_4H_8O_2$.

1.1 Geben Sie die Strukturformeln von vier nicht zyklischen konstitutionsisomeren Molekülen mit dieser Summenformel an und definieren Sie den Begriff Konstitutionsisomerie! 6

1.2 Es gibt chirale, nicht zyklische Moleküle mit dieser Summenformel.
Geben Sie die Strukturformel eines dieser Moleküle an und erläutern Sie an diesem Beispiel den Begriff Chiralität! 4

1.3 Beschreiben Sie eine Versuchsanordnung, mit der man die optische Aktivität chiraler Verbindungen untersuchen kann! 4

2 Propen ist ein bedeutendes petrochemisches Produkt.

2.1 Beschreiben Sie die Bindungsverhältnisse im Propen-Molekül unter Mitverwendung einer Skizze ausgehend vom Hybridisierungszustand der Kohlenstoffatome! 5

2.2 Propen (Siedetemperatur: −47,7 °C) reagiert bei Raumtemperatur im Dunkeln mit Chlor.
Nennen Sie den Reaktionstyp und erläutern Sie unter Mitverwendung von Strukturformeln den Ablauf dieser Reaktion! 7

2.3 Mit Propen wird die Baeyer-Probe durchgeführt.
Beschreiben Sie die Durchführung dieses Versuchs und die wesentlichen Beobachtungen! 4

3 Malachitgrün wird wegen seiner Brillanz sehr geschätzt. Es wurde früher auch zur Färbung von Wolle verwendet.
Durch Kondensation von zwei Molekülen Dimethylanilin und einem Molekül Benzaldehyd (C_6H_5CHO) entsteht zunächst das farblose Leukomalachitgrün (A). Durch Oxidation geht dies in Malachitgrün (B) über. In saurer Lösung wird Malachitgrün gelb (C).

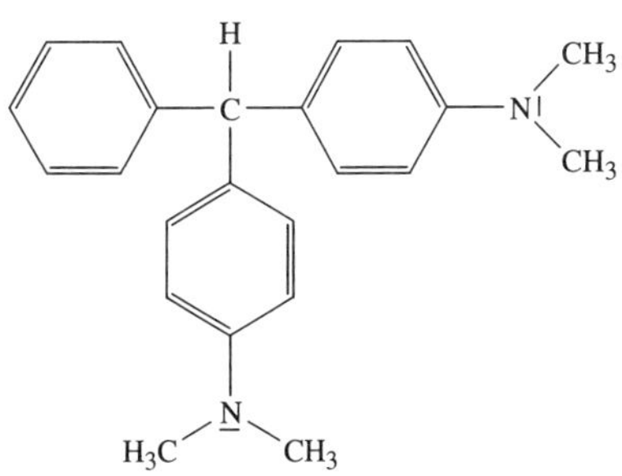

Leukomalachitgrün (A)

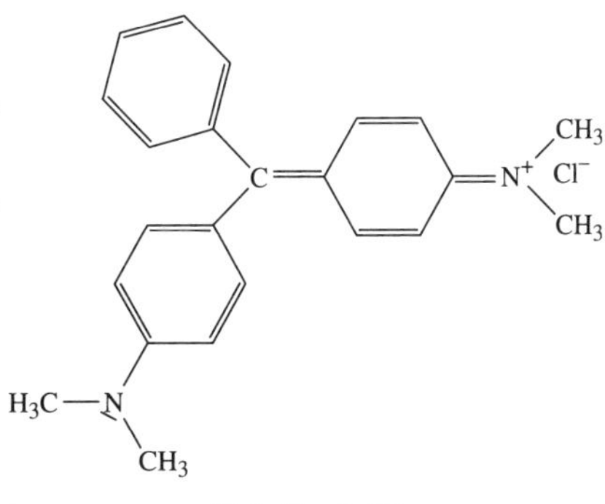

Malachitgrün (B)

3.1 Geben Sie die Strukturformelgleichung für die Herstellung von Leukomalachitgrün an! 3

3.2 Geben Sie für das Malachitgrün-Kation zwei weitere mesomere Grenzformeln an und diskutieren Sie am Beispiel des Farbstoff-Moleküls (B), seiner farblosen (A) und seiner gelben (C) Form ausführlich den Zusammenhang zwischen Molekülbau und Farbigkeit! 10

3.3 Damit ein Farbstoff auf Textilfasern haftet, müssen Kräfte zwischen den Farbstoff- und den Fasermolekülen wirken.
Stellen Sie anhand geeigneter Molekülabschnitte mögliche Wechselwirkungen zwischen Malachitgrün und Wolle dar! 7

50

Lösung

1.1 Konstitutionsisomere unterscheiden sich in der Verknüpfung der im Molekül vorhandenen Atome.

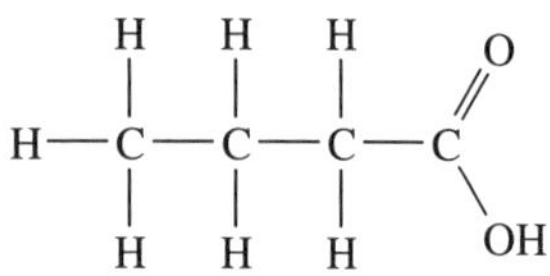

Butansäure

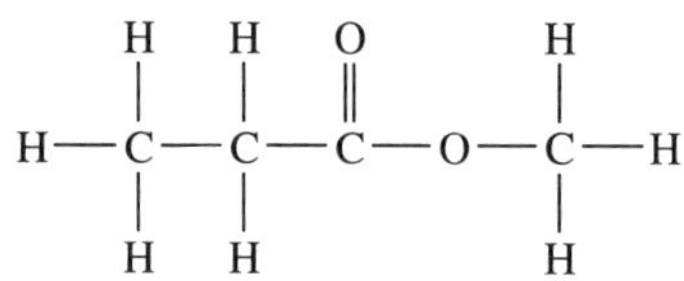

Propansäuremethylester

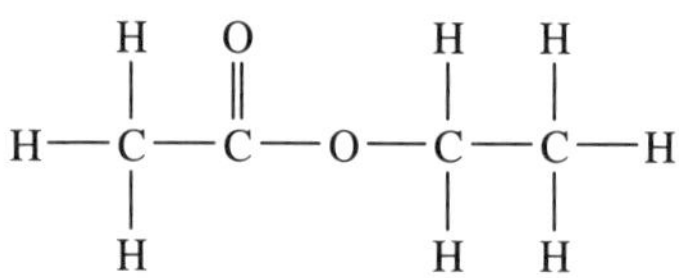

Ethansäureethylester

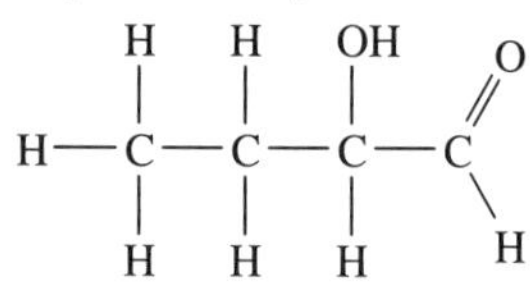

2-Hydroxybutanal

1.2

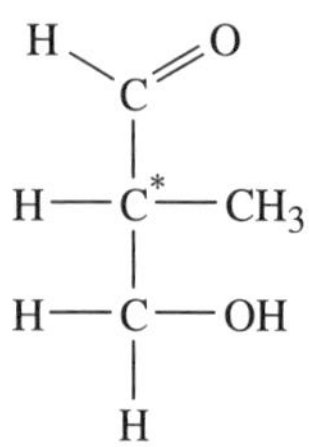

3-Hydroxy-2-methylpropanal

C^* = asymmetrisches C-Atom

Vom 3-Hydroxy-2-methylpropanal existieren zwei verschiedene Isomere (Enantiomere), die sich wie Bild und Spiegelbild verhalten und sich nicht zur Deckung bringen lassen. Da auch unsere Hände sich wie Bild und Spiegelbild verhalten, nennt man diese Asymmetrie Chiralität („Händigkeit“).
Ein chiraler Molekülbau ist gegeben, wenn im Molekül ein asymmetrisches Kohlenstoffatom vorliegt, d. h. ein C-Atom, das mit 4 verschiedenen Atomen oder Atomgruppen verknüpft ist. Bei 3-Hydroxy-2-methylpropanal ist dies C-Atom 2, das jeweils mit einer Aldehyd-, Methyl- und CH_2OH-Gruppe und mit einem Wasserstoffatom verknüpft ist.

1.3 Enantiomere sind optisch aktiv, d. h. sie sind in der Lage, die Schwingungsebene linear polarisierten Lichts zu drehen.

Dieses Verhalten kann in folgender Versuchsanordnung nachgewiesen werden:
Licht wird durch einen Polarisationsfilter geschickt, der nur Licht einer Schwingungsebene hindurch lässt. Dieses linear polarisierte Licht gelangt durch eine zunächst mit einem Lösungsmittel (meist destilliertes Wasser) gefüllte Küvette auf einen zweiten Polarisationsfilter, den Analysator, der so eingestellt wird, dass das auftreffende Licht nicht hindurch treten kann und ein, in den Filter schauender Beobachter vollständige Auslöschung feststellt.
Anschließend wird in die Küvette die Lösung der optisch aktiven Substanz eingefüllt. Da diese die Schwingungsebene des Lichts dreht, kann nun erneut Licht durch den Analysator durchtreten.
Der Winkel, um den der Analysator gedreht werden muss, um wieder völlige Auslöschung zu erreichen, stellt den Drehwinkel dar.

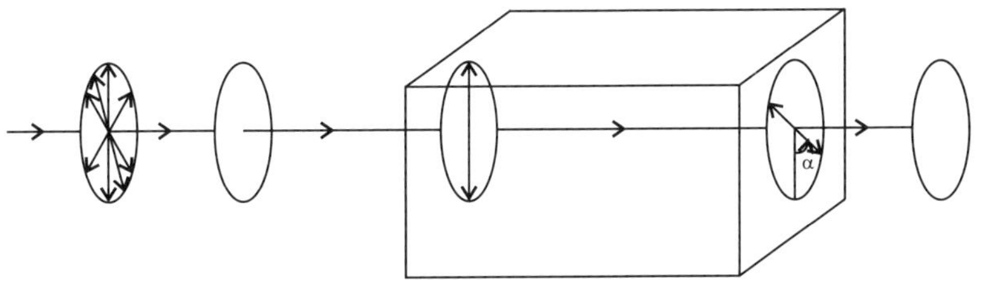

Licht aller Schwingungsebenen — Polarisator — Drehung der Schwingungsebene des linear polarisierten Lichts beim Durchgang durch die Lösung einer optisch aktiven Substanz um den Drehwinkel α. — Analysator

2.1 Die C-Atome 1 und 2 sind sp^2-hybridisiert, die drei sp^2 Hybridorbitale sind in die Ecken eines gleichseitigen Dreiecks orientiert. C-Atom 3 ist sp^3-hybridisiert, die vier sp^3- Hybridorbitale sind in die Ecken eines Tetraeders gerichtet.
Die Bindungen zwischen C-Atom 1 und den Wasserstoffatomen sind σ-Bindungen, die durch Überlappung je eines sp^2-Hybridatomorbitals des C-Atoms mit einem s-Orbital eines Wasserstoffatoms zustande kommen. Dies trifft auch für die Bindung zwischen C-Atom 2 und dem Wasserstoffatom zu. An C-Atom 3 sind die Wasserstoffatome ebenfalls durch σ-Bindungen gebunden, die jedoch durch Überlappung je eines sp^3-Hybridatomorbitals des C-Atoms mit einem s-Orbital des Wasserstoffs zustande kommen.
Die σ-Bindung zwischen den C-Atomen 1 und 2 geht auf die Überlappung zweier s p^2-Hybridatomorbitale zurück, die zwischen den C-Atomen 2 und 3 auf die Überlappung eines sp^2- und eines sp^3-Hybridatomorbitals. Die zweite Bindung zwischen den C-Atomen 1 und 2 ist eine π-Bindung, die auf der Überlappung der nicht an der Hybridisierung beteiligten p-Orbitale basiert.
Da zwischen den C-Atomen 1 und 2 eine σ- und eine π-Bindung vorliegen, ist die Bindungslänge zwischen C_1 und C_2 geringer als zwischen C_2 und C_3.

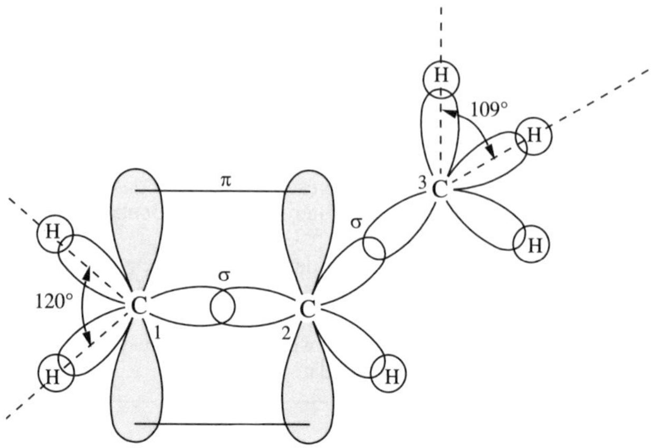

2.2 Propen reagiert mit Chlor in einer elektrophilen Addition:

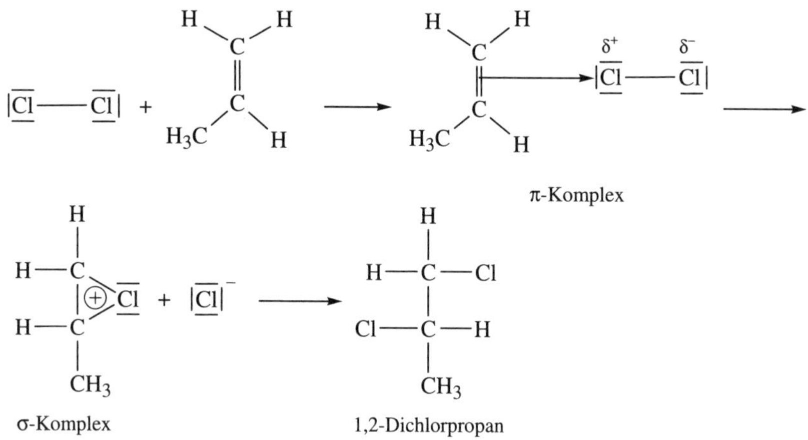

Zunächst tritt die π-Elektronenwolke des Propens in lose Wechselwirkungen mit dem Chlormolekül, wodurch es zur Polarisierung des Chlormoleküls kommt. Nach heterolytischer Spaltung des Chlormoleküls (das bindende Elektronenpaar wird vom negativ polarisierten Chloratom übernommen) wird das elektrophile Chlorkation Cl^+ über das Elektronenpaar der π-Bindung gebunden und es bildet sich ein cyclischer σ-Komplex. Im abschließenden Reaktionsschritt lagert sich in einem „Rückseitenangriff" ein Chlorid-Ion Cl^- an den σ-Komplex an. Die Bindung wird über ein Elektronenpaar des Chlorid-Ions hergestellt. Es entsteht 1,2-Dichlorpropan.

2.3 Propen entfärbt schwach alkalische, violette Kaliumpermanganatlösung. Dabei wird eingeleitetes Propen oxidiert und Permanganat-Ionen zu Braunstein (MnO_2) reduziert.

3.1

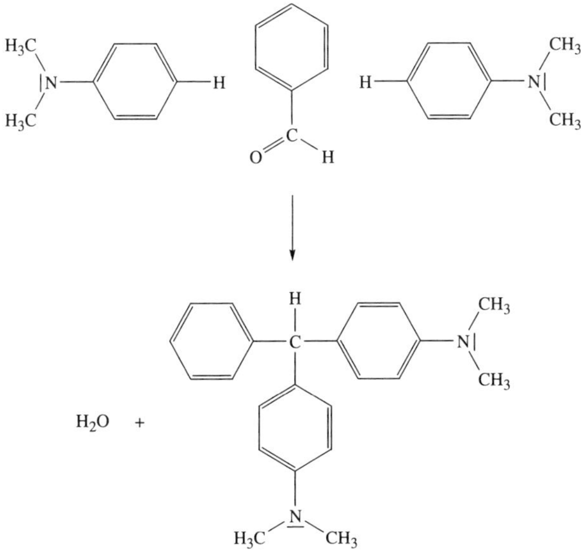

3.2

(a)

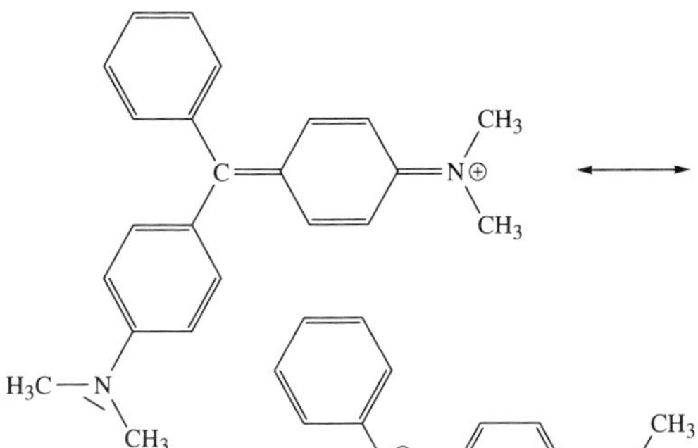

(b)

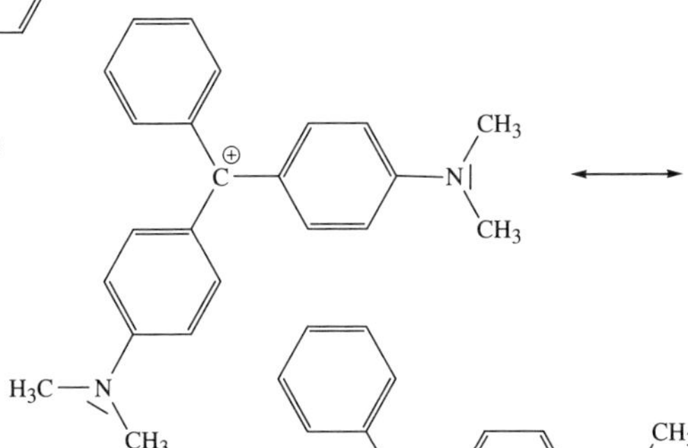

(c)

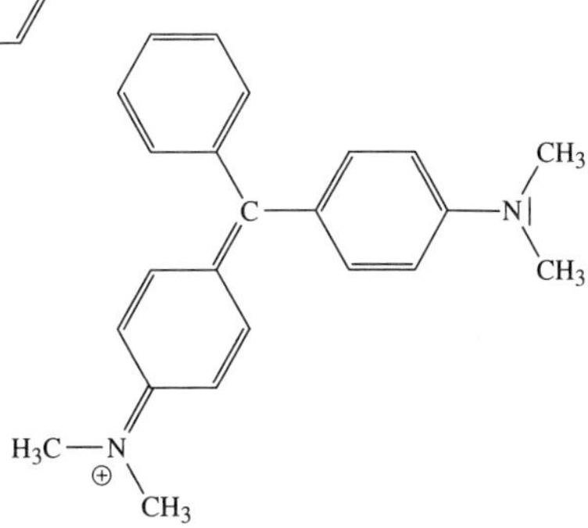

Eine Verbindung ist farbig, wenn sie aus dem kontinuierlichen sichtbaren Spektrum Wellenlängenbereiche absorbieren kann.
Malachitgrün (B) kann sichtbares Licht absorbieren, denn sie besitzt einen Chromophor, der sich über die drei Benzolkerne erstreckt. π-Elektronen dieses ausgedehnten mesomeren Systems können durch die Energie sichtbaren Lichts in den angeregten Zustand angehoben werden.
Auxochrome sind Gruppen mit freien Elektronenpaaren, hier die Dimethylamino-Gruppe.
Ein freies Elektronenpaar des Stickstoffs kann mit dem delokalisierten π-Elektronensystem des Chromophors in Wechselwirkung treten (+M-Effekt), wodurch die Delokalisation der π-Elektronen verstärkt wird. Die Energiedifferenzen zwischen Grundzustand und angeregten Zuständen werden dann noch geringer, sodass langwelligeres Licht zur Anregung ausreicht und es zu einer Farbvertiefung kommt („bathochromer Effekt"). Dieser Effekt ist besonders stark ausgeprägt, wenn an den Chromophor eine Gruppe gebunden ist, die wie hier die $N(CH_3)_2^+$-Gruppe dieses Elektronenpaar übernehmen kann (**Antiauxochrom**), was die Formulierung zweier energiegleicher mesomerer Grenzstrukturen (Grenzstrukturen a und c in der vorangegangenen Abbildung) ermöglicht.

In saurer Lösung ist Malachitgrün (C) gelb, da hier die Dimethylaminogruppe protoniert wird, sodass sie nicht mehr als Auxochrom fungieren kann:

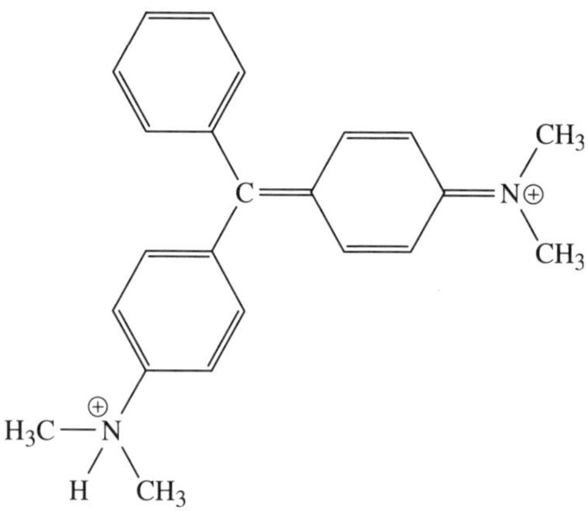

gelbes Malachitgrün

Leukomlachitgrün (a) ist farblos, da das zentrale C-Atom sp^3-hybridisiert ist und die Ausbildung eines ausreichend großen mesomeren Systems verhindert. Die Verbindung absorbiert daher im nicht sichtbaren UV-Bereich und ist folglich farblos.

3.3 Das Keratin der Wolle ist ein Protein. Zwischen anionischen Gruppen in den Seitengruppen des Proteins und dem Malachitkation können Ionenbindungen (elektrostatische Anziehungskräfte) ausgebildet werden. Zwischen Atomen von Farbstoff und Protein, die Teilladungen tragen, können Dipol-Dipol-Wechselwirkungen auftreten, zwischen unpolaren Molekülabschnitten van-der-Waals-Kräfte.

Grundkurs Chemie (Bayern): Abiturprüfung 2004
Aufgabe IV

BE

1 Für viele Menschen ist der Genuss von Fleisch die Grundlage der Versorgung des Körpers mit Proteinen.

1.1 Beschreiben Sie einen Versuch, den man zum Nachweis von Proteinen verwendet! 3

1.2 Aminosäuren sind die Bausteine der Proteine.
Geben Sie die Strukturformeln und die Namen zweier Amionosäuren an und erläutern Sie die Verknüpfung von Aminosäuren zu Proteinmolekülen unter Mitverwendung von Fachbegriffen und einer Strukturformelgleichung! 8

1.3 Zu Zubereitung einer Fleischbrühe wird Fleisch zunächst in kaltem Wasser aufgesetzt und dann allmählich zum Kochen gebracht. Das Fleisch wird dabei zäh, die Fleischbrühe aber wohlschmeckend.
Will man dagegen saftiges Suppenfleisch erhalten, muss das Fleisch sofort in kochendes Wasser eingelegt werden.
Erläutern Sie diesen Sachverhalt aus chemischer Sicht und mithilfe der chemischen Fachsprache! 4

1.4 Rindfleisch und Kängurufleisch lassen sich äußerlich nur schwer unterscheiden. Zur Überprüfung der Identität kann man die Elektrophorese einsetzen.

1.4.1 Erklären Sie am Beispiel der Trennung dreier Proteine (P_1; P_2; P_3) mit den isoelektrischen Punkten 5,7 (P_1), 7,0 (P_2), 7,9 (P_3) das Prinzip dieses Trennverfahrens und legen Sie dar, welche Versuchsbedingungen zu wählen sind, damit die vorgegebenen Proteine besonders klar getrennt werden können! 6

1.4.2 Erläutern Sie kurz das Vorgehen, um Proteinextrakte von Rindern und Kängurus unter Mitverwendung der Elektrophorese zu unterscheiden. 3

2 Aspirin, Ibuprofen und Acetaminophen sind die am häufigsten eingesetzten Wirkstoffe in schmerzstillenden Medikamenten:

Aspirin

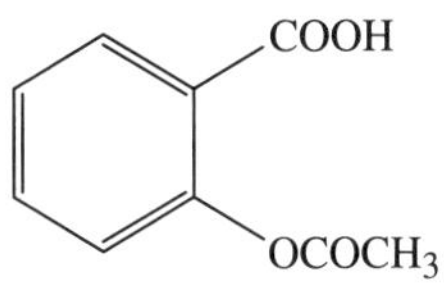

Ibuprofen

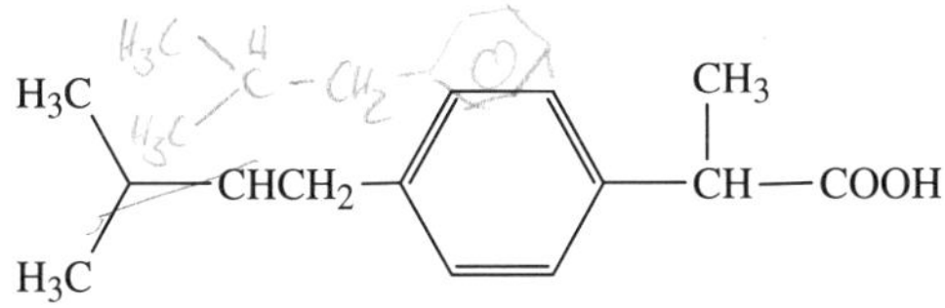

Acetaminophen

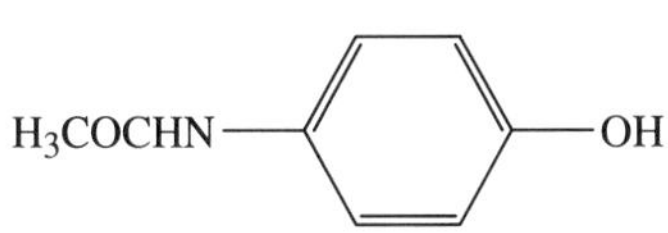

2.1 Identifizieren Sie anhand der Strukturformeln funktionelle Gruppen sowie gemeinsame Strukturelemente der Moleküle dieser Verbindungen! 5

2.2 Die beginnende Zersetzung des Wirkstoffs Aspirin bei zu langer Lagerung deutet sich durch einen stechenden Geruch an.
Erläutern Sie den zugrunde liegenden Vorgang durch einen kurzen Text und eine Strukturformelgleichung! Geben Sie eine einfache Maßnahme an, durch die sich die Zersetzung verhindern lässt! 4

3 Das Adenosintriphosphat (ATP) wird auch als universelle „Energiewährung" aller Lebewesen bezeichnet. Grüne Pflanzen können ATP in den Chloroplasten synthetisieren. Ein erwachsener Mensch setzt in Ruhe ca. 40 kg Adenosintriphosphat in 24 Stunden um. Enzyme, mit deren Hilfe ATP gebildet und gespalten werden kann (ATPasen), nehmen eine Schlüsselstellung im Stoffwechsel ein.
Die Aufklärung der Struktur der ATPasen beschäftigte zahlreiche Wissenschaftler mehr als zwanzig Jahre lang. Die bedeutendsten Beiträge wurden durch die Verleihung des Chemie-Nobelpreises im Jahr 1997 gewürdigt.

3.1 Erörtern Sie, ausgehend von der chemischen Natur der Enzyme und unter Mitverwendung von Fachbegriffen, welche grundsätzlichen Informationen über die Struktur der ATPase-Moleküle von den Wissenschaftlern ermittelt werden mussten! 5

3.2 Legen Sie unter Mitverwendung von Skizzen dar, wie grüne Pflanzen in den Chloroplasten ATP bilden! 7

3.3 Erläutern Sie die aerobe ATP-Gewinnung in den Zellen des Menschen unter Einbeziehung einer Bruttogleichung mit darin enthaltener ATP-Bilanz! Gehen Sie in Ihrer Antwort auch auf den Wirkungsgrad der Reaktion ein! 5

50

Lösung

1.1 Proteine lassen sich z. B. mit folgenden Reaktionen nachweisen:

- **Biuretprobe:** mit Cu^{2+}-Ionen ergeben Proteine rotviolett gefärbte Komplexverbindungen
- **Xanthoproteinreaktion:** bei Zugabe von konzentrierter Salpetersäure ist Gelbfärbung zu beobachten. Hierbei werden die aromatischen Reste von im Protein enthaltenen aromatischen Aminosäuren nitriert.

1.2

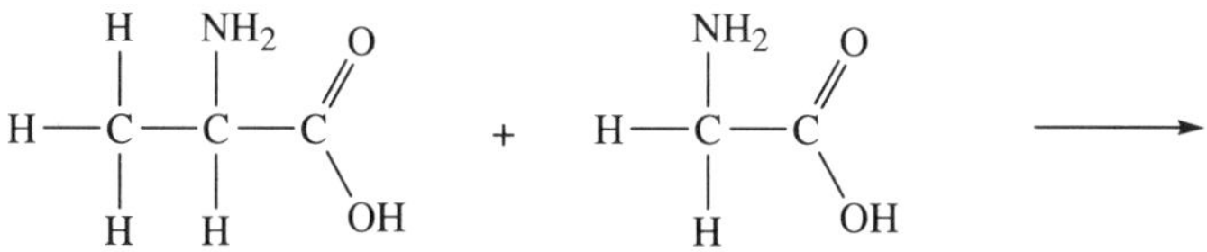

2-Aminopropansäure (Alanin) 2-Aminoethansäure (Glycin)

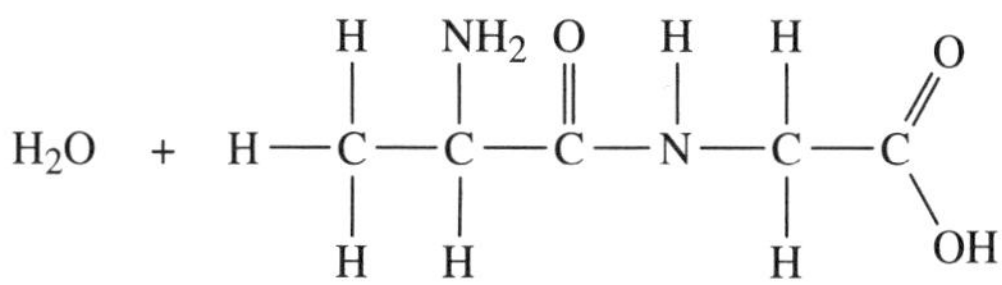

Dipeptid

Aminosäuren können in einer Polykondensationsreaktion zu Proteinen zusammentreten. Dabei kommt es zwischen der Carboxylgruppe der einen und der Aminogruppe der anderen zu einer Abspaltung von Wasser und es entsteht ein unverzweigtes Makromolekül.

1.3 Erwärmt man das Fleisch langsam, so können vor der Denaturierung der Proteine Inhalttsoffe der Zellen in das Wasser gelangen, was die Fleischbrühe schmackhaft macht. Gibt man das Fleisch jedoch in kochendes Wasser, so denaturieren die Proteine der Oberfläche sofort und der Saft bleibt im Fleisch eingeschlossen.

1.4.1 Bei der Elektrophorese kommt es zu einer Auftrennung des Proteingemischs in die verschiedenen Komponenten aufgrund ihres unterschiedlichen Verhaltens in einem elektrischen Gleichspannungsfeld.
Führt man die Elektrophorese bei pH = 7 durch, so liegt P_2 in zwitterionischer Struktur vor und wandert daher im elektrischen Feld nicht.
Für P_1 liegt der gewählte pH-Wert von 7 über dem isoelektrischen Punkt; im Protein überwiegen die negativ geladenen Gruppen und es wandert in Richtung Anode.
Für P_3 liegt der gewählte pH-Wert von 7 unter dem isoelektrischen Punkt; im Protein überwiegen die positiv geladenen Gruppen und es wandert in Richtung Kathode.

1.4.2 Das Proteingemisch wird an der Starlinie auf einen Streifen z. B. von Celluloseacetat aufgetragen; dann gibt den Streifen in eine Pufferlösung von pH = 7 und legt eine Gleichspannung von ca. 250 V an.

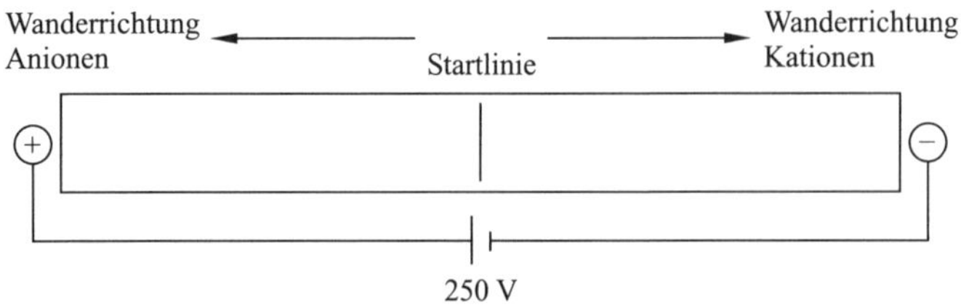

Nach der Trennung wird der Streifen getrocknet und die Proteinbanden werden durch eine Farbreaktion (z. B. mit Ninhydrin) sichtbar gemacht.
Führt man die Auftrennung der Proteinextrakte von Rindern und Kängurus unter gleichen Bedingungen durch, so wandern identische Proteine gleich weit in die gleiche Richtung, während sich verschiedene Proteine in der Lage ihrer Banden unterscheiden.

2.1 **Funktionelle Gruppen:**

- Aspirin: Carboxylgruppe, Estergruppierung
- Ibuprofen: Carboxylgruppe
- Acetaminophen: Säureamidgruppierung (Peptidgruppierung), (phenolische) Hydroxylgruppe

Gemeinsame Strukturelemente:
disubstituierte Benzolringe; 1,2-Substitution beim Aspirin, 1,4-Substitution bei Ibuprofen und Acetaminophen

2.2 Bei der Zersetzung des Aspirins wird die Esterbindung unter Freisetzung von Ethansäure, auf die der stechende Geruch zurückzuführen ist, hydrolytisch gespalten:

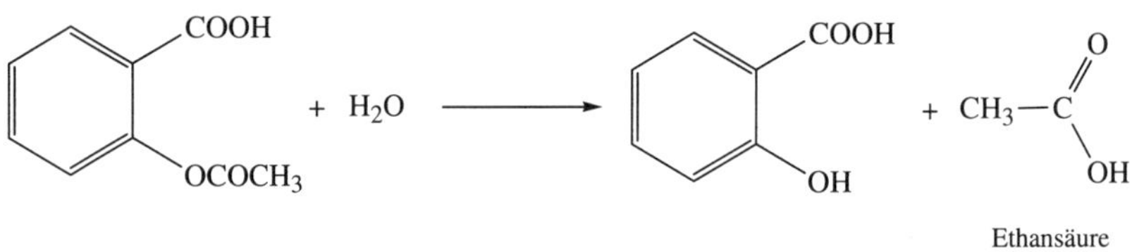

Da es bei der Hydrolyse zu einer Bindungsspaltung unter Wasseranlagerung kommt, kann die Zersetzung verhindert werden, wenn das Aspirin nicht mit Feuchtigkeit in Kontakt kommt.

3.1 Enzyme sind Proteine oder Proteide. In diesem Zusammenhang sind von Interesse:

- Wie lautet die Aminosäuresequenz (Primärstruktur) des Enzyms?
- Welchen räumlichen Bau (Konformation) besitzt das Enzym unter nativen Bedingungen, d. h. welche Sekundär- und Tertiärstruktur besitzt das Enzym unter natürlichen Temperatur- und pH-Verhältnissen?
- Ist das Enzym evtl. aus Untereinheiten zusammengesetzt und besitzt somit eine Quartärstruktur?
- Welcher Teil des Moleküls fungiert als aktives Zentrum und wie ist dieses gebaut?
- Ist die Aktivität des Enzyms von bestimmten Cofaktoren abhängig?

3.2 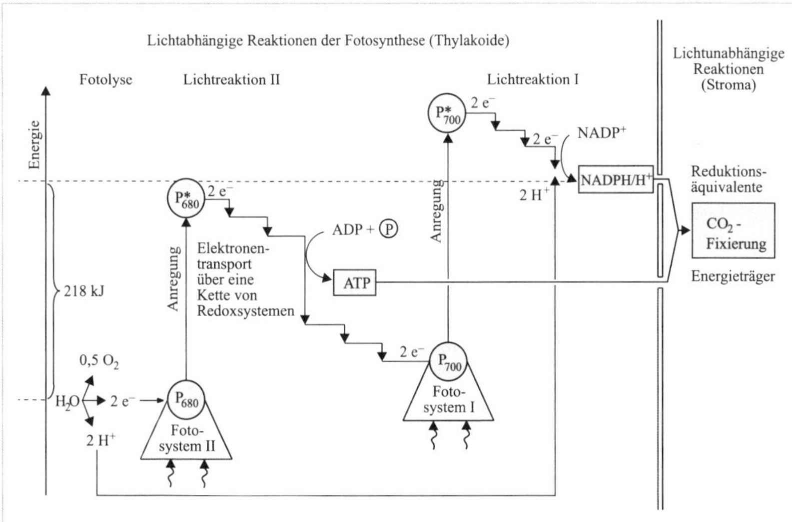

An den Lichtrektionen der Fotosynthese sind zwei Pigmentsysteme, Fotosystem I und Fotosystem II beteiligt.
Pigmentmoleküle von Fotosystem I können durch Absorption von Lichtquanten angeregt und damit in die Lage versetzt werden, energiereiche Elektronen an nachgeschaltete Redoxsysteme abzugeben (1. Lichtreaktion). Diese Elektronen werden schließlich zur Reduktion von $NADP^+$ verwendet, wobei mit den Protonen, die bei der Fotolyse des Wassers entstehen, Reduktionsäquivalente $NADPH/H^+$ gebildet werden:

$$NADP^+ + 2e^- + H^+ \longrightarrow NADPH/H^+$$

Auch Chlorophyllmoleküle des Fotosystems II werden durch Absorption von Lichtquanten angeregt und geben energiereiche Elektronen ab (2. Lichtreaktion). Diese gelangen über Redoxsysteme zu Fotosystem I und gleichen hier das durch die 1. Lichtreaktion entstandene Elektronendefizit aus.
Das Fotosystem II gleicht seinen Elektronenverlust durch Elektronen, die bei der Fotolyse des Wassers frei werden, aus.

$$2\,H_2O \longrightarrow 4\,H^+ + O_2 + 4\,e^-$$

Insgesamt kommt es zu einem Elektronentransport vom Wasser zu $NADP^+$ (nichtzyklischer Elektronentransport).
Daneben besteht auch die Möglichkeit, dass Elektronen des angeregten Chlorophylls des Photosystems I in einem Kreisprozess über eine Reihe von Redoxsystemen wieder zu Chlorophyllmolekülen im Grundzustand zurücktransportiert werden (zyklischer Elektronentransport).
Beide Formen des Elektronentransports sind mit ATP-Bildung gekoppelt (Fotophosphorylierung). Die bei dem Elektronentransport frei werdende Energie kann teilweise für die endergonische Bildung von ATP genutzt werden:

$$ADP + Ⓟ \longrightarrow ATP$$

(Die **chemiosmotische Theorie** erklärt den Mechanismus der ATP-Bildung so, dass die beim Elektronentransport frei werdende Energie zunächst dazu genutzt wird, Protonen aus dem Stroma der Chloroplasten in den Thylakoidinnenraum zu pumpen. So resultiert im Thylakoidinnenraum eine deutlich höhere Protonenkonzentration als im Stroma. Aus der **Protonenungleichverteilung** resultiert auch eine elektrische Spannungsdifferenz.
Die Protonen haben somit das Bestreben dem Konzentrations- und Ladungsgradienten zu folgen und vom Innenraum ins Stroma zu wandern. Dabei nehmen sie den Weg durch einen in die Thylakoidmembran eingelagerten Enzymkomplex (ATP-Synthetase), der die ATP-Bildung katalysiert. Die Energie für diesen endergonischen Prozess wird durch den, dem Energiegefälle folgenden Protonentransport freigesetzt.)

3.3 Bei der aeroben ATP-Gewinnung werden im Zuge der Atmung die Glykolyse, die oxidative Decarboxylierung, der Citronensäurezyklus und die Endatmung durchlaufen. Dabei wird Glucose letztlich bis zu den energiearmen Endprodukten Kohlenstoffdioxid und Wasser abgebaut. Pro mol Glucose werden dabei 38 mol ATP gewonnen:

$$C_6H_{12}O_6 + 6\,O_2 + 38\,ADP + 38\,Ⓟ \longrightarrow 6\,CO_2 + 6\,H_2O + 38\,ATP$$

Beim Abbau von 1 mol Glucose zu Kohlenstoffdioxid und Wasser werden 2 880 kJ frei. Ein Teil dieser Energie wird zum Aufbau von ATP genutzt und bleibt somit der Zelle erhalten; pro mol ATP sind dies 30,5 kJ.
Der **Wirkungsgrad** ist definiert als Quotient aus der im ATP gespeicherten Energie und dem Gesamtbetrag der freigesetzten Energie:

$$\text{Wirkungsgrad} = \frac{38 \cdot 30{,}5\,\text{kJ}}{2\,880\,\text{kJ}} = 0{,}40$$

Der Wirkungsgrad der Atmung liegt bei ca. 40 %.

Grundkurs Chemie (Bayern): Abiturprüfung 2005
Aufgabe I

BE

1 Die technische Synthese von Glycerin verläuft über mehrere Stufen: Zunächst wird Propen mit Chlor auf ca. 500 °C erhitzt, wobei 3-Chlorprop-1-en und Wasserstoffchlorid entstehen. Das organische Produkt reagiert bei Raumtemperatur mit weiterem Chlor zu 1,2,3-Trichlorpropan. Daraus erhält man durch Reaktion mit Natronlauge das Glycerin (1,2,3-Propantriol).

1.1 Stellen Sie die beschriebenen Stufen der Synthese von Glycerin mit Strukturformelgleichungen dar! 4

1.2 Benennen Sie den Reaktionsmechanismus der Synthese von 1,2,3-Trichlorpropan aus 3-Chlorprop-1-en und erläutern Sie ihn unter Mitverwendung von Strukturformeln! 5

1.3. Ordnen Sie die in der beschriebenen Glycerinsynthese genannten organischen Stoffe Propen, 3-Chlorprop-1-en und Glycerin nach steigender Siedetemperatur und begründen Sie die Anordnung ausführlich! 7

1.4 Glycerin kann auch durch säurekatalysierte Hydrolyse von Fetten gewonnen werden. Erstellen Sie unter Mitverwendung von Halbstrukturformeln eine Reaktionsgleichung für diese Hydrolyse und nennen Sie eine Möglichkeit zur Erhöhung der Glycerinausbeute! 4

2 Die enzymatische Spaltung von Amylose führt zum Disaccharid Maltose. In Pilzen kommt das Disaccharid Trehalose vor, das aus zwei α-Glucose-Bausteinen aufgebaut ist. Nur eines der beiden Disaccharide zeigt Mutarotation.

2.1 Beschreiben Sie die Durchführung eines Experiments, mit dem das Phänomen der Mutarotation nachgewiesen werden kann, und die dabei zu erwartenden Beobachtungen! 4

2.2 Zeichnen Sie von Trehalose und Maltose je eine Haworth-Projektionsformel und erklären Sie das unterschiedliche Verhalten dieser beiden Zucker bei dem von Ihnen in Nr. 2.1 beschriebenen Experiment! 7

2.3 In einer Versuchsreihe wurde Amylose unter Mitwirkung des Enzyms Amylase vollständig gespalten. Die folgende Abbildung stellt die Temperaturabhängigkeit der Reaktionsdauer dar:

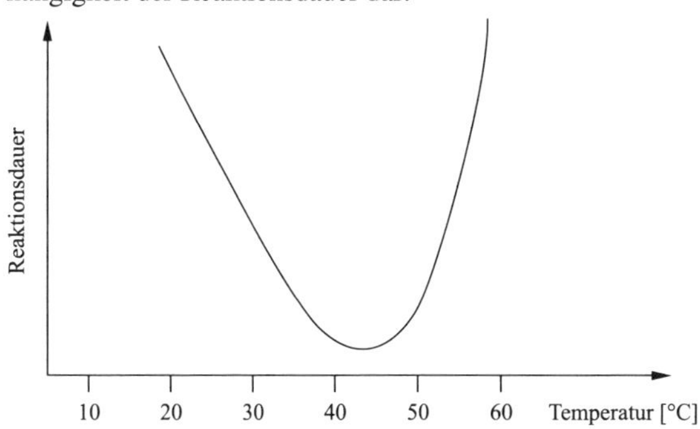

2.3.1 Erklären Sie den Kurvenverlauf! 5

2.3.2 Der Zusatz von Hemmstoffen verlangsamt enzymkatalysierte Reaktionen. Wählen Sie einen Hemmungstyp und zeichnen Sie ein beschriftetes Diagramm, das die Abhängigkeit der Reaktionsgeschwindigkeit von der Substratkonzentration bei konstanter Enzymkonzentration für die ungehemmte und die gehemmte Reaktion zeigt! Legen Sie unter Mitverwendung von Skizzen eine Modellvorstellung von der Wirkungsweise des eingesetzten Hemmstoffs dar! 6

2.4 Amylose und Cellulose sind biologisch bedeutsame Kohlenhydrate.

2.4.1 Beschreiben Sie den räumlichen Bau beider Moleküle, geben Sie jeweils die Verknüpfungsart der Monomere an und zeichnen Sie einen charakteristischen Strukturformelausschnitt für Cellulose! 4

2.4.2 Vergleichen Sie die Eignung von Amylose und Cellulose als Gerüstsubstanz für Pflanzen und begründen Sie Ihre Aussagen! 4

50

Lösung

1.1

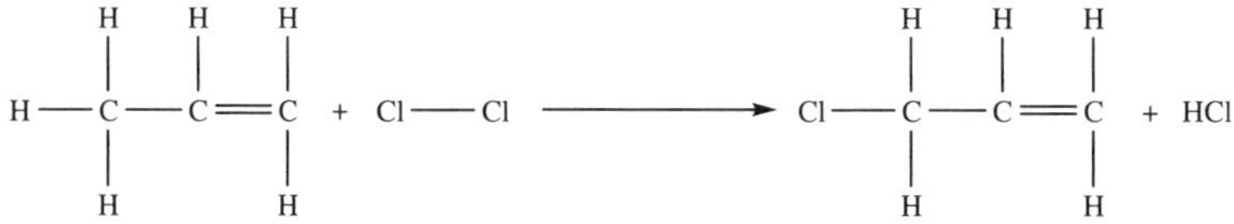

3-Chlorprop-1-en

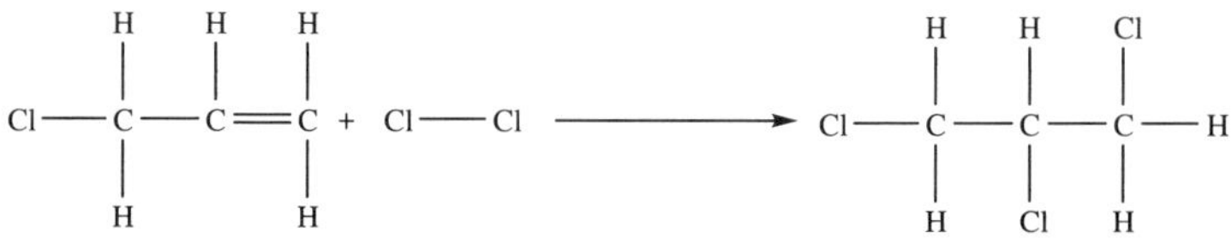

1,2,3-Trichlorpropan

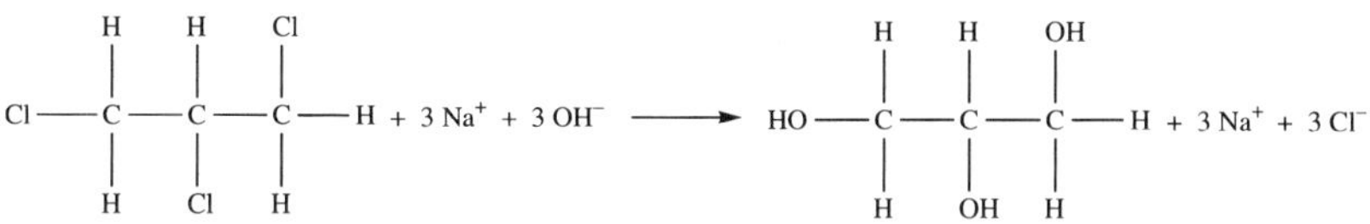

Glycerin

1.2 3-Chlorprop-1-en reagiert mit Chlor in einer elektrophilen Addition zu 1,2,3-Trichlorpropan:

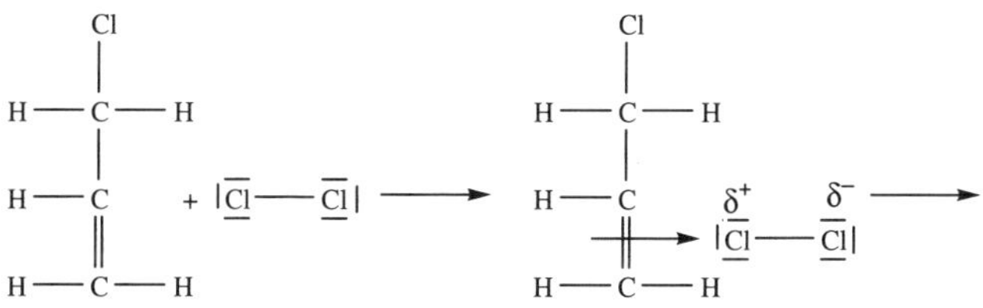

π-Komplex

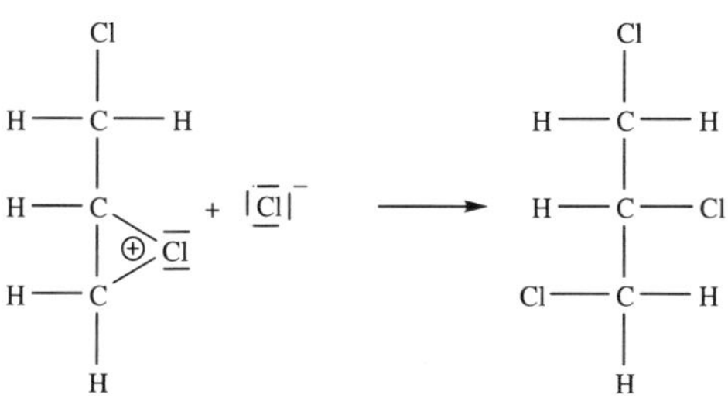

σ-Komplex

Zunächst tritt die π-Elektronenwolke des 3-Chlorprop-1-ens in lose Wechselwirkung mit dem Chlormolekül, wodurch es zur Polarisierung des Chlormoleküls kommt.

Nach heterolytischer Spaltung des Chlormoleküls (das bindende Elektronenpaar wird vom negativ polarisierten Chloratom übernommen) wird das elektrophile Chlorkation Cl^+ über das Elektronenpaar der π-Bindung gebunden und es bildet sich ein zyklischer σ-Komplex.
Im abschließenden Reaktionsschritt lagert sich in einem „Rückseitenangriff" ein Chloridion Cl^- an den σ-Komplex. Die Bindung wird über ein Elektronenpaar des Chloridions hergestellt. Es entsteht 1,2,3-Trichlorpropan.

1.3 Die Siedetemperatur steigt von Propen über 3-Chlorprop-1-en zu Glycerin an.
Die Höhe der Siedetemperatur einer Verbindung ist abhängig von der Stärke der zwischenmolekularen Kräfte, die beim Verdampfen überwunden werden müssen.
Zwischen den unpolaren Molekülen des Propens wirken nur schwache van der Waals-Kräfte.
Durch die hohe Elektronegativität des Chlors treten im 3-Chlorprop-1-en-Molekül Teilladungen auf, sodass zwischen den Molekülen stärkere Dipol-Dipol-Wechselwirkungen auftreten.
Glycerin hat die höchste Siedetemperatur, da jedes Molekül über drei stark polare Hydroxylgruppen mit benachbarten Molekülen Wasserstoffbrückenbindungen ausbilden kann. Da somit beim Verdampfen noch stärkere zwischenmolekulare Kräfte überwunden werden müssen, hat Glycerin die höchste Siedetemperatur.

1.4

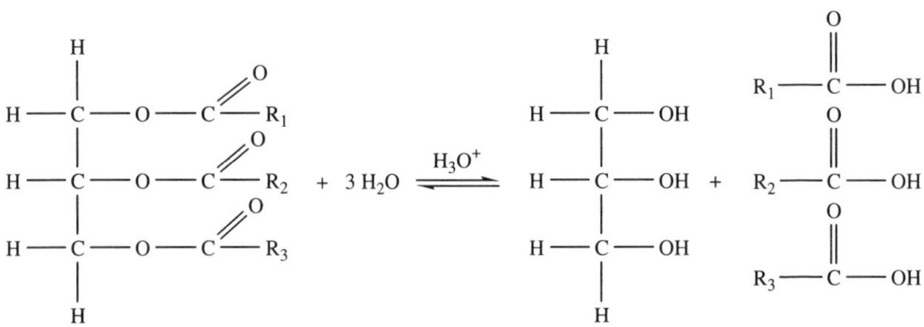

Die säurekatalysierte Hydrolyse eines Fettes ist eine Gleichgewichtsreaktion. Nach dem Prinzip vom kleinsten Zwang lässt sich die Ausbeute an Glycerin erhöhen, indem man ein Produkt aus dem Gleichgewichtsgemisch entfernt, z. B. durch Destillation.

2.1 Nur **Maltose** zeigt Mutarotation.
Frisch bereitete Lösungen von α- bzw. β-D-Maltose haben verschiedene spezifische Drehwinkel. Untersucht man die Lösungen im Polarimeter, so zeigt sich, dass sich die Drehwinkel anfänglich kontinuierlich ändern, bis sich in beiden Fällen der gleiche, konstante Endwert eingestellt hat.

2.2

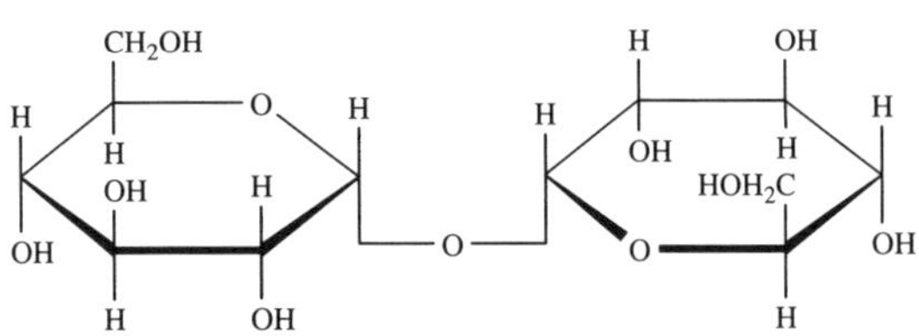

Trehalose (1,1 α-glykosidische Bindung)

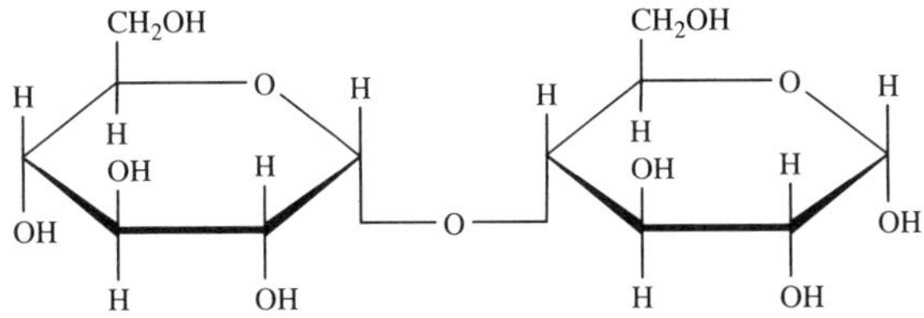

Maltose (α-Form)

Die Mutarotation ist darauf zurückzuführen, dass sich in beiden Lösungen ein Gleichgewichtsgemisch gleicher Zusammensetzung bildet, das α-D-Maltose, β-D-Maltose und eine geringe Menge offenkettiger Aldehydform enthält. Das Gleichgewichtsgemisch hat eine spezifische Drehung, die dem konstanten Endwert entspricht.

Diese Gleichgewichtseinstellung ist nur bei Maltose möglich, da in diesem Disaccharid infolge der 1,4-Verknüpfung ein Glucosering vorliegt, dessen OH-Gruppe am anomeren Kohlenstoffatom nicht durch die glykosidische Bindung blockiert ist. Hier kann sich der heterozyklische Sechsring des zweiten Glucosebausteins öffnen: die offenkettige Aldehydform der Maltose entsteht, über die die Gleichgewichtseinstellung erfolgt.
In der Trehalose sind beide anomeren Kohlenstoffatome miteinander verknüpft, eine 1,1-glykosidische Verknüpfung liegt vor. Ringöffnung unter Ausbildung einer offenkettigen Aldehydform ist hier nicht möglich.

2.3.1 Bis ca. 45 °C nimmt mit zunehmender Temperatur die Reaktionsdauer ab, da sich bei steigender Temperatur die Reaktionsgeschwindigkeit erhöht.
Ab ca. 45 °C nimmt die Reaktionsdauer stark zu, da sich infolge Hitzedenaturierung des Enzyms sein räumlicher Bau (Konformation) zunehmend verändert. Durch die Hitzedenaturierung wird die Bildung des Enzym-Substrat-Komplexes zunehmend erschwert und schließlich unmöglich gemacht.

2.3.2 Bei ungehemmter Reaktion ergibt sich folgende Abhängigkeit der Reaktionsgeschwindigkeit von der Substratkonzentration:

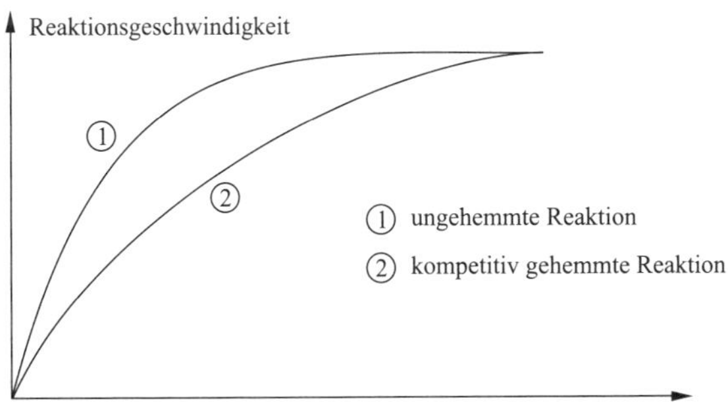

Bei niedrigen Substratkonzentrationen ist die Reaktionsgeschwindigkeit proportional zur Substratkonzentration. Solange noch Enzymmoleküle vorliegen, die nicht an der Reaktion beteiligt sind, werden diese bei Erhöhung der Substratkonzentration zum Umsatz des Substrates beitragen.

Bei zunehmender Substratkonzentration steigt der Substratumsatz langsamer an und nähert sich schließlich einem Maximalwert. Dieser Sättigungswert ist darauf zurückzuführen, dass bei den dazugehörigen hohen Substratkonzentrationen alle Enzymmoleküle zu einem Enzym-Substrat-Komplex gebunden und so am katalytischen Prozess beteiligt sind.

Zum Beispiel **kompetitive Hemmung**:
Bei der kompetitiven Hemmung hat der Hemmstoff eine strukturelle Ähnlichkeit mit dem Substrat und konkurriert mit diesem um die Bindung an das aktive Zentrum des Enzyms. Da der Hemmstoff nicht umgesetzt werden kann, blockiert er das Enzym vorübergehend. Mit steigender Substratkonzentration (bei gleich bleibender Konzentration des Hemmstoffs) steigt die Wahrscheinlichkeit, dass das Enzym anstelle eines Hemmstoffmoleküls ein Substratmolekül bindet. Daher lässt sich die Hemmung durch eine Erhöhung der Substratkonzentration weitgehend rückgängig machen.

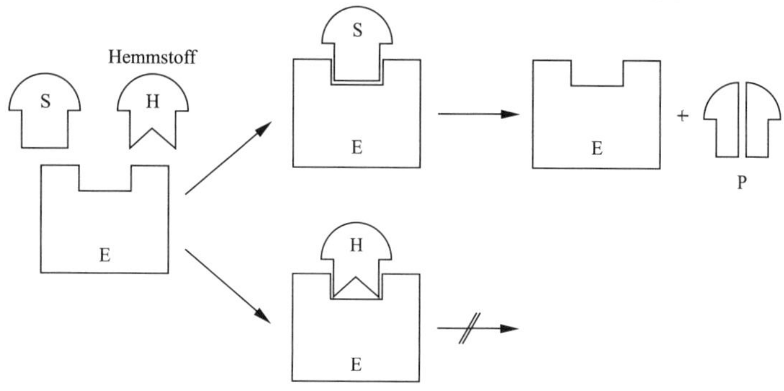

Enzym-Hemmstoff-Komplex

2.4.1 Amylose

- aufgebaut aus 1,4-α-glykosidisch miteinander verknüpften D-Glucosebausteinen
- spiralige Aufwindung (Helixstruktur) des Makromoleküls

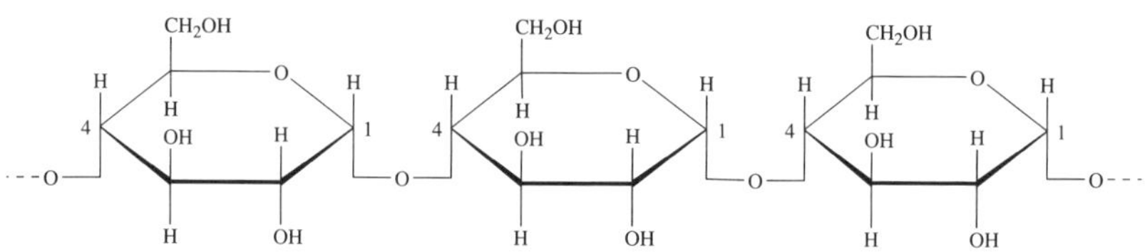

Amylose (Molekülausschnitt)

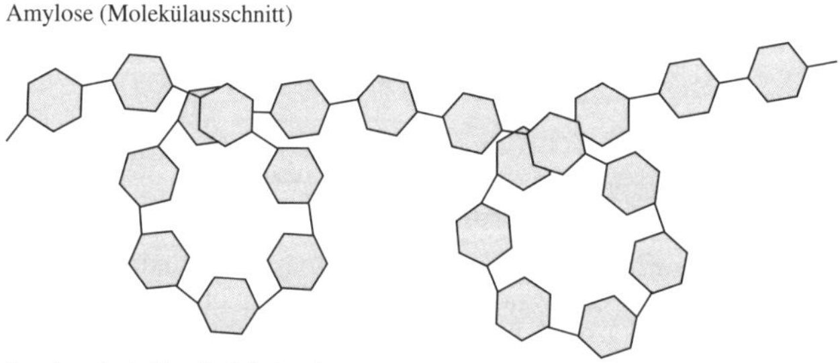

Amylose (spiralige Aufwindung)

Cellulose

- aufgebaut aus 1,4-β-glykosidisch miteinander verknüpften D-Glucosebausteinen
- linear gebaut; gestreckte Makromolekülfäden

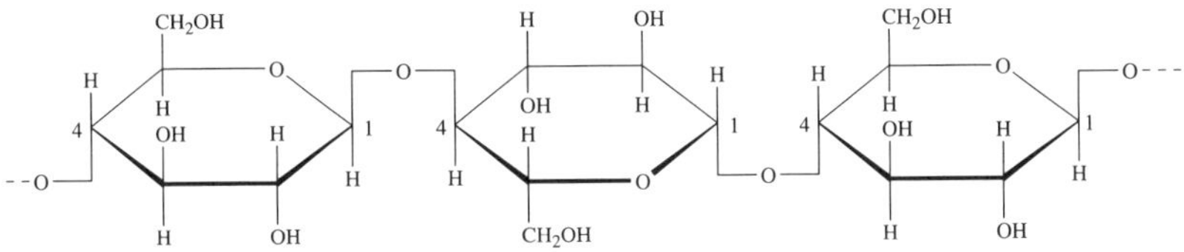

Cellulose (Molekülausschnitt)

2.4.2 Amylose ist als pflanzliche Gerüstsubstanz ungeeignet, da sie in Wasser nicht unlöslich ist.

Cellulose dagegen eignet sich sehr gut als Gerüstsubstanz. Die linearen Makromoleküle können sich gut parallel zueinander zu so genannten Elementarfibrillen zusammen lagern, in denen die Makromoleküle durch Wasserstoffbrückenbindungen zwischen den OH-Gruppen benachbarter Moleküle zusammen gehalten werden. Zum einen bedingt diese Anordnung, dass Wassermoleküle nur unzureichend zwischen die zusammen gelagerten Makromoleküle eindringen können und Cellulose somit wasserunlöslich ist. Zum anderen bewirken die starken zwischenmolekularen Anziehungskräfte eine hohe mechanische Festigkeit.

Grundkurs Chemie (Bayern): Abiturprüfung 2005
Aufgabe II

BE

1 Bis 1934 wurde der Farbstoff Buttergelb zum Anfärben von Margarine verwendet:

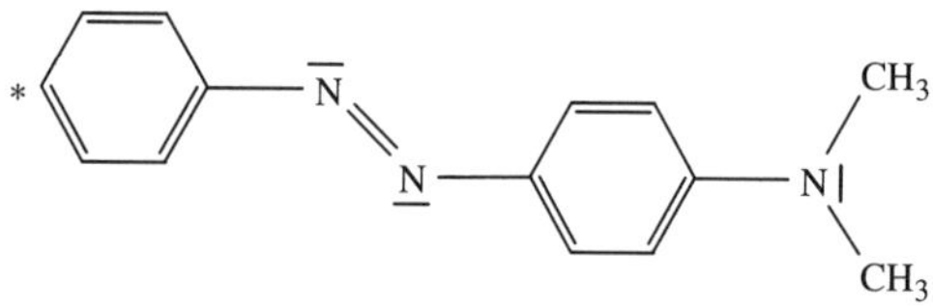

1.1 Geben sie die Strukturformeln der organischen Ausgangsstoffe zur Synthese dieses Farbstoffs an, formulieren Sie die Reaktionsgleichungen für die wesentlichen Schritte der Synthese und benennen Sie diese! 6

1.2 Die Bezeichnung „Buttergelb" weist auf die Eigenfarbe der Verbindung hin. Diskutieren Sie an diesem Beispiel ausführlich den Zusammenhang zwischen Molekülstruktur und Farbigkeit! Grenzstrukturformeln sind nicht erforderlich. 5

1.3 Im Labor wird in das Molekül an der mit * gekennzeichneten Position eine antiauxochrome Gruppe eingeführt.
Erklären Sie unter Zuhilfenahme geeigneter Strukturformeln den Einfluss der von Ihnen gewählten Gruppe auf die Farbigkeit des Stoffes! 5

1.4 Ein anderer Azofarbstoff ist Methylorange:

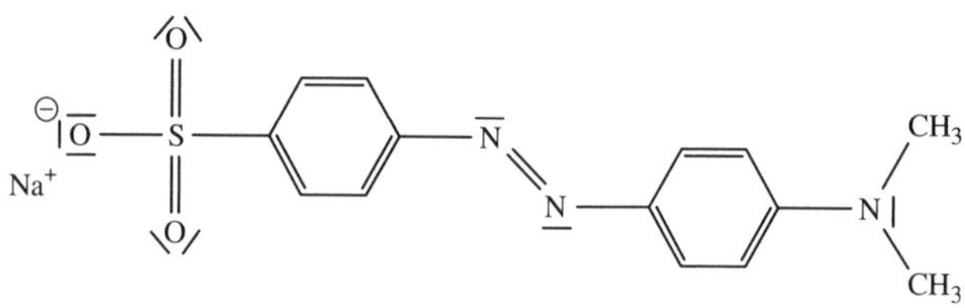

Methylorange ist besser wasserlöslich als Buttergelb und färbt Wolltextilien beständiger. Zum Färben von Polyethenfolien erweist sich Methylorange dagegen als ungeeignet.
Begründen Sie die unterschiedliche Wasserlöslichkeit von Methylorange und Buttergelb und erklären Sie unter Mitverwendung je eines Formelausschnitts aus der Textilfaser und einem Polyethenmolekül das beschriebene Färbeverhalten von Methylorange! 9

2 Inulin erlangte binnen kurzer Zeit als Fettaustausch- und Ballaststoff in Lebensmitteln große Bedeutung. Es wird industriell aus den Wurzeln bestimmter Pflanzen, z. B. der Wegwarte, gewonnen.

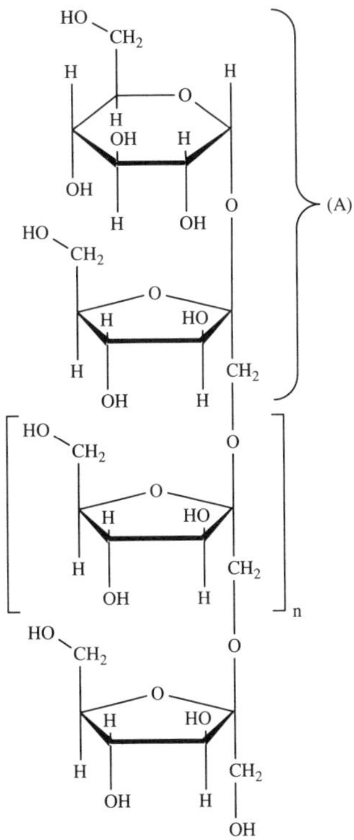

2.1 Ausgangsstoff der Inulin-Biosynthese ist der in der Abbildung mit (A) gekennzeichnete Disaccharid-Baustein, an den weitere Monosaccharid-Bausteine angeknüpft werden.
Benennen Sie das Disaccharid und die beteiligten Monosaccharid-Bausteine. Beschreiben Sie mit Fachbegriffen die chemische Verknüpfung der Monomer-Bausteine im Inulin-Molekül! 5

2.2 Mit dem Disaccharid (A) aus Nummer 2.1 und Fructose wird in getrennten Versuchen die Fehling-Probe durchgeführt.
Beschreiben Sie die Durchführung der Fehling-Probe und die jeweilige Beobachtung! Erläutern Sie die Befunde! 8

3 August KEKULÉ schlug 1865 die noch heute gebräuchliche Strukturformel für das Benzolmolekül vor.

3.1 Erläutern Sie mithilfe eines experimentellen Belegs den Begriff „Mesomerieenergie“ am Beispiel des Benzols! 5

3.2 Nennen Sie die Versuchsbedingung, bei der Brom in der Dunkelheit und bei Zimmertemperatur mit Benzol reagiert! Beschreiben Sie unter Mitverwendung von Strukturformeln den Mechanismus dieser Reaktion! 7

50

Lösung

1.1 Zur Herstellung von Buttergelb benötigt man als organische Ausgangsstoffe Anilin und N,N-Dimethylanilin:

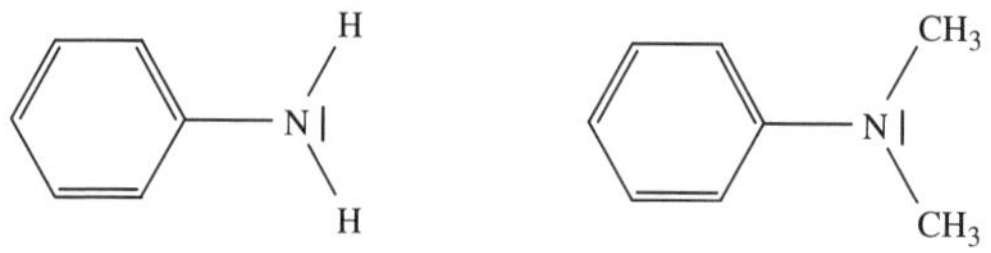

Anilin N,N-Dimethylanilin

Im ersten Reaktionsschritt, der **Diazotierung**, reagiert Anilin mit salpetriger Säure, die während der Umsetzung aus Natriumnitrit und Salzsäure freigesetzt wird, zum entsprechenden Diazoniumsalz:

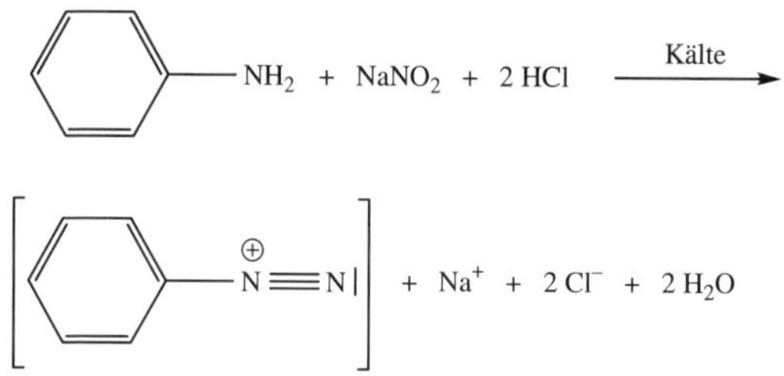

In eisgekühlter Lösung (Zurückdrängung der Zersetzung des Diazoniumsalzes unter Stickstoffabspaltung) wird dann das Diazoniumsalz mit der Kupplungskomponente N,N-Dimethylanilin zur Reaktion gebracht (**Azokupplung**):

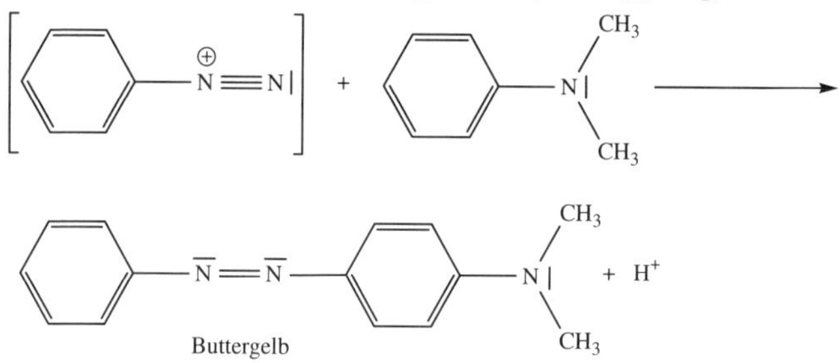

Buttergelb

1.2 Eine Verbindung ist dann farbig, wenn sie aus dem kontinuierlichen sichtbaren Spektrum bestimmte Wellenlängenbereiche absorbiert.
Atomgruppen, die für die Lichtabsorption und somit für die Farbgebung verantwortlich sind, werden als **chromophore Gruppen** bezeichnet. Hierbei handelt es sich um ungesättigte Gruppen, die allerdings einer Verbindung erst dann Farbigkeit verleihen, wenn mehrmals die gleiche oder mehrere verschiedene in einer Verbindung einen **Chromophor** bilden, d. h. so angeordnet sind, dass sich ein ausgedehntes mesomeres π-Elektronensystem bilden kann.

Im Buttergelbmolekül erstreckt sich der Chromophor über die beiden Benzolkerne und die Azogruppierung. Durch die Delokalisation der π-Elektronen wird die zur Anregung der π-Elektronen notwendige Energie soweit erniedrigt, dass die Energie des sichtbaren Lichts zur Anregung ausreicht.
Die Dimethylaminogruppe wirkt als **Auxochrom**. Ein freies Elektronenpaar des Stickstoffs kann mit dem delokalisierten π-Elektronensysstem des Chromophors in Wechselwirkung treten (+M-Effekt), wodurch die Delokalisation der π-Elektronen verstärkt wird. Die Energiedifferenzen zwischen Grundzustand und angeregten Zuständen werden dann noch geringer, sodass langwelligeres Licht zur Anregung ausreicht und es zu einer Farbvertiefung kommt („bathochromer Effekt").

1.3 **Antiauxochrome** sind Gruppen, wie z. B. die Nitrogruppe, die einen –M-Effekt aufweisen, d. h. sie verringern durch Beteiligung am mesomeren System des Chromophors dessen Elektronendichte. Auch dies bewirkt einen bathochromen Effekt.

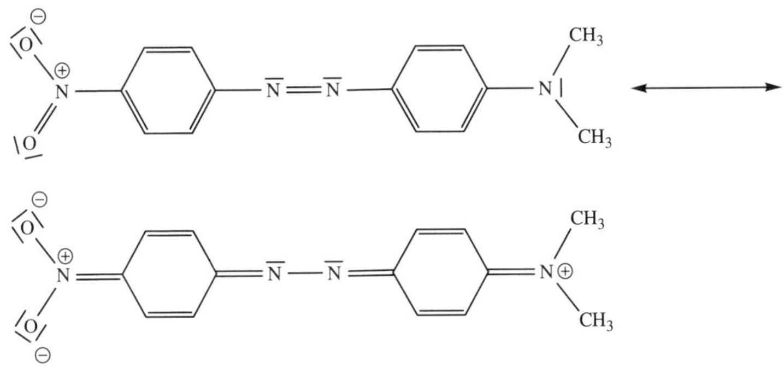

Ein besonders ausgeprägter bathochromer Effekt ist dann zu beobachten, wenn die eine auxochrome Gruppe (hier Dimethylaminogruppe) an dem einen Ende des Chromophors mit einer antiauxochromen Gruppe am anderen Ende zusammen wirkt.

1.4 Methylorange liegt in ionischer Form vor und kann daher mit Wasserdipolen besser in Wechselwirkung treten als das ungeladene Buttergelbmolekül. Dies bedingt die bessere Wasserlöslichkeit von Methylorange.

Zum Färben sind solche Farbstoffe geeignet, die an das zu färbende Material gebunden werden können. Das ionische Methylorange kann an kationische Seitengruppen von Keratinmolekülen der Wolle durch Ausbildung starker elektrostatischer Anziehungskräfte (Ionenbindungen) gebunden werden.

Das Polyethenmolekül ist unpolar und kann daher mit dem ionischen Methylorange nur schwache van-der-Waals-Kräfte ausbilden.

Ausschnitt aus einem Proteinmolekül:

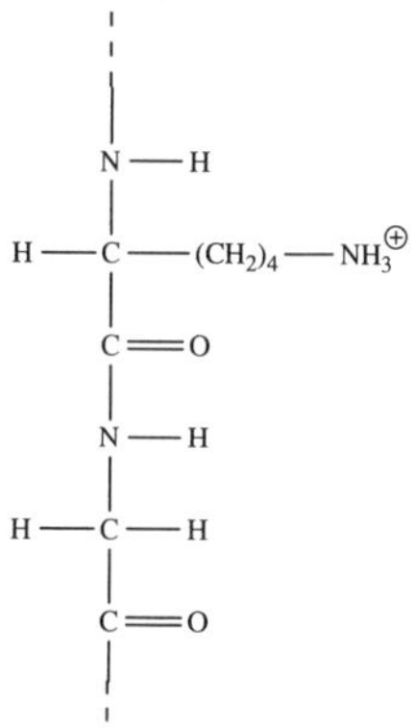

Ausschnitt aus einem Polyethenmolekül:

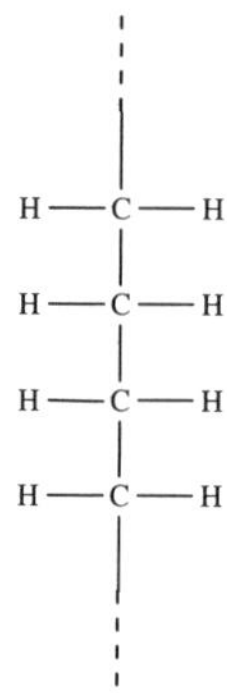

2.1 Bei dem mit (A) gekennzeichneten Disaccharid-Baustein des Inulins handelt es sich um **Saccharose**. In ihr sind je ein Baustein α-D-Glucopyranose und β-D-Fructofuranose 1,2-glykosidisch miteinander verknüpft. An die Saccharose sind weitere β-D-Fructofuranose-Bausteine 1,2-glycosidisch gebunden.

2.2 Bei der Fehling-Probe gibt man die Fehling'schen Lösungen I (Kupfer(II)-sulfat-Lösung) und II (Lösung von Natriumhydroxid und des organischen Salzes Natriumkaliumtartrat, dessen Anionen Cu^{2+}-Ionen komplex binden können) zusammen. Es entsteht ein tiefblauer Kupferkomplex.
Setzt man in getrennten Versuchen Fructose bzw. Saccharose zu und erhitzt, so kommt es nur mit Fructose zu einer Rotbraunfärbung durch ausfallendes Kupfer(I)-oxid.
Im **Saccharosemolekül** sind beide anomere Kohlenstoffatome der Monosaccharidbausteine glykosidisch miteinander verbunden, wodurch bei keinem Baustein eine Ringöffnung möglich ist. Es können sich daher in wässriger Lösung keine Moleküle mit oxidierbaren Aldehydgruppen bilden. Saccharose hat daher keine reduzierenden Eigenschaften, die Fehling'sche Probe verläuft negativ.
Aus **Fructose** bildet sich in basischer Lösung (Fehling-Probe verläuft im Basischen) über die Endiolform Glucose (Keto-Endiol-Tautomerie). Mit ihrer oxidierbaren Aldehydgruppe ist Glucose dafür verantwortlich, dass die Fehling-Probe positiv ausfällt.

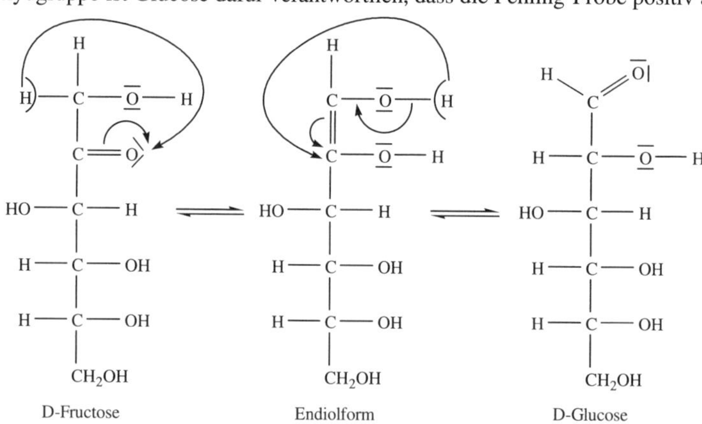

3.1 Die Hydrierungsenthalpie des Benzols wird mit der eines hypothetischen Cyclohexatriens-(1,3,5) verglichen.

- Bei der Hydrierung von Cyclohexen zu Cyclohexan wird ein Energiebetrag von 118,9 kJ frei:

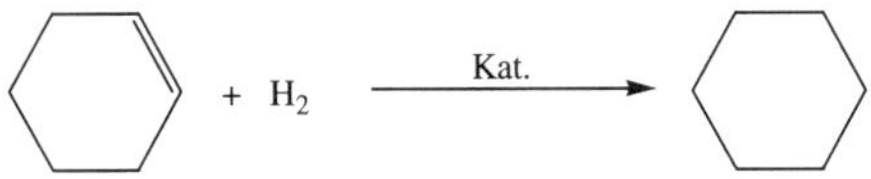

- Hydriert man Benzol zu Cyclohexan, so beträgt die Hydrierungsenthalpie nur $208{,}7\ \mathrm{kJ \cdot mol^{-1}}$ und nicht $3 \cdot 119{,}8\ \mathrm{kJ \cdot mol^{-1}} = 359{,}4\ \mathrm{kJ \cdot mol^{-1}}$, wie es für Cyclohexatrien zu erwarten wäre.

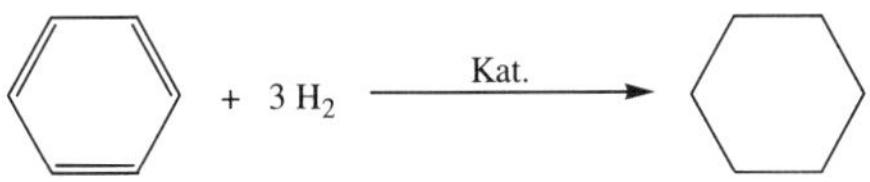

Um diesen Energiebetrag, der als **Mesomerieenergie** bezeichnet wird, ist Benzol aufgrund der π-Elektronendelokalisation energieärmer als ein hypothetisches Cyclohexatrienmolekül.

3.2 Bei Zimmertemperatur und Dunkelheit reagiert Benzol mit Brom in Gegenwart eines Katalysators, wie z. B. Eisen-III-bromid:

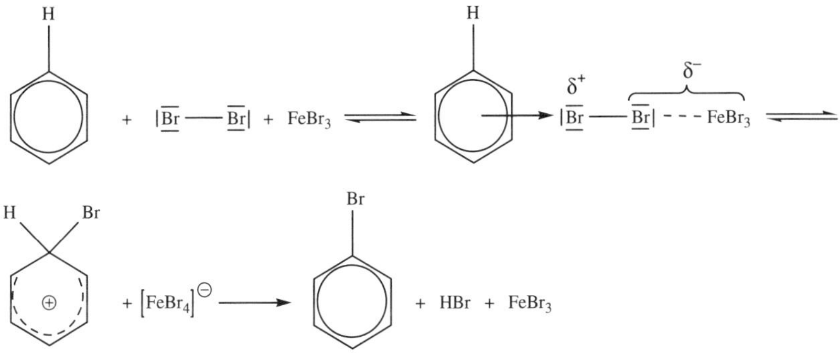

Die Reaktion verläuft nach dem Mechanismus der **elektrophilen Substitution**. Zunächst bildet sich ein π-Komplex. Da die π-Elektronendichte des Rings nicht für eine wirksame Polarisierung des Brommoleküls ausreicht, kommt es unter dem katalytischen Einfluss des Eisen(III)-bromids zur heterolytischen Spaltung des Brommoleküls. Das stark elektrophile Bromkation Br^+ wird über ein π-Elektronenpaar an das Benzol gebunden und es entsteht der mesomeriestabilisierte σ-Komplex. Im abschließenden Reaktionsschritt wird vom σ-Komplex ein Proton abgespalten und es entsteht Monobrombenzol.

Grundkurs Chemie (Bayern): Abiturprüfung 2005
Aufgabe III

		BE
1	Ethen ist ein wichtiges Produkt der Petrochemie und dient als Ausgangsmaterial für eine Vielzahl von Produkten, für deren Synthese früher das Ethin eingesetzt wurde.	
1.1	Beschreiben Sie die Molekülgeometrie des Ethens und die des Ethins und, ausgehend von den Hybridisierungszuständen der Kohlenstoffatome und unter Mitverwendung von Skizzen, die Bindungsverhältnisse in beiden Molekülen!	9
1.2	Aus Ethen und den erforderlichen anorganischen Chemikalien soll Ethansäureethylester (Ethylethanoat) hergestellt werden. Legen Sie einen Syntheseweg dar und geben Sie zu den einzelnen Schritten die Reaktionsgleichungen (ohne Reaktionsmechanismen) an!	9
1.3	Eine Verbindung der Zusammensetzung $C_2H_2Cl_2$ entsteht beispielsweise bei der Reaktion von Ethin mit Chlor.	
1.3.1	Zeichnen Sie die Strukturformeln aller isomeren Moleküle, die diese Zusammensetzung aufweisen, und geben Sie die jeweiligen IUPAC-Namen an!	3
1.3.2	Mit Ehen und Ethin wird in getrennten Versuchen die Baeyer-Probe durchgeführt. Beschreiben Sie die Durchführung dieser Probe und die jeweilige Beobachtung!	4
2	Im Jahr 1834 isolierte Friedlieb Ferdinand RUNGE aus dem bei der Verkokung von Steinkohle anfallenden kohlenwasserstoffreichen Steinkohlenteer das von ihm „Carbolsäure" genannte Phenol (Hydroxybenzol). Kurz darauf wurde ein großtechnisches Verfahren zur Phenolgewinnung entwickelt. Bei diesem Verfahren wird das bei der fraktionierten Destillation des Steinkohlenteers anfallende phenolhaltige „Mittelöl" mit Natronlauge verrührt. Nach Beendigung der Reaktion trennt sich das Gemisch in zwei Phasen, von denen eine Phenolat-Ionen enthält. In diese Phase leitet man Kohlenstoffdioxid ein und erhält ein Gemisch aus Phenol, Natriumhydrogencarbonat ($NaHCO_3$) und Wasser, aus dem das Phenol abdestilliert werden kann. Obwohl man pro Tonne Steinkohle nur 0,25 kg Phenol erhielt, war das Verfahren wegen des massenhaft verfügbaren, billigen Steinkohlenteers wirtschaftlich. Seit mehreren Jahren wird Phenol fast ausschließlich im Cumolhydroperoxid-Verfahren synthetisiert. Dieses Verfahren ist wegen des als Coprodukt gebildeten und von der chemischen Industrie in großen Mengen benötigten Acetons (Propanon) wirtschaftlich.	
2.1	Erklären Sie unter Mitverwendung mesomerer Grenzstrukturformeln, warum die von Runge für das Phenol verwendete Bezeichnung „Säure" diesen Stoff chemisch zutreffend charakterisiert. Begründen Sie, weshalb sich beim Versetzen von „Mittelöl" mit Natronlauge zwei Phasen bilden und in welcher der beiden Phasen sich die Phenolat-Ionen befinden!	9

2.2 Formulieren Sie die Gleichung für die Reaktion beim historischen Verfahren, die nach dem Einleiten von Kohlenstoffdioxid zur Bildung von Phenol führt!
Hinweis: Aus Kohlenstoffdioxid und Wasser bildet sich zunächst Kohlensäure.

2.3 Propanon lässt sich auch aus einem Alkohol herstellen.
Benennen Sie diesen Alkohol und formulieren Sie unter Mitverwendung von Teilgleichungen die Gesamtgleichung einer Reaktion, die von diesem Alkohol zum Propanon führt! 5

2.4 Aus dem Steinkohlenteer lässt sich auch Benzol gewinnen.

2.4.1 Bezeichnen Sie die organische Stoffklasse, zu der das Benzol gehört, möglichst genau und benennen Sie den für diese Stoffklasse kennzeichnenden Reaktionstyp! 2

2.4.2 Ein Derivat des Benzols ist die Terephthalsäure (Benzol-1,4-dicarbonsäure). Aus ihr lässt sich durch Reaktion mit Ethan-1,2-diol ein Kunststoff herstellen. Benennen Sie den Reaktionstyp, zeichnen Sie einen Strukturformelausschnitt des Kunststoff-Moleküls, der mindestens eine Repetiereinheit umfasst, und erläutern Sie das Verhalten des Kunststoffs beim Erwärmen! 6

50

Lösung

1.1 **Ethen** ist planar gebaut, sämtliche Bindungswinkel betragen 120°.

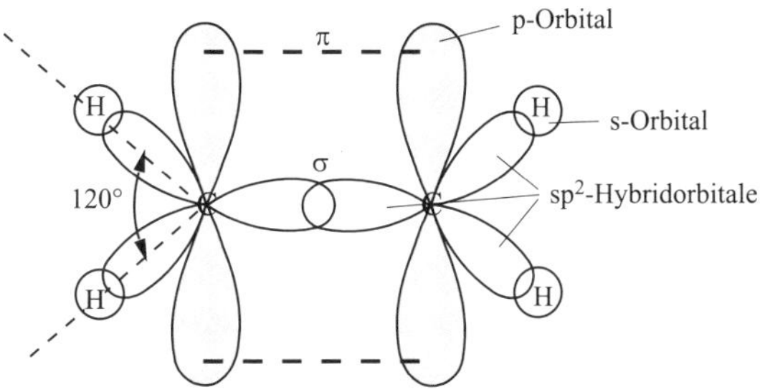

Die Kohlenstoffatome des Ethens sind sp^2-hybridisiert. Die sp^2-Hybridorbitale sind in die Ecken eines gleichseitigen Dreiecks gerichtet. Die C–H-Bindungen kommen durch Überlappung je eines sp^2-Hybridorbitals mit einem s-Orbital des Wasserstoffs, die C–C-Bindung durch Überlappung zweier sp^2-Hybridorbitale zustande. Durch Überlappung zweier, an der Hybridisierung nicht beteiligter, einfach besetzter p-Orbitale, wird eine spiegelsymmetrische π-Bindung gebildet.

Ethin ist linear gebaut, die Bindungswinkel im Molekül betragen 180°.
Die Kohlenstoffatome des Ethins sind sp-hybridisiert. Die beiden sp-Hybridorbitale sind linear angeordnet. Die C–H-σ-Bindungen entstehen durch Überlappung je eines sp-Hybridorbitals mit einem s-Orbital des Wasserstoffs, bei der C–C-σ-Bindung überlappen zwei sp-Hybridorbitale. Von den insgesamt vier an der Hybridisierung nicht beteiligten, einfach besetzten p-Orbitalen überlappen je zwei parallel zueinander stehende unter Ausbildung zweier spiegelsymmetrischer π-Bindungen:

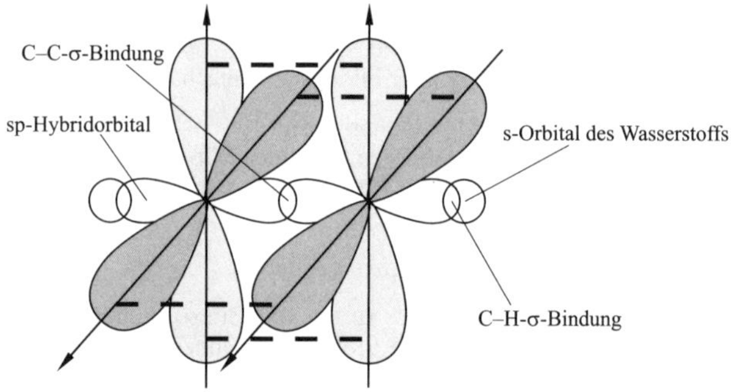

▬ ▬ symbolisiert Überlappung parallel stehender p-Orbitale

1.2 Ethen reagiert in Gegenwart von Schwefelsäure mit Wasserdampf unter Druck zu Ethanol:

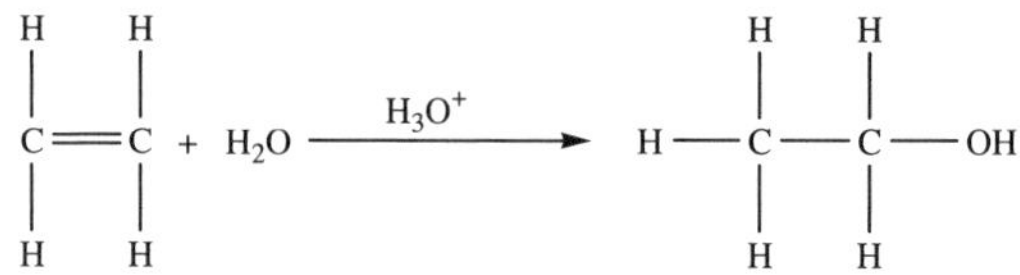

Ein Teil des so gewonnenen Ethanols wird über die Zwischenstufe des Ethanals zu Ethansäure oxidiert. Als Oxidationsmittel eignet sich z. B. schwefelsaure Kaliumpermanganat-Lösung:

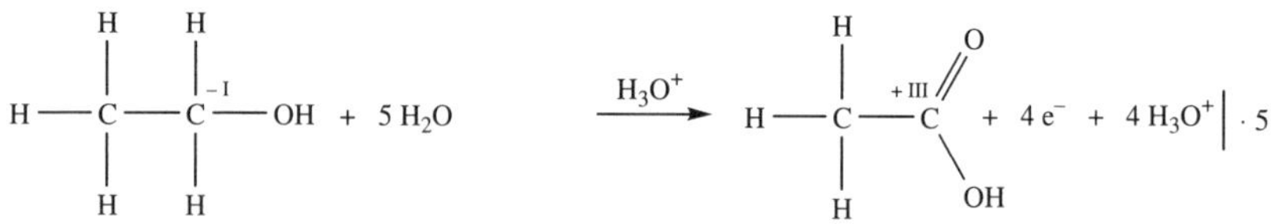

$$\overset{+VII}{MnO_4^-} + 5\,e^- + 8\,H_3O^+ \longrightarrow \overset{+II}{Mn^{2+}} + 12\,H_2O \quad |\cdot 4$$

$$5\,H_3C{-}CH_2OH + 4\,MnO_4^- + 12\,H_3O^+ \longrightarrow 5\,H_3C{-}COOH + 4\,Mn^{2+} + 23\,H_2O$$

In säurekatalysierter Reaktion reagieren Ethansäure und Ethanol in einer Gleichgewichtsreaktion zu Ethansäureethylester (Ethylethanoat) und Wasser:

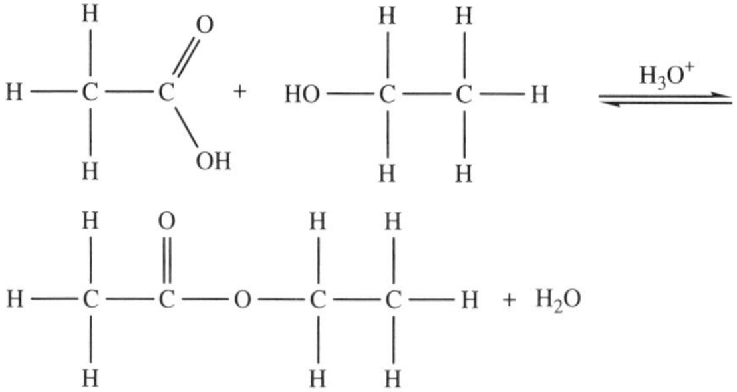

1.3.1

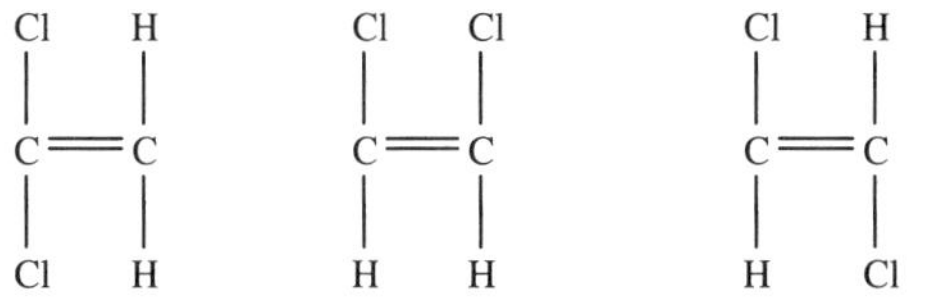

1,1-Dichlorethen   cis-1,2-Dichlorethen   trans-1,2-Dichlorethen

1.3.2 Sowohl Ethen als auch Ethin entfärben schwach alkalische, violett gefärbte Kaliumpermanganatlösung (Baeyer'sche Probe). Dabei werden die Kohlenwasserstoffe oxidiert und die Permanganationen zu Braunstein (MnO_2) reduziert.

2.1 Phenol zeigt schwache Säureeigenschaften, d. h. es ist in einer Gleichgewichtsreaktion zur Protonenabgabe befähigt:

Dies ist auf folgende Tatsachen zurückzuführen:
- Durch den –I-Effekt der Phenylgruppe kommt es zu einer verstärkten Polarisierung der O–H-Bindung.
- Das durch Protonenabgabe gebildete Phenoation ist besser mesomeriestabilisiert als das Phenolmolekül.

Mesomere Grenzstrukturen:
Phenolation:

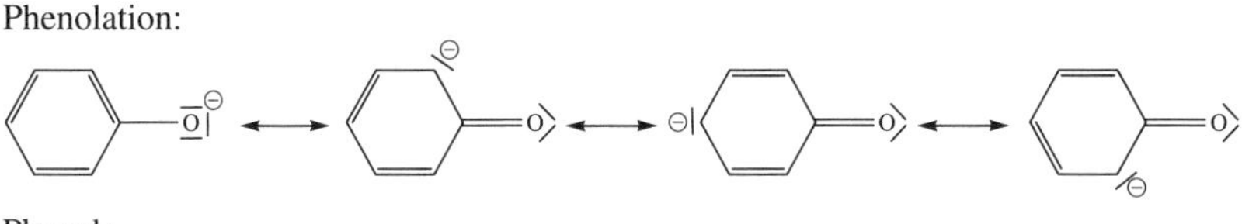

Phenol:

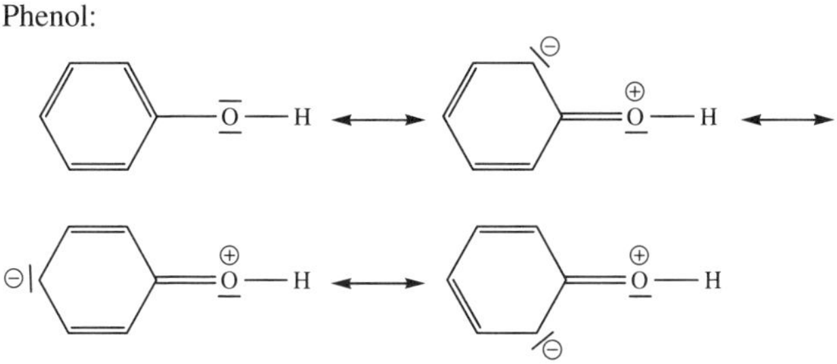

Die wässrige Natronlauge und die Kohlenwasserstoffkomponenten des Mittelöls mischen sich nicht miteinander, weil die polaren Wassermoleküle mit den weitgehend unpolaren Kohlenwasserstoffen nicht in Wechselwirkung treten können. Das Gemisch trennt sich in zwei Phasen.
Die Phenolationen, die in der stark alkalischen Lösung aus dem Phenol entstanden sind, befinden sich in der wässrigen Phase, da sie aufgrund ihrer negativen Ladung mit den Wasserdipolen in Wechselwirkung treten können und so hydratisiert werden.

2.2 $H_2O + CO_2 \rightleftharpoons H_2CO_3$

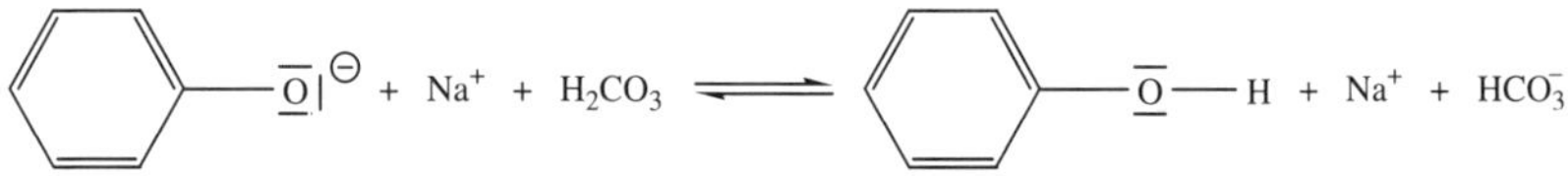

2.3 Propanon lässt sich durch Oxidation von Propan-2-ol z. B. mit schwefelsaurer Kaliumdichromat-Lösung gewinnen:

$$H_3C-\overset{0}{C}H(OH)-CH_3 + 2\,H_2O \longrightarrow H_3C-\overset{+II}{C}(=O)-CH_3 + 2\,e^- + 2\,H_3O^+ \quad |\cdot 3$$

$$\overset{+VI}{Cr_2}O_7^{2-} + 6\,e^- + 14\,H_3O^+ \longrightarrow 2\,\overset{+III}{Cr^{3+}} + 21\,H_2O$$

$$3\,H_3C-CHOH-CH_3 + Cr_2O_7^{2-} + 8\,H_3O^+ \longrightarrow 3\,H_3C-CO-CH_3 + 2\,Cr^{3+} + 15\,H_2O$$

2.4.1 Benzol gehört zu den aromatischen Kohlenwasserstoffen, deren kennzeichnender Reaktionstyp die **aromatische Substitution** ist.

2.4.2 Terephthalsäure und Ethan-1,2-diol reagieren in einer Polykondensationsreaktion unter Wasserabspaltung zu einem Polykondensationskunststoff.

Repetiereinheit:

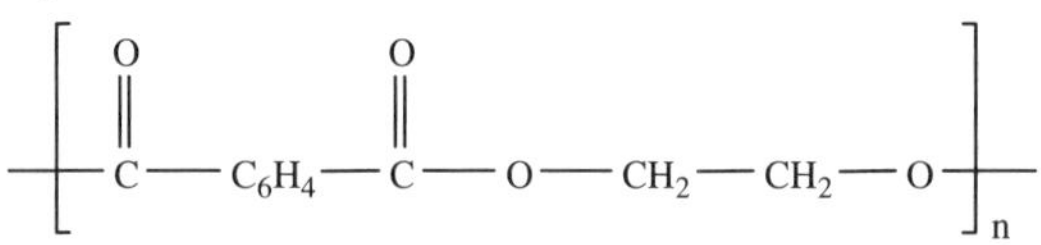

Die entstehenden Makromoleküle sind linear gebaut und unvernetzt. Seinem thermischen Verhalten nach gehört dieser Kunststoff daher zu den **Thermoplasten**. Erhitzt man ihn, so wird er mit zunehmender Temperatur weicher, bis schließlich Schwärzung eintritt.
In diesem Kunststoff werden die Makromoleküle durch van-der-Waals-Kräfte und Dipol-Dipol-Wechselwirkungen zusammengehalten. Beim Erwärmen werden diese Sekundärbindungskräfte teilweise überwunden, die Moleküle können aneinander vorbeigleiten, der Kunststoff erweicht.
Beim Erreichen der Zersetzungstemperatur werden Atombindungen innerhalb der Makromoleküle gespalten, sodass Schwarzfärbung infolge der Freisetzung von Kohlenstoff auftritt.

Grundkurs Chemie (Bayern): Abiturprüfung 2005
Aufgabe IV

BE

1 Haare sind ein charakteristisches Merkmal der Säugetiere. Sie dienen u. a. der Erhaltung des Wärmegleichgewichts, zum Schutz vor Sonne, zur Tarnung und zur Partnerwerbung. Menschliche Haare bestehen zu mehr als 80 % aus Keratinen. Daneben enthalten sie ca. 17 % Nicht-Keratin-Proteine, 1 % Lipide, Mineralsalze sowie Spuren von Nukleinsäuren. Das Ziel der Haarpflege ist, das Haar in seiner natürlichen Schönheit zur Geltung zu bringen oder es in Form und Farbe zu verändern. Zur Formgebung von Haaren werden häufig Haarsprays eingesetzt. Zum Waschen stand bis weit in das vergangene Jahrhundert hinein außer Wasser nur Seife zur Verfügung, die jedoch in Gegenden mit hartem Wasser eine Nachbehandlung mit Zitronensaft oder Essig nötig machte. Seit den 60-er Jahren des 20. Jahrhunderts entwickelt die Kosmetikindustrie flüssige Shampoos mit anderen waschaktiven Substanzen, z. B. Natriumlaurylethersulfat.

1.1 Zeichnen Sie einen charakteristischen Ausschnitt aus einem Proteinmolekül, der mindestens drei Monomere umfasst, und erläutern Sie unter Mitverwendung dieses Ausschnitts, wie die Raumstruktur der Keratine stabilisiert wird! 5

1.2 Benennen Sie die charakteristische Bindung, die bei der Verknüpfung der Monomere zu Proteinmolekülen entsteht, und beschreiben Sie die geometrische Anordnung der daran beteiligten Atome! 4

1.3 Beschreiben Sie die Durchführung zweier verschiedener Nachweisreaktionen für Proteine und die jeweiligen Beobachtungen! 5

1.4 Formulieren Sie, ausgehend von einem Fettmolekül, das die Säurereste von Palmitin-, Stearin- und Ölsäure enthält, eine Strukturformelgleichung für die Reaktion bei der Seifenherstellung! 4

1.5 Erläutern Sie unter Einbeziehung einer beschrifteten Skizze die entfettende Wirkung von wässrigen Seifenlösungen und begründen Sie unter Mitverwendung von Reaktionsgleichungen, warum in Gegenden mit hartem Wasser eine Nachbehandlung des Haars erforderlich war! 7

1.6 Die folgenden Formelbilder zeigen die beiden letzten Schritte der Synthese von Natriumlaurylethersulfat:

a)

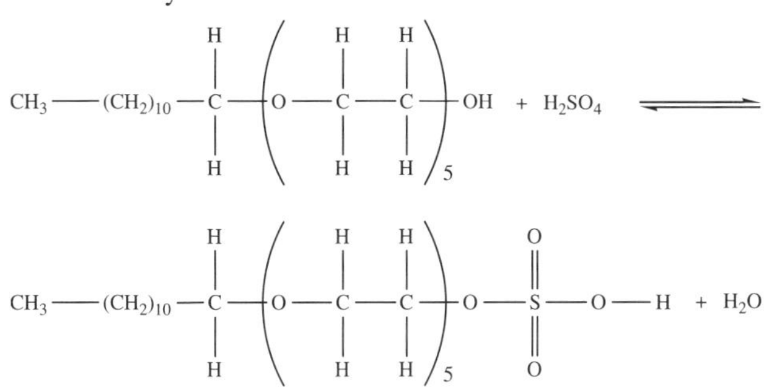

b) 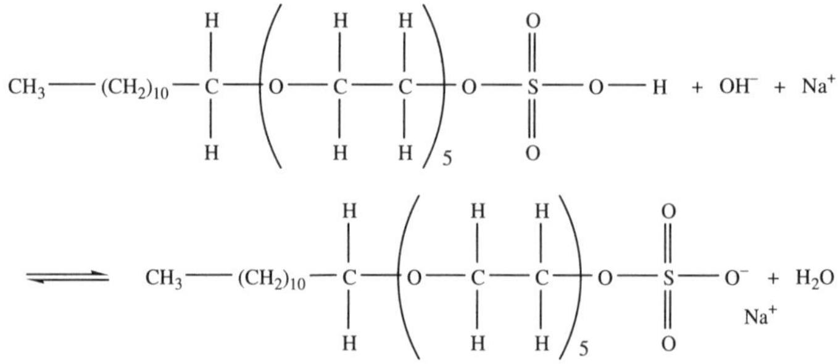

Geben Sie für jeden der beiden Vorgänge den Reaktionstyp an und begründen Sie die Eignung des organischen Endprodukts als waschaktive Substanz! 4

1.7 Die wirksame Komponente eines Haarsprays ist ein Kunststoff, der durch radikalische Polymerisation gebildet wurde. Legen Sie an einem selbst gewählten Beispiel unter Mitverwendung von Strukturformeln den Mechanismus einer derartigen Reaktion dar! 5

2 In einem sumerischen Keilschrifttext findet ich die erste bekannte Beschreibung eines Verfahrens zum Bierbrauen. Das Bier wurde damals aus eingeweichten Brotfladen hergestellt. Heute verwendet man meist Gerste als Ausgangsmaterial.

2.1 1870 klärte PASTEUR die Rolle der Hefe bei der alkoholischen Gärung: Hefe kann bei Abwesenheit von Sauerstoff Glucose zu Ethanol abbauen.
Erläutern Sie die wesentlichen Schritte dieses Vorgangs unter Einbeziehung von Strukturformeln und formulieren Sie die zugehörige Bruttogleichung mit ATP-Bilanz! Für die beteiligten Coenzyme (Cofaktoren) ist die übliche Kurzschreibweise zu verwenden. 12

2.2 In Gegenwart von Sauerstoff ist trotz gleich bleibender ATP-Produktion pro Zeiteinheit und Zelle der Glucoseverbrauch der Hefe deutlich geringer als ohne Sauerstoff.
Erklären Sie diesen Befund unter Mitverwendung einer Bruttogleichung! 4

50

Lösung

1.1 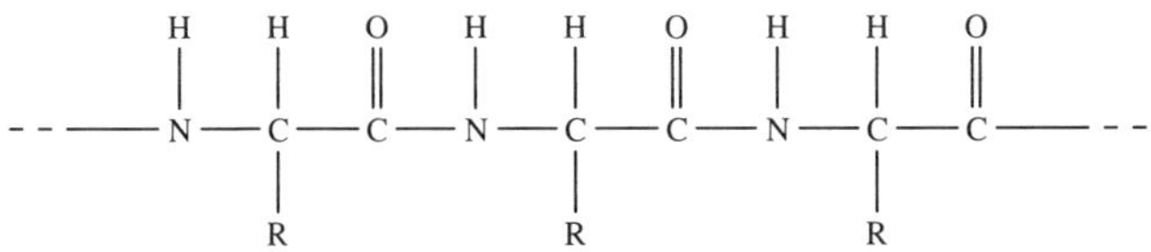

Die Keratinmoleküle bilden eine **α-Helixstruktur** aus. Diese wird durch intramolekulare Wasserstoffbrückenbindungen zwischen C=O- und N–H-Gruppierungen verschiedener, in den Windungen der Helix gelegener Peptidbindungen stabilisiert. Die Seitengruppen R der Aminosäurebausteine stehen radial vom Schraubenkörper ab.

1.2 In Proteinen sind die Aminosäurebausteine durch **Peptidbindungen** miteinander verbunden. Die Peptidbindung ist planar gebaut, d. h. alle beteiligten Atome liegen in einer Ebene. Nach dem Orbitalmodell geht man davon aus, dass das Kohlenstoff-, Sauerstoff und Stickstoffatom sp^2-hybridisiert sind. Die Überlappung der p-Orbitale dieser Atome führt zu einer Delokalisation der π-Elektronen, was einen verkürzten Bindungsabstand zwischen dem Kohlenstoff- und dem Stickstoffatom bedingt.

1.3 Proteine lassen sich z. B. mit folgenden Reaktionen nachweisen:

- **Biuretprobe**: Mit Cu^{2+}-Ionen bilden Proteine rotviolett gefärbte Komplexverbindungen.
- **Xanthoproteinreaktion**: Bei Zugabe von konzentrierter Salpetersäure ist Gelbfärbung zu beobachten. Hierbei werden die aromatischen Reste von im Protein enthaltenen aromatischen Aminosäuren nitriert.

1.4 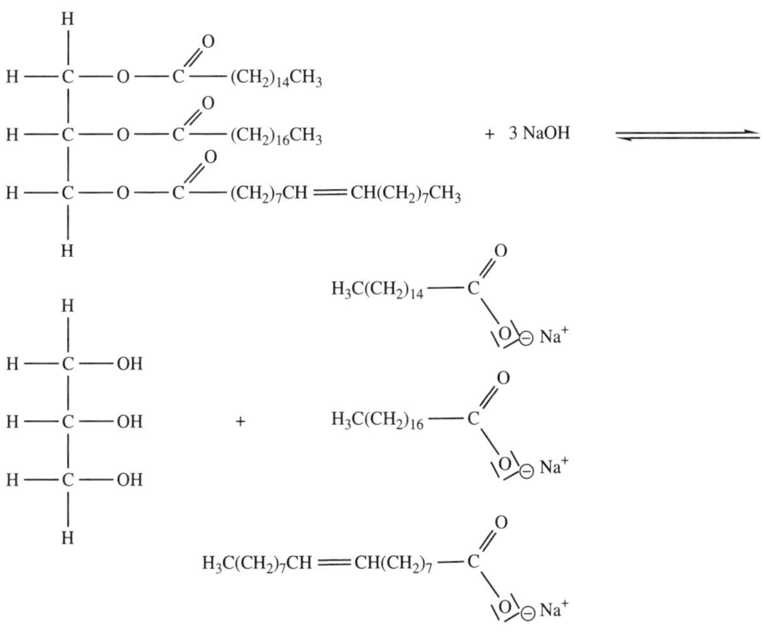

1.5 Ein Fettsäureanion besitzt eine hydrophile, geladene Carboxylatgruppe und einen langen Alkylrest, der hydrophoben Charakter besitzt. Es hat amphiphilen Charakter.

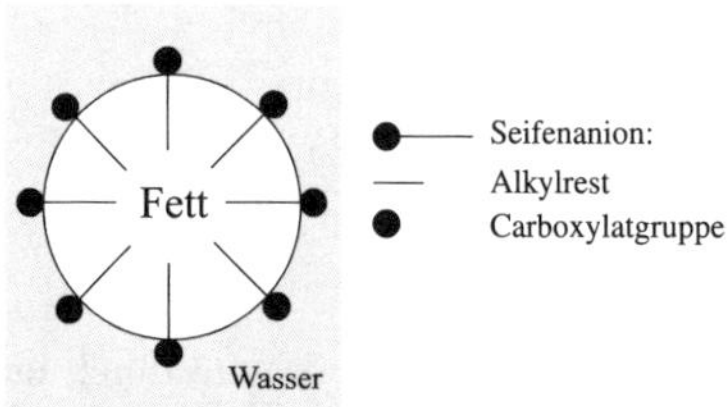

An der Grenzfläche Wasser-Fettablagerung auf dem Haar lösen sich die hydrophoben Alkylreste der Seifenanionen in dem gleichfalls hydrophoben Fett, während die Carboxylatgruppen aus dem Fettschmutzteilchen heraus ragen und mit den Dipolmolekülen des Wassers in Wechselwirkung treten. Die Oberfläche der Fettablagerung wird somit hydratisiert.
Da sich an der Oberfläche der Fettablagerungen die negativ geladenen Carboxylatgruppen befinden, können sich die Tröpfchen infolge Abstoßung gleichnamiger Ladungen nicht miteinander vereinigen und werden fein emulgiert/suspendiert von den Haaren abgespült.

In **hartem Wasser** bilden Seifen mit im Wasser befindlichen Calcium- und Magnesiumionen schwerlösliche Kalk- und Magnesiumseifen.

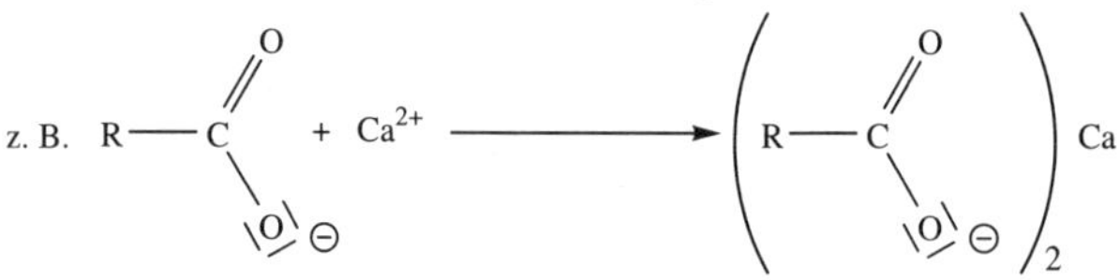

Kalkseife

Diese Ablagerungen lassen sich beim Abspülen mit Essig oder Zitronensaft auflösen und abspülen:

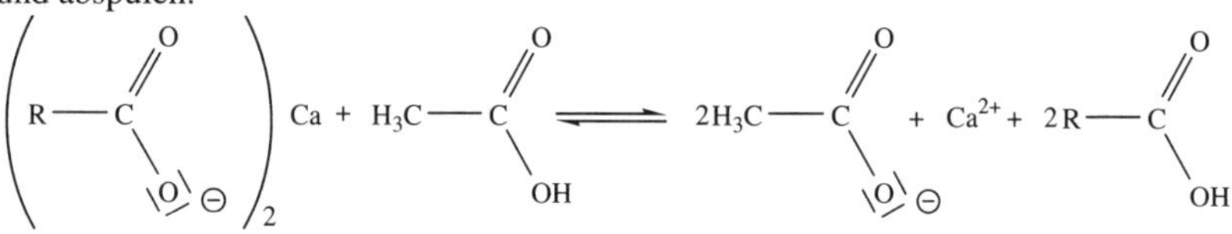

R = Fettsäurerest

1.6 Bei Reaktion a) handelt es sich um eine **Veresterung**, an der keine organische Säure sondern Schwefelsäure beteiligt ist. Weil es bei dieser Reaktion zu einer Abspaltung von Wasser kommt, kann man die Reaktion auch als **Kondensation** bezeichnen.
Reaktion b) ist eine **Neutralisation**.

Das entstehende Laurylethersulfation ist als waschaktive Substanz geeignet, da es einen **amphiphilen Bau** besitzt, also neben einer unpolaren (hydrophoben) Kohlenwasserstoffkette eine geladene (hydrophile) Sulfatgruppe besitzt.

1.7 Die radikalische Polymerisation, z. B. von Ethen, verläuft in folgenden Schritten:

1. Beim Zerfall eines **Initiators** (z. B. Peroxid) entstehen Radikale:

   $$R—R \longrightarrow 2\,R\bullet$$

2. Die Radikale greifen Ethenmoleküle an der Doppelbindung an (**Kettenstart**), wodurch neue Radikale gebildet werden, die für Kettenwachstumsreaktionen zur Verfügung stehen:

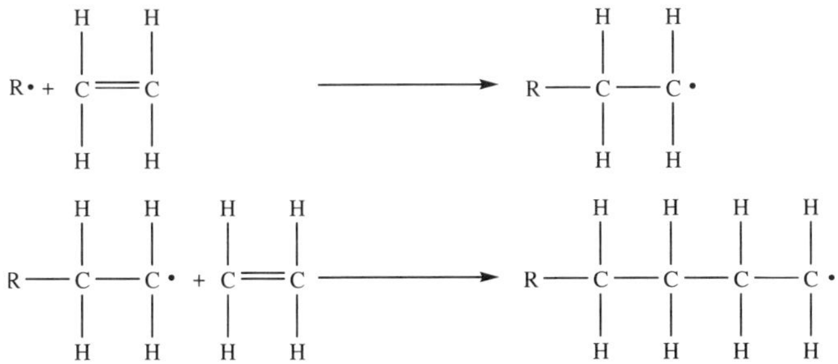

3. Die Reaktionskette wird unterbrochen durch **Rekombination** zweier Radikale oder durch **Disproportionierung**:

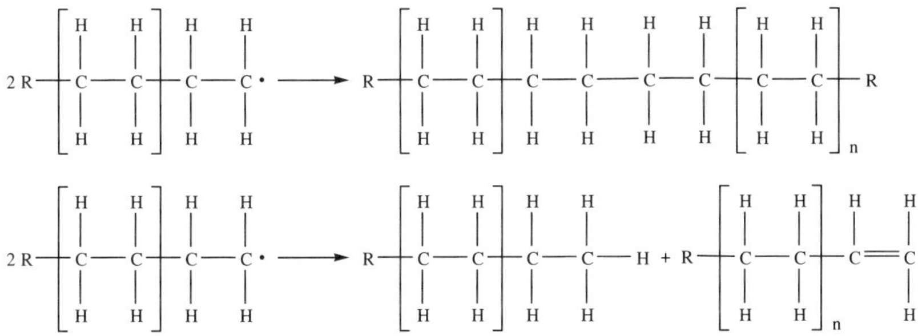

2.1 Glucose wird unter ATP-Verbrauch in Glucose-6-phosphat übergeführt, das zu Fructose-6-phosphat isomerisiert wird. Dieses reagiert unter erneutem ATP-Verbrauch zu Fructose-1,6-diphosphat, welches in einer Gleichgewichtsreaktion in Dihydroxyacetonphosphat und Glycerinaldehyd-3-phosphat gespalten wird.
Zwischen diesen beiden C_3-Körpern stellt sich ebenfalls ein Gleichgewicht ein. Da jedoch nur Glycerinaldehyd-3-phosphat in die nachfolgenden Reaktionen eingeht, wird es ständig aus Dihydroxyacetonphosphat nachgebildet. Vereinfacht lassen sich die Reaktionsschritte bis dahin folgendermaßen darstellen:

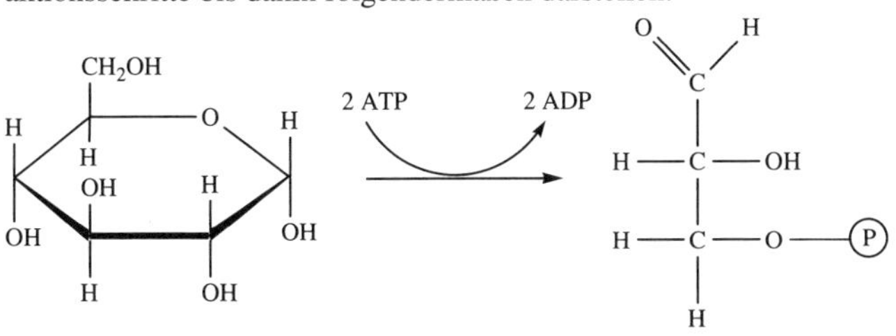

Glucose Glycerinaldehyd-3-phosphat

Glycerinaldehyd-3-phosphat wird unter Bildung von ATP und NADH/H$^+$ anschließend zu Glycerinsäure-3-phosphat oxidiert:

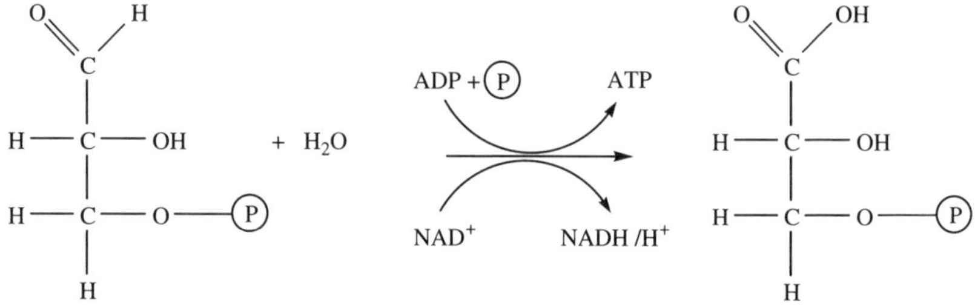

Glycerinsäure-3-phosphat

Nach Isomerisierung und nachfolgender Wasserabspaltung entsteht Phosphoenolbrenztraubensäure, die unter nochmaligem ATP-Gewinn über Enolbrenztraubensäure zu Brenztraubensäure reagiert:

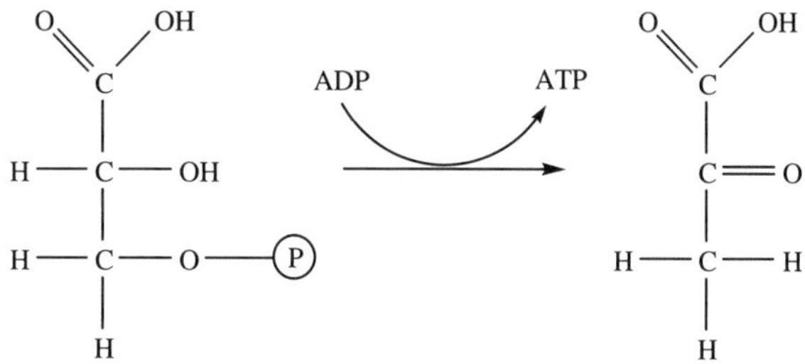

Brenztraubensäure

Den Prozess der alkoholischen Gärung beschreibt folgende Bruttogleichung:

$$C_6H_{12}O_6 + 2\,ADP + 2\,Ⓟ \longrightarrow 2\,C_2H_5OH + 2\,CO_2 + 2\,ATP$$

2.2 Die Zelle hat pro Zeiteinheit einen gewissen ATP-Bedarf. Da die Vergärung von 1 mol Glucose nur 2 mol ATP, die Veratmung aber 38 mol ATP benötigt, muss die Zelle unter **anaeroben** Bedingungen mehr Glucose abbauen als unter aeroben.

$$C_6H_{12}O_6 + 6\,O_2 + 38\,ADP + 38\,Ⓟ \longrightarrow 6\,CO_2 + 6\,H_2O + 38\,ATP$$

Grundkurs Chemie (Bayern): Abiturprüfung 2006
Aufgabe I

BE

1 Nachwachsende Rohstoffe wie Kartoffeln, Mais oder Raps können für die Herstellung waschaktiver Substanzen eingesetzt werden, z. B. zur Produktion der Alkylpolyglykoside (APG). Dabei handelt es sich um Verbindungen, bei denen Monosaccharide, Disaccharide oder Oligosaccharide mit langkettigen, gesättigten Alkanolen glykosidisch verknüpft werden. Das folgende Schema zeigt vereinfacht und ohne Eingehen auf die Stöchiometrie einen Syntheseweg für APG:

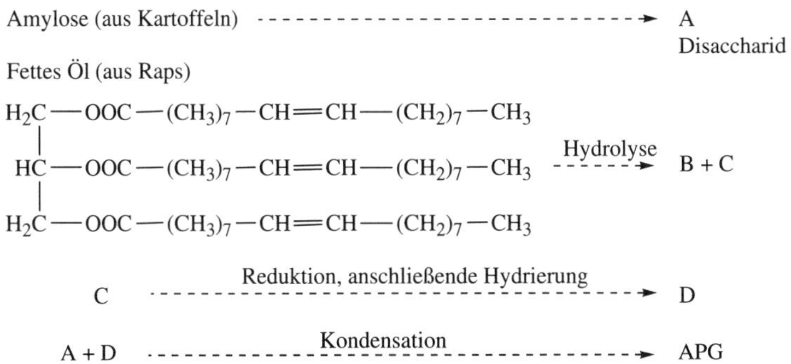

1.1 Benennen Sie die Verbindungen A, B und C und zeichnen Sie die Strukturformeln der möglichen APG-Moleküle! 6

1.2 Begründen Sie die Tensideigenschaft der Alkylpolyglykoside aus deren Molekülstruktur und legen Sie den Zusammenhang zwischen der Teilchenstruktur und der Waschwirkung dar! 6

1.3. Die Verwendung von Seife weist Nachteile auf, die bei Verwendung des APG-Tensids nicht zu beobachten sind.
Erläutern Sie unter Mitverwendung von Reaktionsgleichungen zwei dieser Nachteile! 6

2 Die Verbindung 4-Hydroxy-2-methylenbutansäure wird als Ausgangsstoff für einen Kunststoff verwendet, der zur Herstellung von Druckplatten für Offsetdruck und Thermokopieverfahren dient:

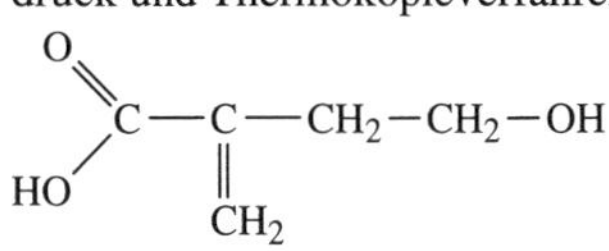

Durch Polykondensation der Monomerbausteine entsteht zunächst eine klebrige Masse, die auf erwärmten Metallplatten zerfließt und sich darauf sehr dünn verteilen lässt.

2.1 Formulieren Sie einen charakteristischen Strukturformelausschnitt der entstehenden Makromoleküle und benennen Sie das die Stoffklasse kennzeichnende Strukturelement! 3

2.2 Erläutern Sie, ausgehend von der Struktur der Makromoleküle, das Verhalten des Kunststoffs auf den erwärmten Metallplatten! 3

2.3 Bei Zugabe von Radikalbildnern wird der Kunststoff fest.
Benennen Sie den Mechanismus der Reaktion, der diese Veränderung bewirkt, und zeichnen Sie einen charakteristischen Strukturformelausschnitt aus dem gebildeten Molekül!
Beschreiben und begründen Sie, ausgehend von der Struktur des Makromoleküls, das Verhalten des neuen Kunststoffs beim Erwärmen! 5

3 Propan-l-ol und Propan-2-ol sind bei Raumtemperatur flüssig. Sie werden in getrennten Versuchen dem folgenden Verfahren unterworfen: Eine Kupfernetzrolle wird in der entleuchteten Bunsenbrennerflamme erhitzt, bis sie von einer Schicht aus schwarzem Kupferoxid (CuO) überzogen ist, und dann in ein Reagenzglas mit dem jeweiligen Alkohol geworfen. In beiden Versuchen wird die Kupfernetzrolle wieder blank. Bei dieser Reaktion entstehen Carbonylverbindungen (Aldehyde und Ketone).

3.1 Erläutern Sie die bei den beschriebenen Vorgängen ablaufenden Reaktionen unter Mitverwendung von Reaktionsgleichungen! Geben Sie für organische Moleküle Strukturformeln und Namen an! 8

3.2 Nach Ablauf der oben angegebenen Reaktionen wird mit den beiden flüssigen Reaktionsgemischen jeweils die Fehling-Probe durchgeführt. Beschreiben Sie die Durchführung und das Ergebnis der beiden Fehlingproben und leiten Sie ggf. die zugehörige Reaktionsgleichung über Teilgleichungen her! 8

3.3 Additionsreaktionen sind typisch für Carbonylverbindungen.
Erläutern Sie den Reaktionsmechanismus unter Mitverwendung von Strukturformelgleichungen an einem selbst gewählten Beispiel. 5

50

Lösung

1.1 A: Maltose, B: Glycerin, C: Ölsäure

Maltose entsteht bei der hydrolytischen Spaltung von Amylose.
Die Hydrolyse des Fettes liefert Glycerin (B) und eine ungesättigte Monocarbonsäure (C). Diese wird zu einem ungesättigten Alkohol reduziert, der anschließend hydriert wird (D). In einer Kondensationsreaktion zwischen Maltose und dem Alkohol entsteht das APG.
In dem angesprochenen Alkylpolyglykosid ist ein langkettiger Alkohol mit Maltose glykosidisch verknüpft.

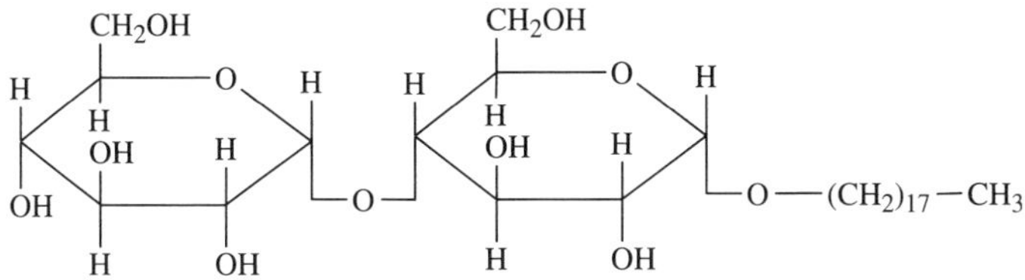
APG (α-Form)

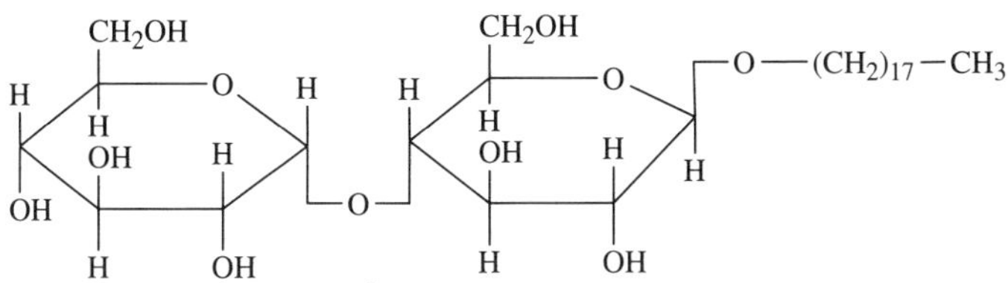
APG (β-Form)

1.2 **Molekülstruktur:**
APG haben amphiphilen Charakter. Der gebundene Maltosebaustein, der viele polare OH-Gruppen besitzt, kann mit Wassermolekülen über Wasserstoffbrückenbindungen in Wechselwirkungen treten, hat also hydrophilen Charakter. Der Alkylrest des glykosidisch gebundenen Alkohols ist dagegen unpolar und hat hydrophoben Charakter. Infolge dieses amphiphilen Baus sind APG grenzflächenaktiv, worauf ihre Waschwirkung zurückzuführen ist.

Waschwirkung:
An der Grenzfläche Wasser-Fettschmutzpartikel lösen sich die hydrophoben Alkylreste des Alkohols in dem gleichfalls hydrophoben Fett, während die hydrophilen Maltosebausteine aus dem Fettschmutzteilchen herausragen und mit den Dipolmolekülen des Wassers in Wechselwirkung treten. Die Tröpfchenoberfläche wird somit hydratisiert und der Schmutz kann fein emulgiert/suspendiert mit der Waschlauge abtransportiert werden.

1.3 *Von den folgenden drei Nachteilen müssen zwei genannt werden.*

Wässrige Seifenlösungen haben folgende Nachteile:

- Sie zeigen deutlich basische Reaktion:

R = Fettsäurerest

So wird beim Waschen der Säureschutzmantel der Haut gestört. Proteine in der oberen Hautschicht können hydrolytisch geschädigt werden. Die dadurch aufgeweichte Haut kann sich entzünden. Werden Proteine von Wolle auf diese Weise angegriffen, kann es zu Verfilzungen kommen.

- Sie sind härteempfindlich, d. h. sie bilden mit im Wasser befindlichen Calcium- und Magnesiumionen schwerlösliche Kalk- bzw. Magnesiumseife.

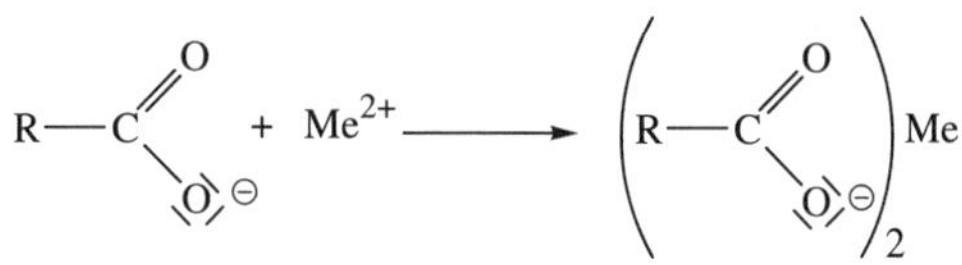

Me = Ca^{2+} bzw. Mg^{2+}

Die Waschaktivität eines Teils der eingesetzten Seife geht dadurch verloren. Die ausgefällten Erdalkaliseifen können sich auf Gewebe absetzen und dies hart und unansehnlich machen.

- Sie werden durch sauren Schmutz, z. B. Fruchtsäfte, protoniert, wodurch sich die Waschwirkung der Seife verringert.

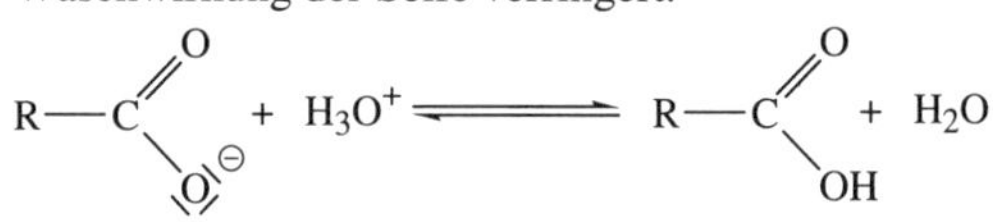

R = Fettsäurerest

2.1

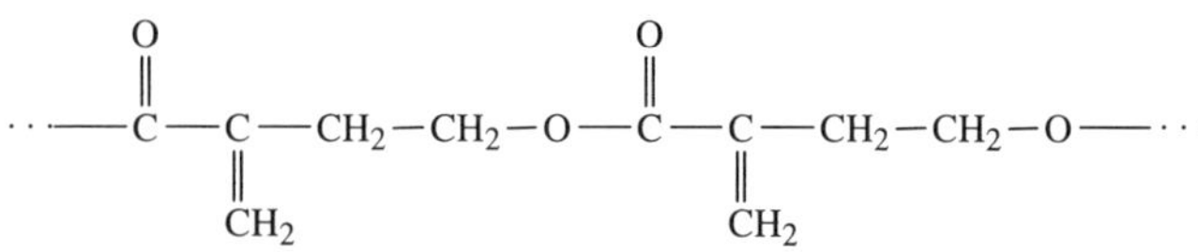

Bei dem Polykondensationskunststoff handelt es sich um einen Polyester, der als charakteristisches Strukturelemente Estergruppen enthält.

2.2 *Bei der Beantwortung sollte auf folgende Punkte eingegangen werden: die Molekülstruktur, das Verhalten beim Erwärmen und welche Wechselwirkungen zwischen den Molekülen wirken.*

Die durch Polykondensation entstandenen Makromoleküle sind **linear** gebaut und **unvernetzt**. Seinem thermischen Verhalten nach gehört der Kunststoff daher zu den **Thermoplasten**. Erhitzt man ihn, so wird er mit zunehmender Temperatur weicher.
Die Makromoleküle werden durch **van der Waals-Kräfte** und **Dipol-Dipol-Wechselwirkungen** zusammengehalten. Beim Erwärmen werden diese Sekundärbindungskräfte teilweise überwunden; die Moleküle können aneinander vorbei gleiten, der Kunststoff erweicht.

2.3 *Die linearen Makromoleküle enthalten Doppelbindungen und können nach Zusatz eines Radikalbildners dreidimensional vernetzt werden.*

Durch den Zusatz von Radikalbildnern kommt es zu einer radikalischen Polymerisation.

Der entstehende Kunststoff hat duroplastische Eigenschaften. Duroplaste erweichen beim Erwärmen nicht. Da die Vernetzung unter Ausbildung von Atombindungen erfolgt, stellt die Kunststoffprobe quasi ein einziges Molekül dar, in dem sich beim Erwärmen keine Molekülabschnitte verschieben können. Wird der Zersetzungstemperaturbereich erreicht, kommt es zur Spaltung von Atombindungen; der Duroplast zersetzt sich ohne vorher weich geworden zu sein.

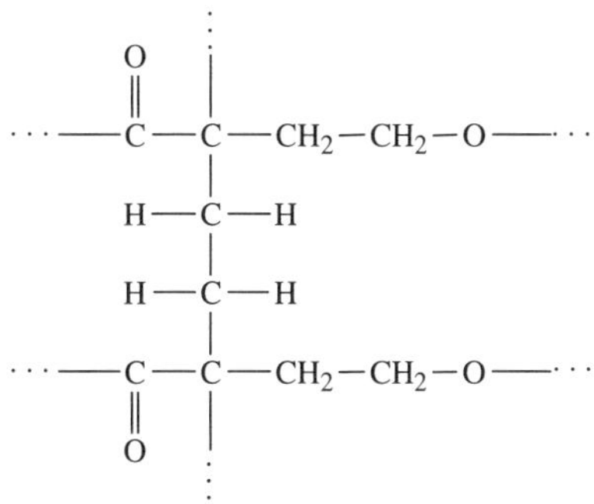

3.1 *Es müssen drei Reaktionen erläutert werden:*
1. Reaktion des Kupfers beim Erhitzen,
2. Reaktion von Propan-1-ol mit CuO und
3. Reaktion von Propan-2-ol mit CuO.

In der entleuchteten Bunsenbrennerflamme wird das Kupfer zu Kupfer-II-oxid oxidiert.

$$2\,Cu + O_2 \longrightarrow 2\,CuO$$

Das Kupfer-II-oxid reagiert mit den Alkoholen und wird zu Kupfer reduziert. Propan-1-ol wird dabei zu Propanal, Propan-2-ol zu Propanon oxidiert.

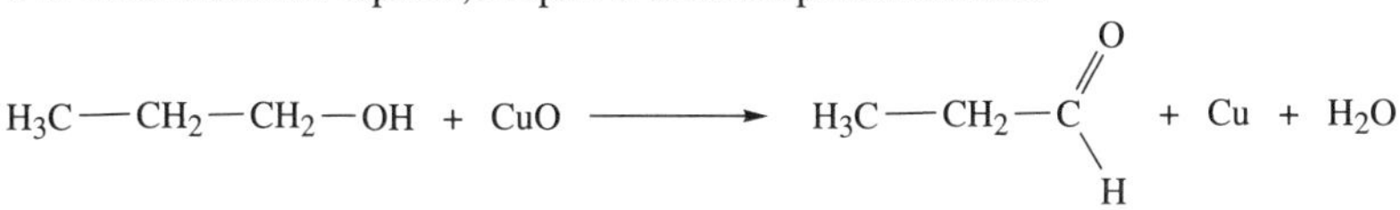

Propan-1-ol — Propanal

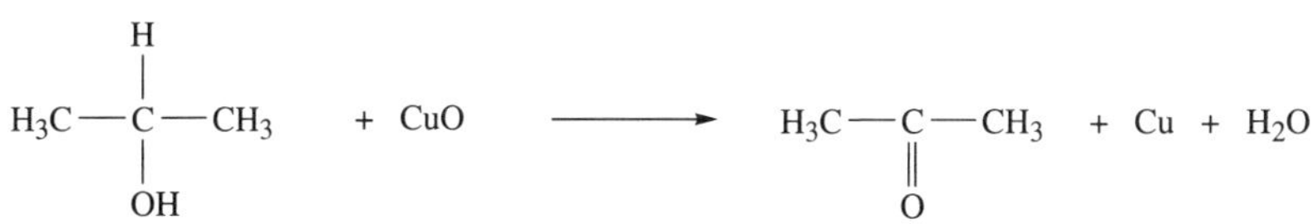

Propan-2-ol — Propanon

3.2 **Durchführung:**
Man gibt Fehling-Lösung I (Kupfersulfatlösung) und II (Lösung von Natriumhydroxid und des organischen Salzes Natriumkaliumtartrat, dessen Anionen die Kupferionen komplex binden können) zusammen.
Es entsteht ein tiefblauer Kupferkomplex. Anschließend wird Propanal bzw. Propanon zugegeben und erhitzt.

Ergebnis:
Setzt man Propanal zu und erhitzt, so werden die Cu^{2+}-Ionen reduziert und es fällt braunrot gefärbtes Kupfer-I-oxid aus. Das Propanal wird dabei zu Propansäure oxidiert.

$$H_3C-CH_2-\overset{+I}{C}(=O)H + 2\,OH^- \longrightarrow H_3C-CH_2-\overset{+III}{C}(=O)OH + 2\,e^- + H_2O$$

Propansäure

$$2\,\overset{+II}{Cu^{2+}} + 2\,OH^- + 2\,e^- \longrightarrow \overset{+I}{Cu_2O} + H_2O$$

$$H_3C-CH_2-CHO + 2\,Cu^{2+} + 4\,OH^- \longrightarrow H_3C-CH_2-COOH + Cu_2O + 2\,H_2O$$

Propanon lässt sich mit Fehling-Lösung nicht oxidieren.

3.3 *Carbonylverbindungen (Aldehyde, Ketone) können Reaktionspartner mit freiem Elektronenpaar (z. B. Wasser, Ammoniak, Alkohole) nucleophil addieren.*

z. B. nucleophile Addition von Wasser an Ethanal

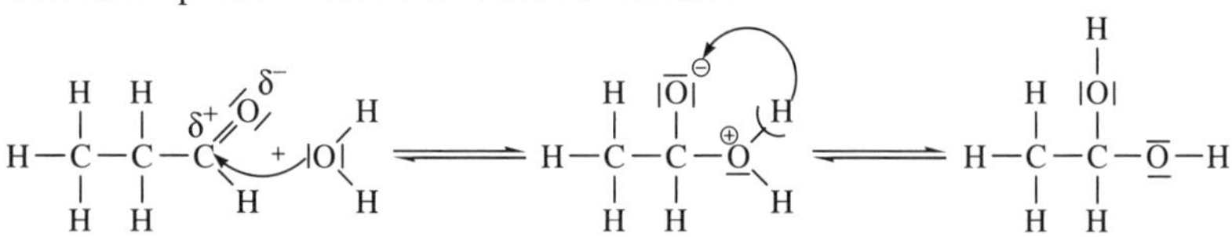

1,1-Dihydroxyethan

Im ersten Reaktionsschritt greift das Wasser nukleophil am positiv polarisierten Carbonylkohlenstoffatom an und wird über ein freies Elektronenpaar des Wassers gebunden. Es entsteht ein Zwitterion, das sich durch intramolekulare Protonenwanderung zu dem wenig beständigen Endprodukt 1,1-Dihydroxyethan umlagert.

Grundkurs Chemie (Bayern): Abiturprüfung 2006
Aufgabe II

BE

1 Benzol ist eine Schlüsselsubstanz für die Herstellung einer Vielzahl organischer Verbindungen. So kann daraus über Zwischenprodukte das Wintergrünöl (Salicylsäuremethylester) hergestellt werden, das als Aromastoff in Zahnpasta, Mundwasser und Kaugummi eingesetzt wird: Zunächst wird Benzol mit Chlor zu Monochlorbenzol umgesetzt. Bei der Behandlung von Monochlorbenzol mit heißer Natronlauge bei hoher Temperatur entsteht Natriumphenolat. Die Reaktion von Kohlenstoffdioxid mit Natriumphenolat unter hohem Druck und bei einer Temperatur von ca. 130 °C führt zu Natrium-2-hydroxyphenylmethanoat ($C_6H_4(OH)COO^- \ Na^+$), dem Natriumsalz der Salicylsäure. In Reaktion mit einer starken Säure bildet sich daraus die freie Salicylsäure. Diese wird im letzten Schritt mit Methanol verestert.

1.1 Formulieren Sie unter Mitverwendung von Strukturformeln und Fachbegriffen den Reaktionsmechanismus der Herstellung von Monochlorbenzol! 8

1.2 Stellen Sie für die zum Salicylsäuremethylester führenden Reaktionsschritte, beginnend bei Monochlorbenzol, die jeweiligen Strukturformelgleichungen auf! 8

1.3 Bei der Veresterung wird dem Salicylsäure-Methanol-Gemisch noch konzentrierte Schwefelsäure zugesetzt.
Erläutern Sie die Auswirkungen dieser Maßnahme auf das Reaktionsgeschehen! 4

2 Isomerie ist ein Phänomen, das besonders in der Biochemie eine bedeutende Rolle spielt.

2.1 Als Nebenprodukt der alkoholischen Gärung entstehen durch den Abbau von Aminosäuren im Stoffwechsel der Hefen Fuselalkohole. Auf diese Weise wird aus Isoleucin (2-Amino-3-methylpentansäure) das 2-Methylbutan-l-ol gebildet, das in minderwertigen Spirituosen vorkommt. 2-Methylbutan-l-ol ist isomer zu 2-Methylbutan-2-ol und Pentan-l-ol.

2.1.1 Zeichnen Sie die Strukturformeln der drei Alkanole und entscheiden Sie, welche der drei Verbindungen die höchste Siedetemperatur aufweist! Begründen Sie Ihre Entscheidung! 5

2.1.2 Untersuchen Sie die drei Alkanole auf das Vorliegen von Chiralität und erläutern Sie kurz diesen Begriff! 3

2.2 Molekülchiralität geht mit einer charakteristischen Stoffeigenschaft einher. Beschreiben und erläutern Sie unter Mitverwendung einer beschrifteten Skizze das Funktionsprinzip eines Messgeräts für diese Eigenschaft! 6

3 Der anaerobe und der aerobe Glucoseabbau verlaufen zunächst gleich.

3.1 Formulieren Sie die Bruttogleichung für den aeroben Abbau der Glucose! Für Coenzyme ist die übliche Kurzschreibweise zu verwenden. 3

3.2 Geben Sie den Namen und die Strukturformel des letzten gemeinsamen Zwischenprodukts des anaeroben und des aeroben Glucoseabbaus an, nennen Sie, beginnend bei diesem Zwischenprodukt, die weiteren Schritte des aeroben Abbaus der Glucose und stellen Sie deren jeweilige Bedeutung dar! 10

3.3 Im Skelettmuskel des Menschen wird der Energiebedarf bei starker Belastung auch durch anaeroben Glucoseabbau gedeckt, wobei es allerdings zur Übersäuerung der Muskulatur kommen kann.
Formulieren Sie die Bruttogleichung für diesen Abbauweg der Glucose, benennen Sie ihn und vergleichen Sie die Energieausbeute mit derjenigen beim aeroben Abbau! Für Coenzyme ist die übliche Kurzschreibweise zu verwenden. 3

50

Lösung

1.1 Benzol reagiert mit Chlor nach dem Mechanismus der elektrophilen Substitution.

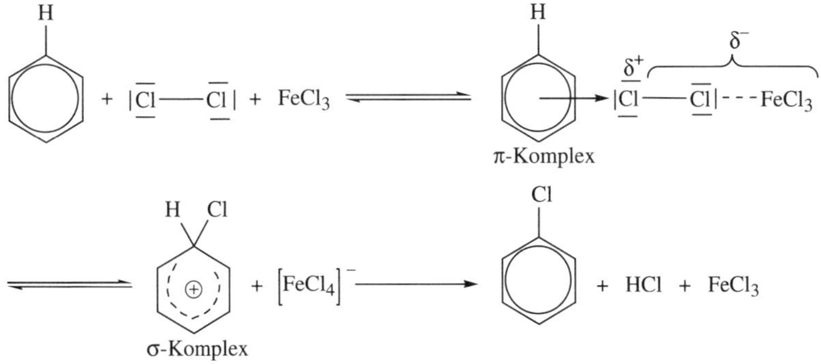

Zunächst tritt unter Bildung des **π-Komplexes** die π-Elektronenwolke in lose Wechselwirkungen mit dem Chlormolekül. Da die π-Elektronendichte des Rings nicht für eine wirksame Polarisierung des Chlormoleküls ausreicht, kommt es unter dem katalytischen Einfluß des Eisen-III-chlorids zur **heterolytischen Spaltung** des Chlormoleküls. Das stark elektrophile Chlorkation Cl^+ wird über ein π-Elektronenpaar an das Benzol gebunden und es entsteht der **mesomeriestabilisierte σ-Komplex**. Im abschließenden Reaktionsschritt wird vom σ-Komplex ein Proton abgespalten und es entsteht Monochlorbenzol.

1.2 *Die vier Reaktionen von Monochlorbenzol zu Salicylsäure sind dem Vortext zu entnehmen.*

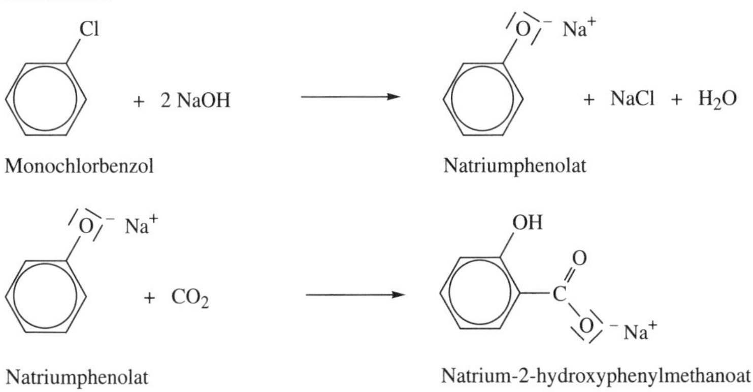

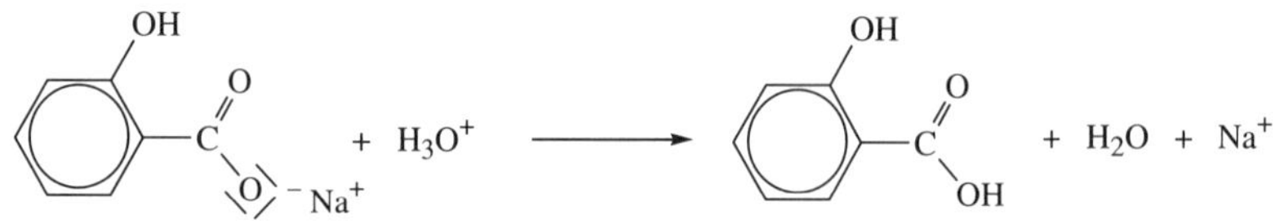

Natrium-2-hydroxyphenylmethanoat Salicylsäure

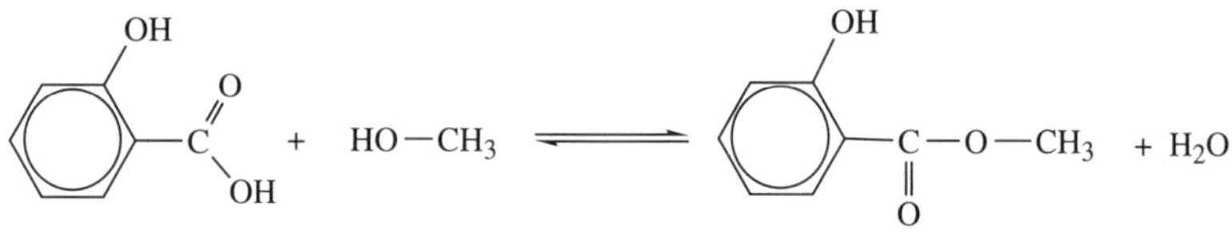

Salicylsäure Salicylsäuremethylester

1.3 Zugesetzte Schwefelsäure hat die Funktion des Katalysators und bewirkt somit eine beschleunigte Gleichgewichtseinstellung.
Die Schwefelsäure hat jedoch auch Einfluss auf die Gleichgewichtslage. Sie bindet Wasser, das eines der Reaktionsprodukte der Veresterung ist , und entzieht es so dem Gleichgewicht, was nach dem Prinzip vom kleinsten Zwang (LE CHATELIER) zu einer Verschiebung des Gleichgewichts nach rechts führt.

2.1.1

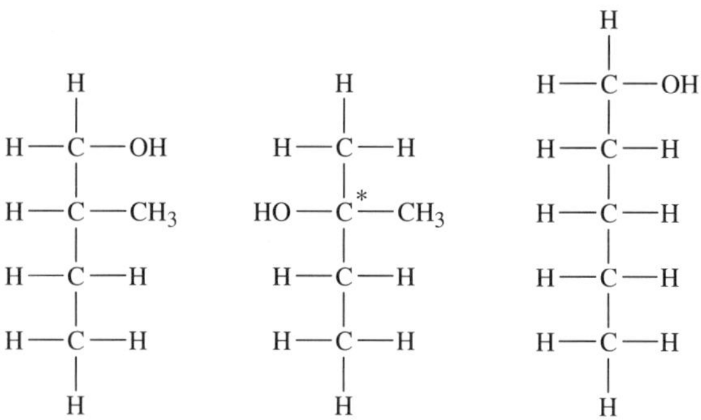

2-Methylbutan-1-ol 2-Methylbutan-2-ol Pentan-1-ol

C* asymmetrisches Kohlenstoffatom

Pentan-1-ol hat die höchste Siedetemperatur.
Da es sich bei allen zu vergleichenden Alkoholen um einwertige Alkohole handelt, dürfte der Beitrag der Wasserstoffbrückenbindungen zu den intermolekularen Kräften vergleichbar sein.

Im Vergleich zu verzweigten Alkylresten haben unverzweigte eine größere Oberfläche. Daher wirken zwischen den Alkylresten des Pentan-1-ols stärkere van-der-Waals-Kräfte als zwischen den Alkylresten der anderen beiden Alkohole, was zu einer höheren Siedetemperatur führt.

2.1.2 Bei 2-Methylbutan-2-ol liegt Chiralität vor. Dieser Alkohol besitzt ein asymmetrisches C-Atom, das mit vier verschiedenen Atomen oder Atomgruppen verknüpft ist. Von dieser Verbindung gibt es 2 Isomere, die sich wie Bild und Spiegelbild verhalten (Spiegelbildisomere), die sich in der Konfiguration am asymmetrischen C-Atom unterscheiden.

2.2

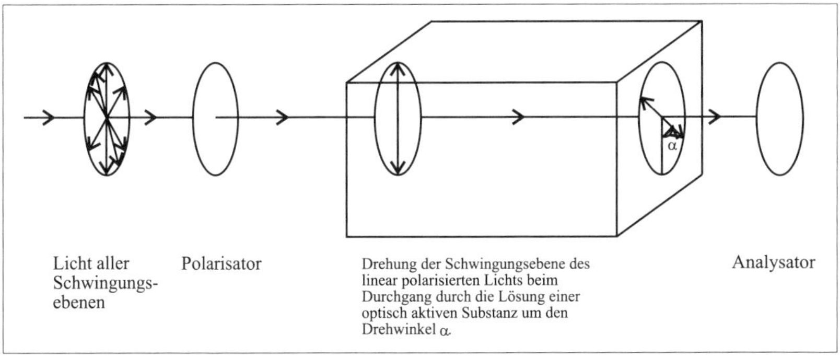

Spiegelbildisomere drehen die Ebene linear polarisierten Lichts um den gleichen Betrag, aber in unterschiedliche Richtungen.
Dieses Verhalten kann in folgender Versuchsanordnung nachgewiesen werden:
Licht wird durch einen **Polarisationsfilter** geschickt, der nur Licht einer Schwingungsebene hindurch lässt. Dieses **linear polarisierte Licht** gelangt durch eine zunächst mit einem Lösungsmittel (meist destilliertes Wasser) gefüllte Küvette auf einen zweiten Polarisationsfilter, den **Analysator**, der so eingestellt wird, dass das auftreffende Licht nicht hindurch treten kann und ein in den Filter schauender Beobachter **vollständige Auslöschung** feststellt. Der Analysator löscht das Licht aus, wenn seine Schwingungsebene senkrecht zu der Polarisationsebene steht.
Anschließend wird in die Küvette die Lösung der optisch aktiven Substanz eingefüllt. Da diese die Schwingungsebene des Lichts dreht, kann nun erneut Licht durch den Analysator durchtreten.
Der Winkel, um den der Analysator gedreht werden muss, um wieder völlige Auslöschung zu erreichen, stellt den **Drehwinkel** dar.

3.1 $C_6H_{12}O_6 + 6\,O_2 + 38\,ADP + 38\,Ⓟ \longrightarrow 6\,CO_2 + 6\,H_2O + 38\,ATP$

3.2 Das letzte gemeinsame Zwischenprodukt des anaeroben und aeroben Glucoseabbaus ist Brenztraubensäure (2-Ketopropansäure = 2-Oxopropansäure).

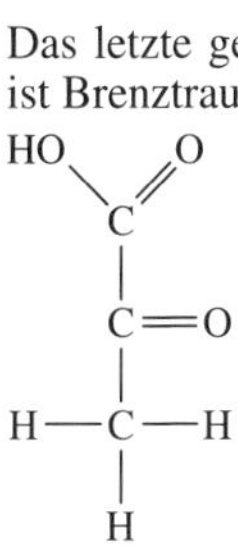

Brenztraubensäure

Die Brenztraubensäure wird durch folgende Reaktionskomplexe letztlich zu Kohlenstoffdioxid und Wasser abgebaut:

Verlangt sind hier keine Reaktionsgleichungen und Zwischenstufen; es genügen die Oberbegriffe und eine vereinfachte Darstellung. Im Zusammenhang mit der Bedeutung der Reaktionskomplexe ist auf die Beteiligung von Reduktions- und Energieäquivalenten einzugehen.

oxidative Decarboxylierung:
Unter Bildung von $NADH/H^+$ und Abspaltung von Kohlenstoffdioxid wird **Brenztraubensäure** in einen **Acetylrest** (C_2-Körper) übergeführt, der, an **Coenzym A** gebunden, in den Zitronensäurezyklus eingeschleust wird.

Zitronensäurezyklus:
Unter Bildung von Zitronensäure wird der Acetylrest an **Oxalessigsäure** gebunden. In einem Kreisprozess

- wird das Kohlenstoffgerüst des eingeschleusten C_2-Körpers in zwei Decarboxylierungsschritten abgebaut
- werden pro mol C_2-Körper 3 mol $NADH/H^+$ und 1 mol $FADH_2$ und 1 mol GTP gebildet
- wird Oxalessigsäure zurückgebildet.

Endatmung (Atmungskette):
In der Atmungskette wird der in $NADH/H^+$ bzw. $FADH_2$ gebundene Wasserstoff auf Sauerstoff übertragen, wobei **Wasser** entsteht. Die Coenzyme werden dabei oxidiert und stehen zur erneuten Wasserstoffaufnahme zur Verfügung.
Die Atmungskette besteht aus einer Reihe hintereinander geschalteter **Redoxsysteme**. Während über die ersten Redoxsysteme Wasserstoff transportiert wird, sind die nachgeschalteten Systeme nur zu einem **Elektronentransport** in der Lage. Es kommt zu einer Aufspaltung der Wasserstoffatome in Protonen und Elektronen, wobei letztere über die Redoxkette weitergeleitet werden. Schließlich gelangen die Elektronen zum Sauerstoff, der sie aufnimmt. Die entstehenden Oxidionen vereinigen sich mit den Protonen zu Wasser.
Sowohl der Wasserstoff-, als auch der Elektronentransport erfolgt in einer „Bergabreaktion“ von einem hohen **Energieniveau** auf ein niedrigeres Energieniveau. Diese schrittweise Freisetzung von Energie ist mit der endergonischen Bildung von ATP gekoppelt (**Atmungskettenphosphorylierung**). Bei der Oxidation von 1 mol $NADH/H^+$ werden 3 mol ATP, und von 1 mol $FADH_2$ 2 mol ATP gebildet.

3.3 Skelettmuskelzellen können bei Sauerstoffmangel fakultativ zu Milchsäuregärung übergehen.

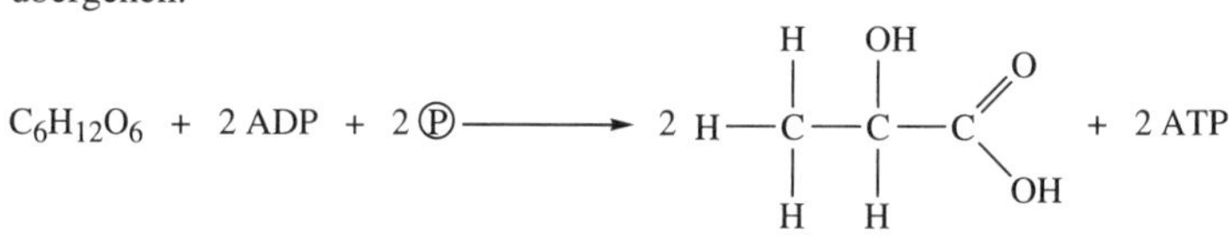

Während der aerobe Abbau 38 mol ATP/mol Glucose liefert, sind dies bei der Milchsäuregärung nur 2 mol ATP/mol Glucose.

Grundkurs Chemie (Bayern): Abiturprüfung 2006
Aufgabe III

BE

1 Aspartam besitzt die 200-fache Süßkraft der Saccharose und wird hauptsächlich als Zuckerersatz in Diätlimonaden eingesetzt. Das folgende Formelbild gibt die Molekülstruktur des Aspartams wieder:

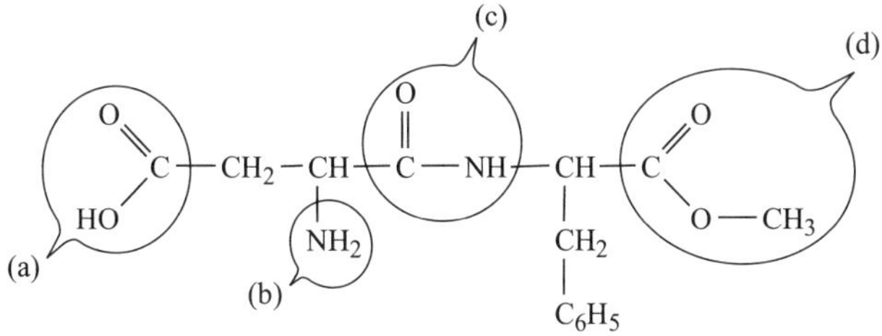

1.1 Benennen Sie die markierten Strukturmerkmale (a), (b), (c) und (d) in diesem Molekül! 4

1.2 Nach längerem Stehen oder nach Erhitzen schmecken aspartamhaltige Getränke bitter. Die Ursache des bitteren Geschmacks ist das gebildete Phenylalanin:

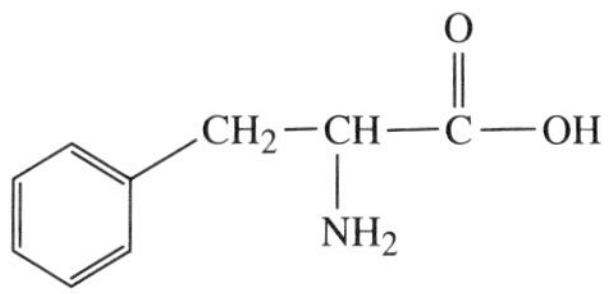

Formulieren Sie die Strukturformelgleichung für die Bildung von Phenylalanin aus Aspartam und geben Sie den Reaktionstyp an! 4

1.3 Erklären Sie den Begriff „Konfigurationsisomerie“! Stellen Sie das in der Natur vorherrschende Konfigurationsisomere des Phenylalanins in der FISCHER-Projektion dar und benennen Sie es! 4

1.4 Im Aspartammolekül ist der Phenylalaninbaustein über das Strukturmerkmal (c) mit einem weiteren Baustein aus derselben Stoffklasse verknüpft.
Nennen Sie diese Stoffklasse und beschreiben Sie unter Mitverwendung des Orbitalmodells den räumlichen Bau des Strukturmerkmals (c) und die dort vorliegenden Bindungsverhältnisse! 6

2 Die Tabelle enthält Schmelztemperaturen einiger natürlicher Fettsäuren, das Diagramm gibt die Zusammensetzung von vier Fetten an:

Schmelztemperaturen einiger Fettsäuren		
Name	Zahl der C-Atome	Schmelztemperatur [°C]
Gesättigte Fettsäuren		
Capronsäure	6	–1,5
Caprylsäure	8	16
Caprinsäure	10	32
Laurinsäure	12	44
Myristinsäure	14	54
Palmitinsäure	16	63
Stearinsäure	18	70
Ungesättigte Fettsäuren		
Ölsäuresäure	18	16
Linolsäure (zwei Doppelbindungen pro Molekül)	18	5
Linolenäure (drei Doppelbindungen pro Molekül)	18	–11

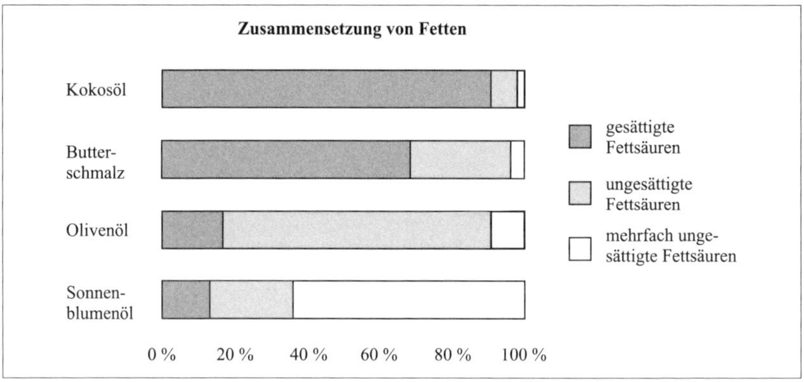

2.1 Beschreiben Sie den Zusammenhang zwischen Molekülbau und Schmelztemperatur bei Fettsäuren, wie er sich aus der Tabelle erschließen lässt! Geben Sie unter Einbezug der voran stehenden Informationen eine Erklärung für den flüssigen Aggregatzustand des beschriebenen Kokosöls bei Raumtemperatur! 6

2.2 Schüttelt man Sonnenblumenöl mit Bromwasser, so entfärbt sich die wässrige Phase.
Erläutern Sie unter Mitverwendung eines Strukturformelausschnitts den Mechanismus der dabei ablaufenden Reaktion! 5

2.3 Die meisten natürlichen Fette haben ein weites Erweichungsintervall. Im Gegensatz dazu weist das Fett Kakaobutter ein schmales Erweichungsintervall auf. Deuten Sie diese unterschiedlichen Eigenschaften der Fette! 2

3 Ethanol ist nicht nur ein bedeutender Ausgangsstoff für chemische Synthesen, sondern gewinnt auch als regenerativer Energieträger zunehmend an Bedeutung. Die Herstellung dieser Chemikalie erfolgt sowohl biochemisch als auch petrochemisch.

3.1 Unter Mitwirkung von Hefe lässt sich Ethanol durch Gärung aus Kohlenhydraten herstellen. Formulieren Sie, ausgehend von Glucose, die Schritte der alkoholischen Gärung unter Einbeziehung von Strukturformeln! Geben Sie die Bruttogleichung dieses Vorgangs an! Für beteiligte Coenzyme ist die übliche Kurzschreibweise zu verwenden. 9

3.2 Ethanol wird technisch auch aus Ethen hergestellt. Ethen wiederum wird in großen Mengen durch Cracken der Leichtbenzinfraktionen der Erdöldestillation gewonnen. Formulieren Sie die Bruttogleichung der Bildung von Ethanol aus Ethen und beschreiben Sie das Prinzip eines Crackverfahrens! 5

3.3 Ethanol und Phenol weisen die gleiche funktionelle Gruppe auf, unterscheiden sich aber erheblich in ihrer Säurestärke. Erklären Sie diesen Sachverhalt unter Mitverwendung von Grenzstrukturformeln! 5

50

Lösung

1.1 (a) Carboxylgruppe
(b) Aminogruppe
(c) Peptidbindung
(d) Estergruppe (Methylester)

1.2 Durch hydrolytische Spaltung von Bindungen kann aus Aspartam Phenylalanin entstehen.

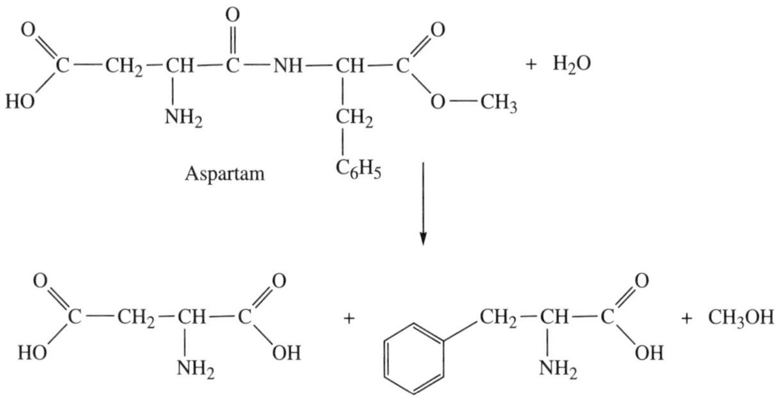

Asparaginsäure Phenylalanin

1.3 Konfigurationsisomere sind Stereoisomere, die sich bei gleicher Konstitution in ihrem räumlichen Bau unterscheiden und die nicht durch Drehungen um eine C-C-Einfachbindung ineinander übergeführt werden können.
Im vorliegenden Fall sind Spiegelbildisomere angesprochen. In der Natur kommt Phenylalanin überwiegend in der L-Form vor.

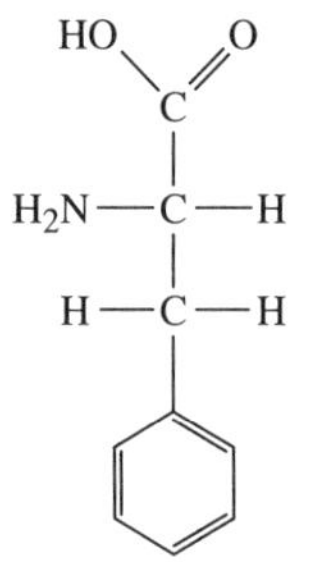

L-Phenylalanin

1.4 Die durch eine Peptidbindung verknüpften Bausteine gehören der Stoffklasse der α-Aminocarbonsäuren an.
Die Peptidbindung ist planar gebaut, d. h. alle beteiligten Atome liegen in einer Ebene. Nach dem Orbitalmodell geht man davon aus, dass das C-, N- und O-Atom sp^2-hybridisiert sind. Die Überlappung der p-Orbitale des C-, N- und O-Atoms führt zu einer π-Elektronendelokalisation, was einen verkürzten Bindungsabstand zwischen C- und N-Atom erklärt.

2.1 Die Tabelle zeigt folgende Zusammenhänge auf:

- mit zunehmender Kettenlänge des Kohlenwasserstoffrestes nimmt die Schmelztemperatur zu.
- mit wachsender Anzahl an Doppelbindungen im Kohlenwasserstoffrest (bei gleicher Kettenlänge) nimmt die Schmelztemperatur ab.

Der flüssige Aggregatzustand von Kokosöl hat zwei Gründe.

- Der Anteil an ungesättigten Fettmolekülen erniedrigt das Schmelzintervall des Fettes. Die ungesättigten Fettsäurereste besitzen an der Doppelbindung stets cis-Konfiguration, was eine Krümmung des Moleküls an dieser Stelle und damit einen sperrigen Bau zur Folge hat. Fettmoleküle des Kokosöls, die ungesättigte Fettsäurereste besitzen, ordnen sich daher nicht gut zu einem Kristallgitter zusammen. Da die Moleküle nicht eng beieinander liegen, sind die gegenseitigen Anziehungskräfte gering und die Moleküle sind bereits, wie für den flüssigen Aggregatzustand typisch, bei Raumtemperatur leicht gegeneinander verschiebbar.
- Kokosöl enthält überwiegend gesättigte Fettmoleküle (vgl. Grafik in Angabe). Da es dennoch flüssig ist, müssen die gesättigten Fettmoleküle durchschnittlich relativ kurze Fettsäurereste haben, zwischen denen die van der Waals-Kräfte so schwach sind, dass sie die Moleküle nicht an festen Gitterplätzen halten können.

2.2 Brom wird an die C=C-Doppelbindung der ungesättigten Fettsäurereste addiert. Diese Reaktion verläuft nach dem Mechanismus einer elektrophilen Addition.

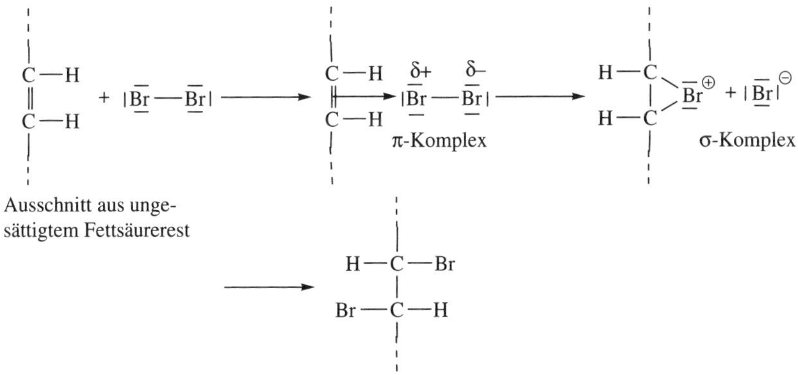

Zunächst tritt die π-Elektronenwolke der Doppelbindung in lose Wechselwirkungen mit dem Brommolekül, wodurch es zur Polarisierung des Brommoleküls kommt. Nach heterolytischer Spaltung des Brommoleküls (das bindende Elektronenpaar wird vom negativ polarisierten Bromatom übernommen) wird das elektrophile Bromkation Br^+ über das Elektronenpaar der π-Bindung gebunden und es bildet sich ein cyclischer σ-Komplex.

Im abschließenden Reaktionsschritt lagert sich in einem „Rückseitenangriff" ein Bromidion Br^- an den σ-Komplex. Die Bindung wird über ein Elektronenpaar des Bromidions hergestellt.

2.3 Natürliche Fette sind meist Gemische aus verschiedenartigen Fettmolekülen, die sich in ihren Fettsäureresten unterscheiden. Je größer die Vielfalt an verschiedenen Fettmolekülen, umso breiter ist das Erweichungsintervall.
Das schmale Erweichungsintervall von Kakaobutter lässt sich so erklären, dass sie kein vielfältiges Gemisch aus verschiedenen Fettmolekülen darstellt, sondern überwiegend aus einer Molekülsorte besteht.

3.1 Die alkoholische Gärung beginnt mit der **Glykolyse**.
Hierbei wird Glucose in 2 Phosphorylierungsschritten in Fructose-1,6-diphosphat (Fructose-1,6-bisphosphat) überführt, das anschließend in Glycerinaldehyd-3-phosphat gespalten wird.
Vereinfacht lassen sich die Reaktionsschritte bis dahin folgendermaßen darstellen:

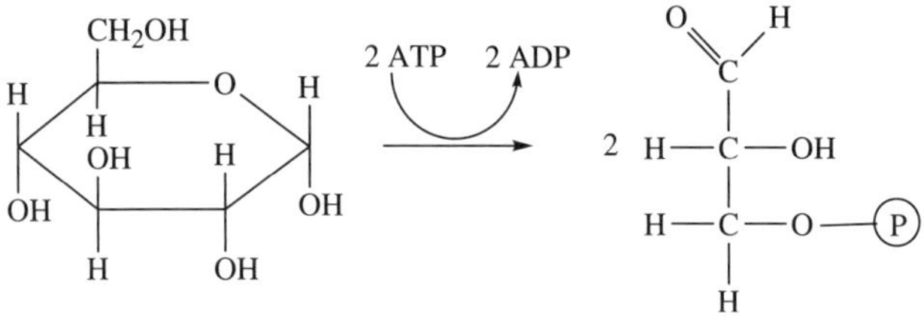

Die Glucose wird unter ATP-Verbrauch in Glucose-6-phosphat übergeführt, das zu Fructose-6-phosphat isomerisiert wird. Dieses reagiert unter erneutem ATP-Verbrauch zu Fructose-1,6-diphosphat (Fructose-1,6-bisphosphat), welches in einer Gleichgewichtsreaktion in Dihydroxyacetonphosphat und Glycerinaldehyd-3-phosphat gespaltet wird.
Zwischen diesen beiden C_3-Körpern stellt sich ebenfalls ein Gleichgewicht ein. Da jedoch nur Glycerinaldehyd-3-phosphat in die nachfolgenden Reaktionen eingeht, wird es ständig aus Dihydroxyacetonphosphat nachgebildet.

Glycerinaldehyd-3-phosphat wird anschließend unter Bildung von ATP und $NADH/H^+$ zu **Glycerinsäure-3-phosphat** oxidiert.

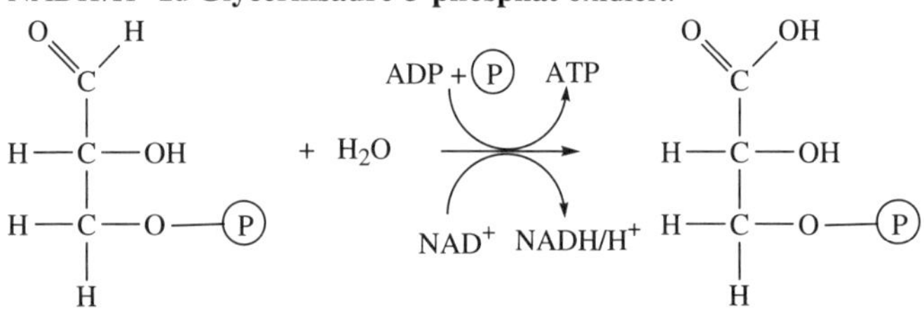

Nach einer Isomerisierung und nachfolgender Wasserabspaltung entsteht **Phosphoenolbrenztraubensäure**, die unter nochmaligem ATP-Gewinn über Enolbrenztraubensäure zu Brenztraubensäure reagiert.

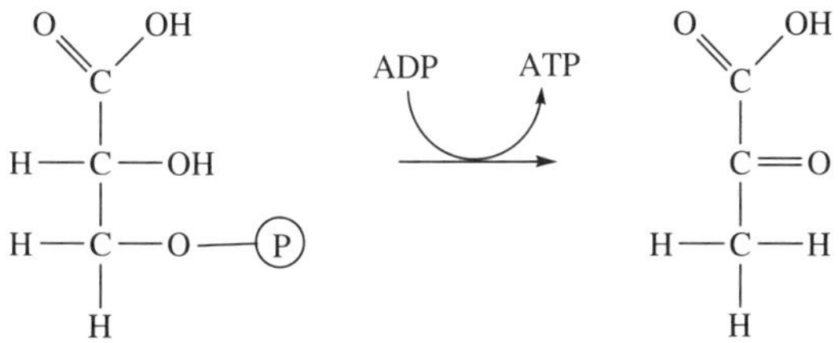

Im Anschluss an die Glykolyse wird **Brenztraubensäure** zu **Ethanal** decarboxyliert.

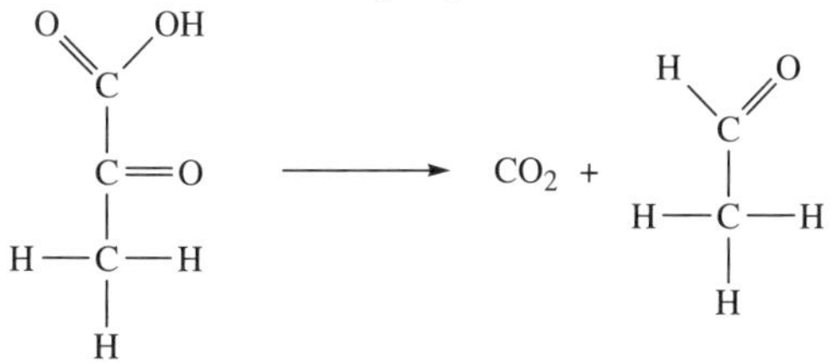

Im abschließenden Reaktionsschritt wird Ethanal zu **Ethanol** reduziert, wobei $NADH/H^+$ zu NAD oxidiert wird.

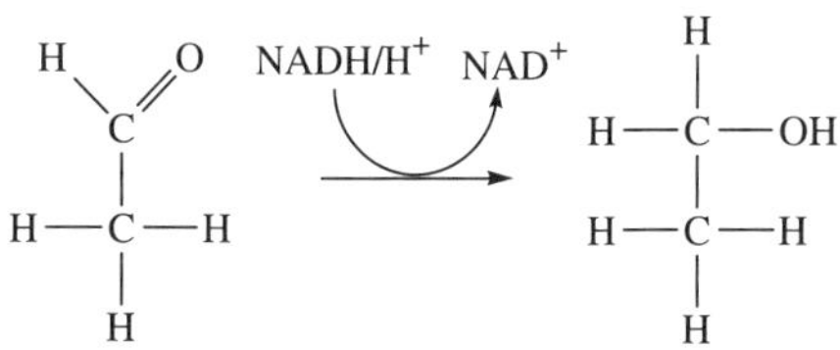

Der Gesamtprozess lässt sich in folgender Bruttogleichung zusammenfassen:

$$C_6H_{12}O_6 + 2\,ADP + 2\,\textcircled{P} \longrightarrow 2\,H_3C{-}CH_2OH + 2\,CO_2 + 2\,ATP$$

3.2 Bei der technischen Herstellung reagiert Ethen (z. B. aus Crackgasen) in Gegenwart von Schwefelsäure unter Druck und bei hoher Temperatur mit Wasserdampf. Dabei kommt es zu einer Anlagerung von Wasser an die Doppelbindung.

$$H_2C{=}CH_2 + H_2O \xrightarrow{H_3O^+} H_3C{-}CH_2OH$$

Ethen lässt sich durch Cracken von Leichtbenzin gewinnen.
Beim katalytischen Verfahren wird die Leichtbenzinfraktion bei 450–550 °C unter leichtem Druck kurzzeitig mit einem Katalysator in Kontakt gebracht, wobei größere Moleküle in niedermolekulare Kohlenwasserstoffe und Kohlenstoff gespalten werden.

3.3 Die Säurestärke des Ethanols ist deutlich geringer als die von Phenol.
Die Acidität des Phenols ist darauf zurückzuführen, dass
- es durch den –I-Effekt der Phenylgruppe zu einer verstärkten Polarisierung der O-H-Bindung kommt.
- das durch Protonenabgabe gebildete Phenolation besser mesomeriestabilisiert ist als das Phenol.

Mesomere Grenzstrukturen:

Phenolation:

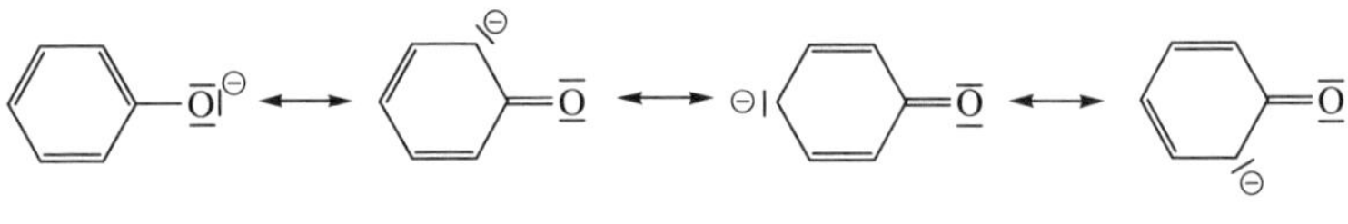

Phenol:

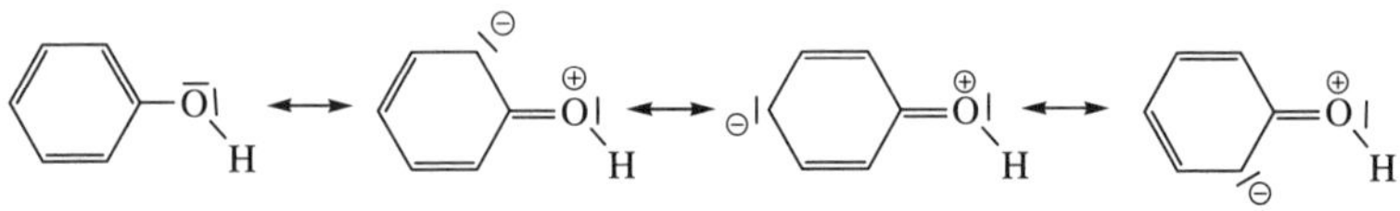

Die in drei der vier angegebenen mesomeren Grenzstrukturen auftretende Ladungstrennung ist ein Indiz für geringe Mesomeriestabilisierung.

Da beim Ethanol weder eine verstärkte Polarisierung der O-H-Bindung auftritt, noch das Ethanolation mesomeriestabilisiert ist, ist die Acidität des Ethanols sehr gering.

Grundkurs Chemie (Bayern): Abiturprüfung 2006
Aufgabe IV

BE

1 Bis vor wenigen Jahren konnten enzymhaltige Waschmittel nur bei niedrigen Temperaturen eingesetzt werden.

1.1 Erläutern Sie unter Mitverwendung eines beschrifteten Diagramms den chemischen Hintergrund dieser Einschränkung! 5

1.2 Beschreiben Sie einen Versuch zum Nachweis der Stoffklasse, zu der Enzyme gehören! 3

1.3 Erläutern Sie anhand je eines konkreten Beispiels die Begriffe „Substratspezifität“ und „Wirkungsspezifität“ von Enzymen! 5

2 Hemicellulosen sind neben der Cellulose Bestandteil von Holz und dienen wie diese als Gerüstsubstanz. Bei der vollständigen Hydrolyse einer bestimmten Hemicellulose entsteht D-Mannose. Das D-Mannosemolekül unterscheidet sich vom D-Glucosemolekül durch die Stellung der Hydroxygruppe am C^2-Atom. Die Verknüpfung der Monomerbausteine erfolgt bei dieser Hemicellulose in gleicher Weise wie die Verknüpfung der Glucosebausteine bei der Cellulose.

2.1 Zeichnen Sie einen charakteristischen Strukturformelausschnitt aus dem beschriebenen Hemicellulosemolekül in der HAWORTH-Projektion und entwickeln Sie eine Hypothese für die Eignung der Hemicellulose als Gerüstsubstanz! 6

2.2 D-Mannoselösungen zeigen Mutarotation.
Beschreiben und erläutern Sie dieses Phänomen unter Mitverwendung von FISCHER-Projektionsformeln!

2.3 Ein Disaccharid aus zwei D-Mannosebausteinen zeigt eine negative Silberspiegelprobe.
Leiten Sie aus dem chemischen Verhalten die HAWORTH-Projektionsformeln der möglichen Disaccharidmoleküle her! 6

3 Vitamine sind für eine gesunde Ernährung von entscheidender Bedeutung.
Im Folgenden sind die Strukturformeln zweier wichtiger Vitamine angegeben:

Vitamin B_2

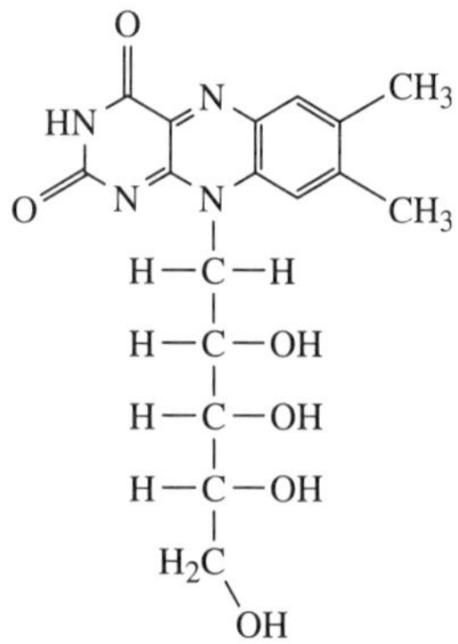

Vitamin E

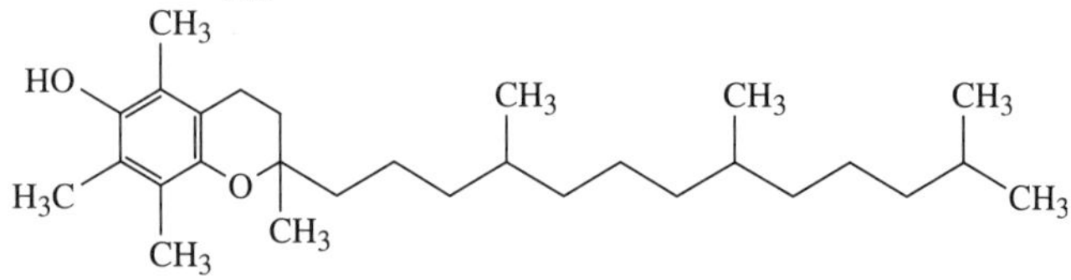

Eines der beiden Vitamine ist unter Normalbedingungen eine ölige, hellgelbe Flüssigkeit, die in Wasser unlöslich, in Ölen und Fetten jedoch gut löslich ist. Das andere Vitamin besteht aus feinen, orangegelben Nadeln, ist wasserlöslich, aber unlöslich in den meisten organischen Lösemitteln.

3.1 Begründen Sie, ausgehend von den Strukturformeln, die Wasserlöslichkeit der einen und die Fettlöslichkeit der anderen Verbindung! 4

3.2 Begründen Sie die unterschiedliche Farbigkeit der Vitamine B_2 und E und legen Sie allgemein den Zusammenhang zwischen Struktur und Farbigkeit bei organischen Verbindungen dar! 9

3.3 Das Vitamin B_2 ist Baustein des Flavinadenindinukleotids (FAD), welches an wichtigen Stoffwechselschritten beteiligt ist.
So reagiert FAD beispielsweise im Zitronensäurezyklus mit Bernsteinsäure (Butandisäure HOOC–$(CH_2)_2$–COOH) wie im Folgenden beschrieben:

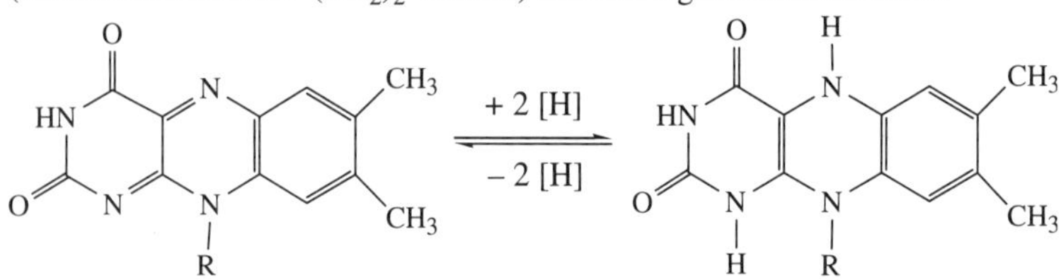

Aus der Bernsteinsäure entsteht dabei eine von zwei theoretisch möglichen unverzweigten Dicarbonsäuren.
Zeichnen Sie die Strukturformeln der beiden möglichen Dicarbonsäuren und benennen Sie diese nach den Nomenklaturregeln! Geben Sie die Bedeutung von FAD bei dieser Reaktion und im Energiestoffwechsel an! 6

50

Lösung

1.1

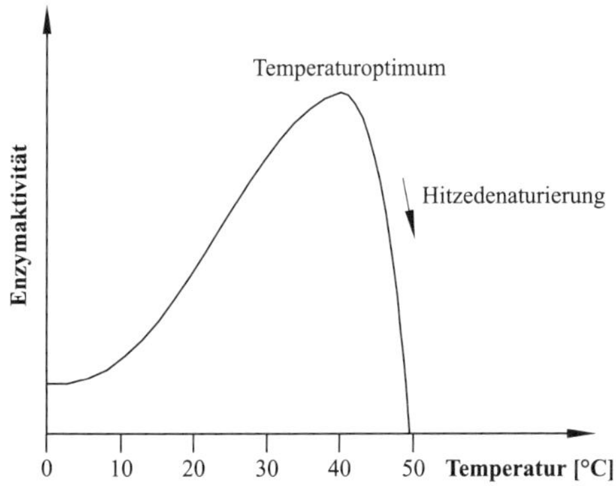

Das Temperaturoptimum vieler Enzyme liegt bei ca. 40 °C. Wird die Temperatur weiter erhöht, vermindert sich die Enzymaktivität und sinkt schließlich auf Null ab. Dies ist auf zunehmende Hitzedenaturierung, die mit einer irreversiblen Zerstörung der Konformation des Enzyms verbunden ist, zurückzuführen. Das denaturierte Enzym kann mit dem Substrat keinen Enzym-Substrat-Komplex mehr bilden.

1.2 Die Proteinnatur eines Enzyms lässt sich z. B. mit der Biuretprobe nachweisen. Zu der Proteinlösung wird eine wässrige $CuSO_4$-Lösung und Natronlauge zugegeben. Proteine bilden mit Cu^{2+}-Ionen in alkalischer Lösung rotviolett gefärbte Komplexverbindungen.

Alternative Nachweismethoden wären z. B. die Xanthoproteinreaktion (Gelbfärbung mit konz. Salpetersäure) oder die Ninhydrinreaktion (Blauviolettfärbung mit Ninhydrin).

1.3 Enzyme setzen nur bestimmte Substrate (Substratspezifität) in spezifischer Weise um (Wirkungsspezifität).

Unter **Substratspezifität** versteht man, dass ein Enzym nur bei der Umsetzung einer bestimmten Substanz katalytisch wirksam ist.
Die Substratspezifität läßt sich mit dem Schlüssel-Schloss-Prinzip erklären.
Nach dieser Modellvorstellung können von einem Enzym nur solche Moleküle gebunden und umgesetzt werden, die wie ein Schlüssel in die Substratbindungsregion des Enzyms = Schloss passen.
So spaltet z. B. Urease Harnstoff in Kohlenstoffdioxid und Ammoniak, nicht aber Thioharnstoff.

Unter **Wirkungsspezifität** versteht man, dass ein an ein Enzym gebundenes Substrat in einer für dieses Enzym spezifischen Weise umgesetzt wird.
So kann zum Beispiel Brenztraubensäure im abbauenden Stoffwechsel auf folgende Weisen abgebaut werden:
- Reduktion zu Milchsäure (Teilschritt der Milchsäuregärung)
- Decarboxylierung zu Ethanal (Teilschritt der alkoholischen Gärung)

- oxidative Decarboxylierung zu aktivierter Essigsäure (Teilschritt des Atmungsprozesses) durch einen Multienzymkomplex (Brenztraubensäure-Dehydrogenase-Komplex).

Sind in einer Zelle verschiedene Enzyme vorhanden, die ein Substrat unterschiedlich umsetzen können, so entscheidet über die Art der Umsetzung der Umstand, an welches Enzym das Substrat gebunden wird.

2.1 In der Hemicellulose sind D-Mannopyranosemoleküle 1,4-β-glykosidisch verknüpft.

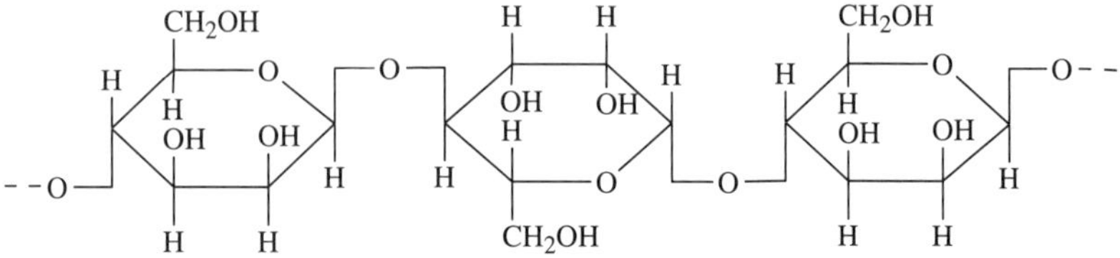

Die Makromoleküle der wasserunlöslichen Hemicellulose sind aufgrund der 1,4-β-glykosidischen Verknüpfung linear gebaut. Die geradkettigen Makromoleküle können sich unter Ausbildung intermolekularer Wasserstoffbrückenbindungen zu Fibrillen hoher Zugfestigkeit zusammenlagern.

2.2 Mutarotation ist die Erscheinung, dass frisch hergestellte Lösungen bestimmter Zucker eine kontinuierliche Änderung ihres optischen Drehvermögens zeigen, bis sich ein konstanter Endwert einstellt. D-Mannose zeigt Mutarotation.
Frisch bereitete Lösungen von α- bzw. β-D-Mannose haben verschiedene spezifische Drehwinkel. Untersucht man die Lösungen im Polarimeter, zeigt sich, dass sich die Drehwinkel kontinuierlich ändern, bis sich in beiden Fällen der gleiche konstante Endwert einstellt.

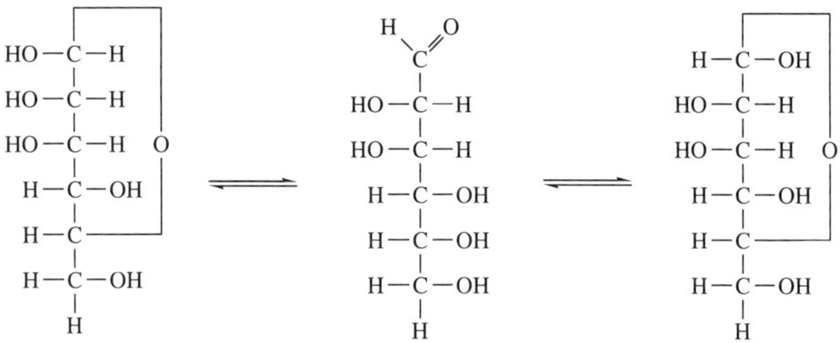

β-D-Mannose — offenkettige Aldehydform der D-Mannose — α-D-Mannose

Die Mutarotation ist darauf zurückzuführen, dass sich in beiden Lösungen ein Gleichgewichtsgemisch gleicher Zusammensetzung bildet, das α-D-Mannose, β-D-Mannose und eine geringe Menge offenkettiger Aldehydform enthält. Diese kann sich aus den heterozyklischen Ringmolekülen bilden, da sich diese an Kohlenstoffatom 1 öffnen können. Über die Aldehydform erfolgt die Umwandlung der Anomeren ineinander. Das Gleichgewichtsgemisch hat eine spezifische Drehung, die dem konstanten Endwert entspricht.

2.3 Da das Disaccharid eine negative Silberspiegelprobe ergibt, handelt es sich um ein nichtreduzierendes Disaccharid. In ihm müssen die beiden anomeren Kohlenstoffatome der Monosaccharidbausteine durch die glykosidische Bindung miteinander verknüpft ein. Hierbei gibt es drei verschiedene Möglichkeiten:

1,1 α-glykosidische Verknüpfung:

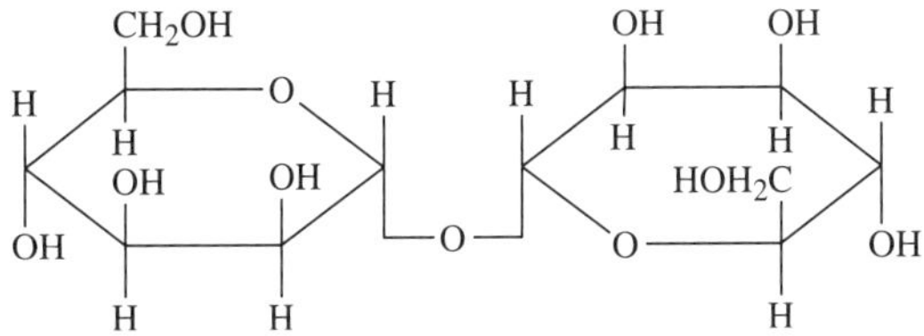

1,1 α, β-glykosidische Verknüpfung:

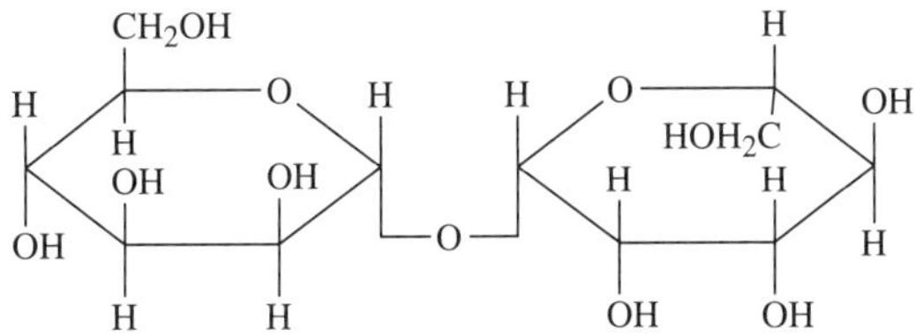

1,1 β-glykosidische Verknüpfung:

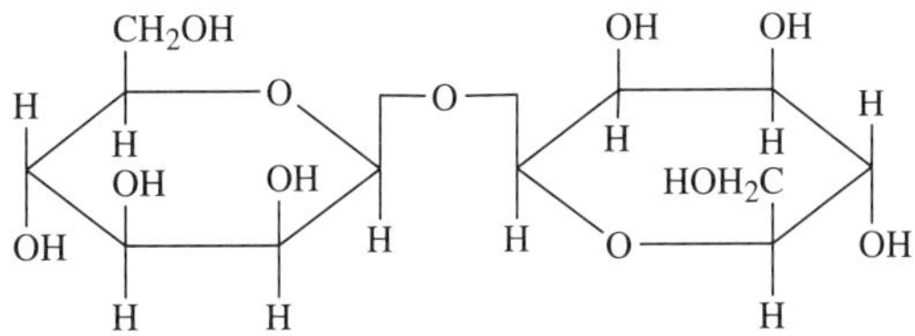

3.1 Vitamin B_2 ist wasser-, Vitamin E fettlöslich.
Beim Vitamin B_2 wird das Lösungsverhalten im Wesentlichen durch zahlreiche polare Gruppen (vor allem die Hydroxygruppen) bestimmt. Die Moleküle können daher in ausreichendem Maße mit Wasser über Wasserstoffbrückenbindungen in Wechselwirkungen treten und sich mit einer Wasserhülle umgeben.
Vitamin E enthält, abgesehen von einer OH-Gruppe und dem Sauerstoffatom, keine polaren Molekülteile. Das Lösungsverhalten wird also von den unpolaren Teilen bestimmt, die mit Fettmolekülen über van der Waals-Kräfte in Wechselwirkung treten können.

3.2 Während im Vitamin B_2 ein ausgedehntes System konjugierter Doppelbindungen ausgebildet ist, findet sich bei Vitamin E ein konjugiertes System nur in dem Benzolring. Vitamin B_2 kann daher langwelligeres sichtbares Licht absorbieren und erscheint orangegelb. Vitamin E absorbiert im kürzerwelligen sichtbaren Bereich; es erscheint hellgelb.

Eine Verbindung ist farbig, wenn sie aus dem kontinuierlichen sichtbaren Spektrum Wellenlängenbereiche absorbieren kann.
Atomgruppen, die für die Lichtabsorption und somit für die Farbgebung verantwortlich sind, werden als **chromophore Gruppen** bezeichnet. Hierbei handelt es sich um ungesättigte Gruppen, die allerdings einer Verbindung erst dann Farbigkeit verleihen, wenn mehrmals die gleiche oder mehrere verschiedene in einer Verbindung einen Chromophor bilden, d. h. so angeordnet sind, dass sich ein **ausgedehntes mesomeres π-Elektronensystem** bilden kann.

Durch die Delokalisation der π-Elektronen wird die zur Anregung der π-Elektronen notwendige Energie soweit erniedrigt, dass die Energie sichtbaren Lichts zur Anregung ausreicht.

Auxochrome sind Gruppen mit freien Elektronenpaaren. Ein freies Elektronenpaar kann mit dem delokalisierten π-Elektronensystem des Chromophors in Wechselwirkung treten (+M-Effekt), wodurch die Delokalisation der π-Elektronen verstärkt wird. Die Energiedifferenzen zwischen Grundzustand und angeregten Zuständen werden dann noch geringer, sodass langwelligeres Licht zur Anregung ausreicht und es zu einer Farbvertiefung kommt (**bathochromer Effekt**).
Zu den **Antiauxochromen** zählt man Gruppen mit –M-Effekt, die sich an dem mesomeren System des Chromophors beteiligen können und im Zusammenspiel mit Auxochromen den bathochromen Effekt verstärken.

3.3 Unter Wasserstoffabspaltung kann Bernsteinsäure in zwei verschiedene Dicarbonsäuren übergeführt werden; es liegt ein Fall von cis-/trans-Isomerie vor.

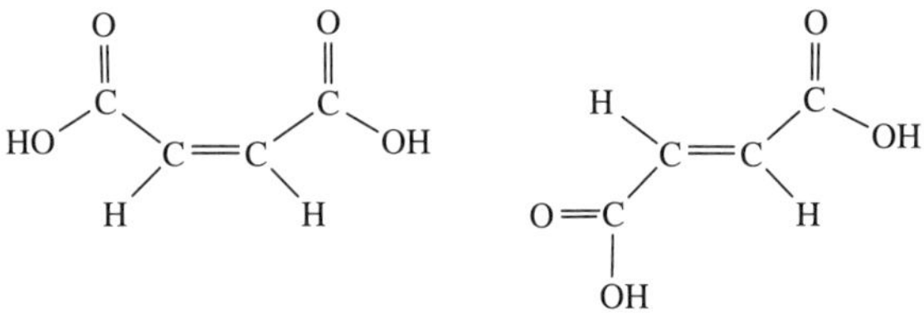

cis-Butendisäure trans-Butendisäure

FAD erfüllt hier die Aufgabe des Wasserstoffakzeptors und wirkt somit als Oxidationsmittel.
Im Zellstoffwechsel (z. B. im Zitronensäurezyklus) erfüllt es die gleiche Aufgabe. Das $FADH_2$ schleust den Wasserstoff in die Atmungskette ein, wobei er letztlich unter Energiegewinn auf Sauerstoff übertragen wird. Die freiwerdende Energie kann zum Aufbau von ATP genutzt werden.

(Bitte blättern Sie um)